酱卤腌腊烧烤食品加工

张海涛　郝生宏　主编

U0390114

化学工业出版社

·北京·

内 容 简 介

　　本书介绍了酱卤腌腊烧烤食品加工中常用的调味料、香辛料、食品添加剂，酱卤腌腊烧烤加工的原理和方法，酱卤腌腊烧烤食品的配方、工艺流程、操作要点，如何使产品外形美观，通过调香调味的技巧使产品风味良好。各个大类的产品按照鸡肉制品、猪肉制品、牛肉制品、其他制品来划分，便于读者阅读，迅速找到自己感兴趣的内容。本书注重实用性，大部分产品配方详细，操作简单，便于读者理解。

　　本书可供酱卤腌腊烧烤食品生产企业从业人员使用，也可作为食品、烹饪相关专业师生的参考资料。

图书在版编目（CIP）数据

　　酱卤腌腊烧烤食品加工/张海涛，郝生宏主编. —北京：化学工业出版社，2021.8（2023.3 重印）
　　ISBN 978-7-122-39208-4

　　Ⅰ.①酱… Ⅱ.①张…②郝… Ⅲ.①肉制品-食品加工②焙烤食品-食品加工 Ⅳ.①TS251.5②TS213.2

　　中国版本图书馆 CIP 数据核字（2021）第 096677 号

责任编辑：彭爱铭　　　　　　　　　　装帧设计：关　飞
责任校对：王　静

出版发行：化学工业出版社（北京市东城区青年湖南街 13 号　邮政编码 100011）
印　　装：北京科印技术咨询服务有限公司数码印刷分部
710mm×1000mm　1/16　印张 17¼　字数 342 千字　　2023 年 3 月北京第 1 版第 2 次印刷

购书咨询：010-64518888　　　　　　售后服务：010-64518899
网　　址：http：//www.cip.com.cn
凡购买本书，如有缺损质量问题，本社销售中心负责调换。

定　　价：88.00 元

前言

酱卤肉制品、腌腊肉制品和烧烤肉制品是中国传统风味肉制品，因其品种丰富多样，色、香、味、形俱佳，深受广大消费者的欢迎，是居家小酌、酒席宴请、旅游观光的常备食品。

随着生活水平的提高和经济条件的改善，人们在消费水平和消费观念上有了新的变化，消费者对酱卤肉制品、腌腊肉制品和烧烤肉制品的需求越来越多，要求越来越高。为了满足生产者和广大消费者的需要，我们广泛收集了具有地方特色的产品，在此基础上详细介绍了酱卤、腌腊和烧烤肉制品加工所用的辅料、加工原理、各种产品的配方、工艺流程、操作要点等。本书内容丰富，文字浅显易懂，可操作性强，易于掌握，是一本实用性很强的技术操作工具书。本书可供从事肉制品加工企业的技术人员和操作工人使用，也可供食品相关专业师生、饮食业从业人员和烹饪爱好者阅读。

本书由张海涛和郝生宏担任主编。具体编写分工如下：张海涛负责第三章和第四章编写工作，并负责全书内容设计及统稿工作；郝生宏负责第二章编写工作；贾金辉负责第一章编写工作；苏波、雷恩春、刘嘉琳负责第五章编写工作。

由于作者水平有限，书中难免有疏漏和不足之处，敬请广大读者批评指正。

编者

2021 年 3 月

目 录

第四章　腌腊制品加工　/ 108

第五章 烧烤制品加工 / 177

第一章

辅料及其特性

　　肉制品加工生产过程中，为了改善和提高肉制品的感官特性及品质，延长肉制品的保存期和便于加工生产，常需添加一些其他可食性物料，这些物料称为辅料。正确使用辅料，对提高肉制品的质量和产量，增加肉制品的花色品种，提高其营养价值和商品价值，保障消费者的身体健康有重要的意义。不同的辅料在肉制品加工过程中发挥不同的作用，如赋予产品独特的色、香、味，改善质地，提高营养价值等。辅料的种类繁多，但大体上可分为 3 类，即调味料、香辛料和食品添加剂。

第一节　调味料

　　调味料是指为了改善肉制品的风味，赋予肉制品的特殊味感（咸、甜、酸、鲜等）而添加的天然或人工合成的物质。调味料是肉制品加工中不可缺少的一类添加剂，在加工肉制品时可以协调和增强特征香气，使产品更加圆润、丰满，遮蔽产品本身的固有风味。

一、咸味调味料

1. 食盐

　　食盐的主要成分是氯化钠，易溶于水，味咸，呈白色结晶体。除赋予咸味外，食盐还具有去腥、提鲜、解腻、掩饰异味、平衡风味的作用。同时，食盐可提高肉制品的持水能力，改善肉制品的质地，增加其嫩度、弹性、凝固性和适口性，使其成品形态完整，增加肉糜的黏液性，促进脂肪混合以形成稳定的乳状物。此外，食盐可降低水分活度，提高其渗透压，抑制微生物的生长繁殖，延长肉制品的保质期。

　　食盐的使用量应根据消费者的习惯和肉制品的品种要求适当掌握，适宜的含盐量可呈现舒适的咸度，突出产品的风味，保证满意的质构。用量过小则产品淡无味，而加工中如果食盐的使用超过一定限度，就会造成原料严重脱水，蛋白质过度变性，味道过咸，导致成品质地老韧干硬，破坏了肉制品所具有的风味特点。另外，出于健康的需求，低食盐含量（＜2.5％）的肉制品越来越多。所以，无论从加工的角度还是从保障人体健康的角度，都应该严格控制食盐的用量。通常生制品食盐用量为 4％左右，熟制品的食盐用量为 2％～3％。同时根据季节不同，夏季用盐量比春、秋、冬季要适量增加 0.5％～1.0％，以防止肉制品变质，延长保质期。

2. 酱油

肉制品中常用酿造酱油，它是以大豆或豆饼、面粉、麸皮等原料，经发酵加盐酿制而成。酱油含有丰富的蛋白质、氨基酸等风味和营养成分，食盐含量不超过 18％。酱油除提供咸味外，还有增鲜和改善制品色泽的作用。

3. 黄酱

黄酱又称大豆酱、面酱，是用大豆、面粉、食盐等为原料，经发酵造成的调味品。味咸香，色黄褐，为有光泽的泥糊状，其中氯化钠 12％以上，氨基酸态氮 0.6％以上。黄酱在肉制品加工中不仅是常用的咸味调料，而且有良好的提香生鲜、除腥清异的效果。广泛用于肉制品和烹饪加工中，使用标准不受限制，以调味效果而定。

二、甜味调味料

1. 蔗糖

蔗糖可分为白糖、红糖等。肉制品加工通常采用白糖，某些红烧制品也可采用红糖。肉制品中添加少量的蔗糖可以改善产品的滋味，缓冲咸味，并能促进胶原蛋白的膨胀和松弛，使肉质松软、色调良好。

2. 饴糖

饴糖由麦芽糖、葡萄糖和糊精组成，味甜爽口，有吸湿性和黏性，在肉品加工中常为烧烤、酱卤和油炸制品的增味剂和甜味助剂。

3. 蜂蜜

蜂蜜又称蜂糖，呈白色或不同程度的黄褐色，透明、半透明的浓稠液状物。其甜味纯正，不仅是肉制品加工中常用的甜味料，而且具有润肺滑肠、杀菌收敛等药用价值。

4. 葡萄糖

葡萄糖为白色晶体或粉末，常作为蔗糖的代用品，甜度略低于蔗糖。在肉品加工中，葡萄糖除作为甜味料使用外，还可形成乳酸，有助于胶原蛋白的膨胀和疏松，从而使制品柔软。另外，葡萄糖的保色作用较好，而蔗糖的保色作用不太稳定。

5. D-山梨糖醇

D-山梨糖醇呈白色针状结晶或粉末，溶于水、乙醇、酸中，有吸湿性，有愉快的甜味，有寒舌感，甜度为砂糖的60%，常作为砂糖的代用品。在肉制品加工时，不仅用作甜味料，还能提高渗透性，使制品纹理细腻，肉质细嫩，增加保水性，提高出品率。

三、酸味调味料

1. 食醋

食醋是以谷类及麸皮等经过发酵酿造而成，含醋酸3.5%以上，是食品常用的酸味料之一。优质醋不仅具有柔和的酸味，而且还有一定程度的香甜味和鲜味。在肉品加工中，添加适量的醋，不仅能给人以爽口的酸味感，促进食欲，帮助消化，而且还有一定的防腐和去腥解膻的作用，有助于溶解纤维素及钙、磷等作用，从而促进人体对这些物质的吸收和利用。

2. 柠檬酸

柠檬酸是功能最多、用途最广的酸味剂，有较高的溶解度，对金属离子的螯合能力强。生物试验结果表明，柠檬酸及其钾盐、钠盐、钙盐对人体没有明显危害，所以它被广泛地用来作为食品的调味剂、防腐剂、酸度调节剂及抗氧化剂的增效剂。柠檬酸及其钠盐不仅是调味料，还可作为肉制品的改良剂。如用氢氧化钠和柠檬酸盐等混合液来代替磷酸盐，提高pH值至中性，也能达到提高肉类持水性、嫩度和成品率的目的。

四、鲜味调味料

1. 味精

味精主要成分是谷氨酸钠，大多用淀粉为原料，经发酵法制成，具有独特的鲜味，味觉极限值为0.03%，略有甜味或咸味。

味精易溶于水，微溶于乙醇。味精在肉制品加工中普遍使用，一般使用量为0.25%～0.5%。味精对于肉制品调味增鲜有一定作用，但不能一味依靠添加味精来达到增加产品鲜味的效果。如果味精使用过量，反而破坏了产品的风味，给人带来苦涩感，因此，应该正确掌握味精的使用量。一般应根据原料的多少、食盐和其他调味料的使用量，来确定味精的使用量。

2. 肌苷酸钠

肌苷酸钠是白色或无色的结晶或结晶粉末，性质比谷氨酸钠稳定。与谷氨酸钠合用对鲜味有相乘效应。肌苷酸钠有特殊强烈的鲜味，其鲜味比谷氨酸钠强10～20倍。一般与谷氨酸钠、鸟苷酸钠等合用，配制混合味精，以提高增鲜效果。

3. 鸟苷酸钠

鸟苷酸钠同肌苷酸钠等被称为核酸系调味料，其呈味性质与肌苷酸钠相似，与谷氨酸钠有协同作用。使用时，一般与肌苷酸钠和谷氨酸钠混合使用。

4. 蚝油

蚝油又称牡蛎油，是利用蚝豉（牡蛎干）熬制成的汤，或以煮鲜牡蛎时的汤汁，经浓缩后调配而成的一种液体调味品。蚝油呈稀糊状，色红褐至棕褐，鲜艳有光泽，味道鲜美醇厚而稍甜。根据调味的不同，蚝油可分为咸味蚝油和淡味蚝油两种。

5. 鱼露

鱼露又名鱼酱油，是以小鱼虾为原料，经腌渍、发酵、熬炼并灭菌后得到的一种味道极为鲜美的液态调味品。鱼露呈琥珀色，味道咸而带有鱼类的鲜味。鱼露的运用与酱油相似，有起鲜、增香、调色的作用。

第二节　香辛料

香辛料是某些植物的果实、花、皮、蕾、叶、茎、根，它们具有辛辣和芳香性风味成分。其作用是赋予产品特有的风味，抑制或矫正不良气味，增进食欲，促进消化。

一、香辛料的分类

香辛料的种类很多，根据香辛料利用部位的不同，可分为：根或根茎、鳞茎类，如姜、葱、蒜、葱头等；花或花蕾类，如丁香等；果实类，如辣椒、胡椒、八角茴香、小茴香、花椒等；叶类，如鼠尾草、麝香草、月桂叶等；皮类，如桂皮等。依其具有辛辣和芳香气味的程度，可分为辛辣性和芳香性香辛料两种。辛辣性香辛料有胡椒、花椒、辣椒、姜、洋葱、葱等，芳香性香辛料主要有丁香、肉豆蔻、小豆蔻、胡芦巴等。

二、常见香辛料

1. 葱

各种葱的主要风味成分为硫醚类化合物，如烯丙基硫醚物，具有强烈的辣味和刺激味。作香辛料使用，可压腥去膻，广泛用于酱卤肉制品。

2. 蒜

蒜含有强烈的辛辣味，主要风味成分是蒜素，即挥发性的二烯丙基硫化物。在肉制品加工中，常将大蒜捣成蒜泥后使用，对制品起到增香、提鲜、解除腥膻、解油腻的作用，同时还具有杀菌、抑菌作用，可适当延长肉制品储存期。

3. 姜

姜又称生姜，味辛辣，其辣味及芳香成分主要是姜油酮、姜烯酚、柠檬醛、姜醇等。姜可分为嫩姜和老姜，嫩姜皮薄肉嫩，纤维脆弱，含辣味成分含量少，食用时辣味较为淡薄；老姜皮厚肉粗，质地较老，水分少，辣味成分含量多，辣味强烈。在肉制品加工中，姜可以鲜用也可以干制成粉末使用，对制品起到去腥除膻、增香、调和滋味、杀菌防腐的作用。

4. 胡椒

胡椒有黑胡椒和白胡椒两种。未成熟果实晒干后果皮皱缩的是黑胡椒，成熟后去皮晒干的称为白胡椒。两者成分相差不大，但挥发性成分在外皮部较多。黑胡椒的辛香味较强，而白胡椒色泽较好。

胡椒是制作咖喱粉、辣酱油、番茄沙司不可缺少的香辛料，也是腌、卤制品不可缺少的香辛料。

5. 花椒

花椒系芸香科小乔木植物花椒树的果实。在肉制品加工中整粒花椒多供腌制肉品及酱卤汁用；粉末多用于调味和配制五香粉。花椒能赋予制品适宜的香麻味。

6. 辣椒

辣椒性热，味辛辣，能调胃，温中散寒，促进胃液分泌，帮助消化。肉制品加工常使用辣椒粉（面）。

7. 八角茴香

八角茴香也称大茴香、大料、八角，系常绿乔木植物八角的果实，形状通常为八瓣，故称八角。八角茴香芳香味浓烈，在肉制品加工中被广泛使用。使用八角茴香可增加肉的香味，增进食欲。

8. 小茴香

小茴香系伞形科植物茴香的种子，有增香调味、防腐除膻的作用。小茴香既可单独使用，也可与其他香料配合使用，常用于酱卤肉制品中。

9. 桂皮

桂皮系樟科樟属植物肉桂等的树皮及茎部表皮经干燥而成。桂皮常用于调味和矫味。在烧烤、酱卤制品中加入，能增加肉品的复合香气味。

10. 白芷

白芷系伞形科多年生草本植物白芷的根，有特殊的香气，味辛。可用整粒或粉末，具有调味、增香、除腥去膻作用，是酱卤制品及中式肉制品中常用的香料。

11. 丁香

为桃金娘科植物丁香的干燥花蕾及果实。花蕾叫公丁香，果实叫母丁香。丁香富含挥发性精油，具有特殊的浓烈香气，兼有桂皮香味。在肉制品加工中使用，主要起调味、增香、提高风味的作用，去腥膻、脱臭为其次。因丁香香味浓郁，所以用量不能大，否则易压住其他调料和原料本味。此外，丁香对亚硝酸盐有消色的作用，所以在使用时应加以注意。

12. 山柰

山柰系姜科植物山柰的根状茎，切片晒制而成干片。山柰具有较强烈的香气味，有去腥提香、抑菌防腐和调味的作用，是卤汁、五香粉的主要原料之一。

13. 砂仁

砂仁系姜科植物阳春砂、绿壳砂或海面砂的干燥成熟果实，一般除去果皮。砂仁常用于酱卤制品、灌肠制品加工，主要起解腥除异、增香、调香的作用，使肉制品清香爽口、风味别致并有清凉口感。

14. 肉豆蔻

肉豆蔻是肉豆蔻科植物肉豆蔻的成熟干燥种仁。肉豆蔻不仅有增香去腥的调味功能，也有一定的抗氧化作用，肉制品中使用很普遍。

肉豆蔻衣是由肉豆蔻种子外表剥下来的假种皮，鲜时约1.5mm厚，干呈黄褐色。通常成品为粉末状，片状者较少，有肉豆蔻特殊香气，但较肉豆蔻弱，略带甜辣味。

15. 甘草

甘草系豆科植物甘草、胀果甘草或光果甘草的干燥根及根茎，外皮红棕色，内部黄色，味道甜。甘草常用于酱卤制品，以改善制品风味。

16. 陈皮

陈皮又称橘皮，是芸香料植物橘的干燥成熟果皮。肉制品加工中常用作卤汁、五香粉等调香料，可增加制品复合香味。

17. 草果

草果又称草果仁，系姜科植物草果的干燥成熟果实，味辛辣，可用整粒或粉末作为烹饪香料，主要用于酱卤制品，特别是烧炖牛、羊肉放入少许，可去膻压腥，提高风味。

18. 月桂叶

月桂叶系樟科植物月桂树的叶子，常用于西式产品及罐头中，以改善肉的气味或生产中作矫味剂。此外，在汤、鱼等菜肴中也常被使用。

19. 麝香草

麝香草系麝香草的干燥树叶制成。烧炖肉放入少许，可去除生肉腥臭，并有提高产品保存性的作用。

20. 芫荽

芫荽又名胡荽，俗称香菜，系伞形科一年生或二年生草本植物，用其干燥的成熟果实作香辛料。芫荽是肉制品特别是猪肉香肠中常用的香辛料。

21. 鼠尾草

鼠尾草系唇形科一年生草本植物。在西式肉制品中常用其干燥的叶子或粉末。鼠尾草与月桂叶一起使用可去除羊肉的膻味。

22. 咖喱粉

咖喱粉是由多种香辛料混合调制而成的复合调味品，主要材料有辣椒、姜、丁香、肉桂、八角茴香、小茴香、肉豆蔻、芥末、鼠尾草、黑胡椒等，是肉品加工和中西菜肴重要的调味品。

23. 五香粉

五香粉是以花椒、八角茴香、小茴香、桂皮、丁香等香辛料为主要原料配制而成的复合香料。各地使用配方略有差异，用于烹调菜肴和拌馅。

第三节　食品添加剂

为了增强或改善食品的感官形状，延长保存时间，满足食品加工工艺过程的需要或某种特殊营养需要，常在食品中加入天然的或人工合成的无机或有机化合物，这种添加的无机或有机化合物统称为食品添加剂。在肉制品加工中，常添加发色剂、发色助剂、防腐剂、品质改良剂以及抗氧化剂等添加剂。食品添加剂是肉制品生产中必不可少的辅助材料，但其使用必须严格遵照食品卫生法及食品添加剂卫生管理办法执行。

一、发色剂

发色剂主要是硝酸盐和亚硝酸盐。

1. 硝酸盐

常见的硝酸盐是硝酸钠，为无色结晶或白色结晶粉末，易溶于水。硝酸盐在肉中亚硝酸细菌或还原物质作用下，生成亚硝酸盐，然后与肉中的乳酸反应而生成亚硝酸，亚硝酸再分解生成一氧化氮，一氧化氮与肌肉组织中的肌红蛋白结合生成亚硝基肌红蛋白，使肉呈现鲜艳的亮红色，在以后的热加工中又形成稳定的粉红色。按国家食品添加剂使用标准规定，硝酸钠在肉类制品中的最大用量为 $0.5g/kg$。

2. 亚硝酸盐

常见的亚硝酸盐是亚硝酸钠，为白色或淡黄色结晶粉末，它的发色能力比硝酸钠强,所以腌制时亚硝酸钠与硝酸钠混合使用可以缩短腌制时间。亚硝酸钠毒性强,在生产中应严格控制并尽量减少其使用量。亚硝酸钠在肉制品中除了发色作用外,还具有抑制肉毒梭状芽孢杆菌生长,抗氧化作用和形成腌肉特有风味的作用。按国家食品添加剂使用标准规定,亚硝酸钠在肉类制品中的最大用量为 0.15g/kg。

二、发色助剂

为了提高发色效果,降低硝酸钠和亚硝酸钠的使用量,在肉制品中常加入发色助剂:抗坏血酸及其钠盐、异抗坏血酸及其钠盐、烟酰胺、葡糖酸内酯等。

1. 抗坏血酸及其钠盐

抗坏血酸即维生素 C,具有很强的还原作用,但对热和重金属极不稳定,因此一般使用稳定性较高的钠盐。肉制品中最大使用量为 0.1%,一般为 0.025%~0.05%。在腌制或斩拌时添加,也可以把原料肉浸渍在该物质的 0.02%~0.1%的水溶液中。腌制剂中加谷氨酸会增加抗坏血酸的稳定性。

2. 异抗坏血酸及其钠盐

异抗坏血酸是抗坏血酸的异构体,其性质和作用与抗坏血酸相似。

3. 烟酰胺

烟酰胺能形成稳定的烟酰胺肌红蛋白,使肉呈红色,且烟酰胺对 pH 的变化不敏感。据研究,同时使用维生素 C 和烟酰胺助色效果好,且成品的颜色对光的稳定性要好得多。

4. 葡糖酸内酯

葡糖酸内酯能缓慢水解生成葡糖酸,造成火腿腌制时的酸性还原环境,促进硝酸盐向亚硝酸盐转化,有利于亚硝基肌红蛋白和亚硝基血红蛋白的生成。

三、防腐剂

防腐剂是防止由微生物所引起的腐败变质,以延长食品保存期的食品添加剂。分为化学合成防腐剂和天然防腐剂。

1. 苯甲酸（钠）

苯甲酸又名安息香酸,苯甲酸钠亦称安息酸钠,是苯甲酸的钠盐。苯甲酸及其苯甲酸钠在酸性环境中对多种微生物有明显抑菌作用,但对产酸菌作用较弱。其抑菌作用受 pH 的影响。pH5.0 以下,其防腐抑菌能力随 pH 降低而增加,最适 pH 为 2.5~4.0。适用于酸性的制品,允许使用量为 0.2~1g/kg。苯甲酸和苯甲酸钠同时使用时,以苯甲酸计,不得超过最大使用量。

2. 山梨酸

山梨酸为白色结晶粉末或针状结晶,几乎无色无味,较难溶于水,易溶于一般有机溶剂。耐光耐热性好，适宜在 pH 值 5.0～6.0 以下范围内使用。对霉菌、酵母和好气性细菌均有抑制其生长的作用。按国家食品添加剂使用标准规定，山梨酸在熟肉制品中最大使用量为 0.075g/kg，在肉类灌肠中最大使用量为 1.5g/kg。

3. 山梨酸钾

山梨酸钾为山梨酸的钾盐，易溶于水和乙醇。它能与微生物酶系统中的巯基结合，破坏许多重要酶系，达到抑制微生物增殖和防腐的目的，其防腐效果随 pH 值的升高而降低，适宜在 pH 值 5.0～6.0 以下范围使用。其最大添加量同山梨酸。

4. 双乙酸钠

双乙酸钠主要用于食品的防霉、防腐、保鲜、调味和营养价值的改善。它安全、无毒、无残留、无致癌、无致畸变，被联合国卫生组织公认为零毒性物质，是目前替代山梨酸钾、苯甲酸钠、丙酸钙等防腐剂的理想产品。广泛用于各类肉类食品的加工中，能改善食品口感，提高产品档次。它除具有防霉的作用外，还可作为营养配料，可提高蛋白质的转化率和人体对微量元素的吸收率，增加食品的营养价值。在肉制品中最大使用量为 3.0g/kg。

5. 乳酸链球菌素

乳酸链球菌素（Nisin）又称乳酸菌肽，由乳酸链球菌合成的一种多肽抗生素，为白色或略带黄色的结晶粉末或颗粒，略带咸味。能有效抑制引起食品腐败的细菌和芽孢，从而延长食品货架期。因其不溶于水，溶于酸，常与柠檬酸一起使用。

6. 茶多酚

茶多酚的主要成分是儿茶素及其衍生物，它们具有抑制氧化变质的性能。茶多酚从三条途径对肉制品发挥作用：抗脂质氧化、抑菌和除臭味。

7. 香辛料提取物

许多香辛料中，如大蒜中的蒜素和蒜氨酸，肉豆蔻所含的肉豆蔻挥发油，肉桂中的挥发油及丁香中的丁香油等，均具有良好的杀菌、抗菌作用。

四、品质改良剂

品质改良剂是指在食品生产或加工中能提高和改善食品组织结构和品质的食品添加剂。在肉制品加工中，添加品质改良剂，可增强肉制品的弹性和黏着力，增加持水性，改善制品的鲜嫩度，并提高出品率。

1. 保水剂

保水剂是指用于肉制品加工中，增强水分稳定性和使制品有较高持水性的物质，一般是使用磷酸盐类，主要有焦磷酸钠、三聚磷酸钠、六偏磷酸钠。但是磷酸盐有腐蚀性，加工的用具应使用不锈钢或塑料制品。

（1）焦磷酸钠　焦磷酸钠为无色或白色结晶性粉末，溶于水，不溶于乙醇，能与金属离子络合。本品对制品的稳定性起很大作用，并具有增加弹性、改善风味和抗氧化作用。

（2）三聚磷酸钠　三聚磷酸钠为无色或白色玻璃状块或片，或白色粉末，有潮解性，水溶液呈碱性（pH 值为 9.7），对脂肪有很强的乳化性。另外还有防止变色、变质、分散的作用，增加黏着力的作用也很强。

（3）六偏磷酸钠　六偏磷酸钠为无色粉末或白色纤维状结晶或玻璃块状，潮解性强。对金属离子螯合力、缓冲作用、分散作用均很强。本品能促进蛋白质凝固，常用其他磷酸盐混合成复合磷酸盐使用，也可单独使用。

磷酸盐溶解性较差，因此在配制腌制液时要先将磷酸盐溶解后再加入其他腌制料。各种磷酸盐混合使用比单独使用好，混合的比例不同，效果也不一样。在肉制品加工中，最大使用量为 5.0g/kg。

2. 增稠剂

增稠剂是提高黏度，改善和稳定肉制品物理性质或组织形态的物质。

（1）淀粉　淀粉的种类很多，按淀粉来源可分为玉米淀粉、甘薯淀粉、马铃薯淀粉、小麦淀粉、绿豆淀粉等。通常情况下，制作灌肠时使用马铃薯淀粉，加工肉糜罐头时用玉米淀粉，制作肉丸等肉糜制品时用小麦淀粉。肉糜制品的淀粉用量视品种不同，可在 5%～50% 的范围内。

淀粉在肉制品中的作用主要是提高肉制品的黏结性，增加肉制品的稳定性。淀粉具有吸油性和乳化性，它可束缚脂肪在制作中的流动，缓解脂肪给制品带来的不良影响，改善肉制品的外观和口感，并具有较好的保水性，使肉制品出品率大大提高。

（2）大豆分离蛋白　大豆分离蛋白是大豆蛋白经分离精制而得到的蛋白质，一般蛋白质含量在 90% 以上。由于其良好的持水性、乳化性、凝胶形成性以及低廉的价格，在肉制品加工中得到广泛的应用。大豆分离蛋白为全价蛋白质，可直接被人体吸收，添加到肉制品中后，在氨基酸组成方面与动物蛋白形成互补，大大提高食用价值。大豆分离蛋白添加后可以使肉制品内部组织细腻，结合性好，富有弹力，切片性好。在增加肉制品鲜香味道的同时，保持产品原有的风味。大豆分离蛋白是优质的乳化剂，可以提高脂肪的用量。大豆分离蛋白具有良好的持水性，使产品更加柔嫩。添加大豆分离蛋白的肉制品，可以增加淀粉、脂肪的用量，减少瘦肉的用量，降低生产成本，提高经济效益。它的添加量一般在 2%～10%。

（3）卡拉胶　卡拉胶主要成分为易形成多糖凝胶的半乳糖、脱水半乳糖，多以 Ca^{2+}、Na^+、NH_4^+ 等盐的形式存在，可保持自身重量 10～20 倍的水分。在肉馅中添加 0.6% 时，即可使肉馅保水率从 80% 提高到 88% 以上。卡拉胶能与蛋白质形成均匀的凝胶。由于它能与蛋白质结合，形成巨大的网络结构，可保持制品中的大量水分，减少肉汁的流失，并且具有良好的弹性、韧性。卡拉胶还具有很好的乳化效果，能稳定脂肪，表现出很低的离油值，从而提高制品的出品率。另外，卡拉胶能防止盐溶性蛋白及肌动蛋白的损失，抑制鲜味成分的溶出。

（4）明胶　明胶是用动物的皮、骨、软骨、韧带、肌膜等富含胶原蛋白的组织，经部分水解后得到的高分子多肽的高聚合物。明胶在水中的含量达5％左右才能形成凝胶，而为了形成胶冻，浓度一般控制在15％左右。胶冻富于弹性，口感柔软，具有热可逆性，加热熔化，冷却凝固。明胶在肉制品中具有乳化、保水、稳定、增稠、胶凝等作用，使制品表面光滑，可用于制作水晶肴肉、水晶肠等需透明度高的产品。

（5）酪蛋白　酪蛋白能与肉中的蛋白质结合形成凝胶，从而提高肉的保水性。在肉馅中添加2％时，可提高保水率10％；添加4％时，可提高16％。如与卵蛋白、血浆等并用效果更好。酪蛋白在形成稳定的凝胶时，可吸收自身重5～10倍的水分。用于肉制品时，可增加制品的黏着性和保水性，改进产品质量，提高出品率。

五、抗氧化剂

抗氧化剂是能阻止或延迟食品氧化，提高食品稳定性和延长贮存期的物质，可分为油溶性和水溶性两大类。使用抗氧化剂时，必须在油脂开始氧化前添加，对已经氧化变质的油脂不起抗氧化作用。因其用量较少，必须充分分散在食品中，可加入某些酸性物质如柠檬酸等提高其效果。在肉制品中通常使用的油性抗氧化剂有丁基羟基茴香醚、二丁基羟基甲苯、没食子酸丙酯等；水溶性抗氧化剂有抗坏血酸、异抗坏血酸、抗坏血酸钠、异抗坏血酸钠、烟酰胺、维生素E等。

1. 丁基羟基茴香醚

丁基羟基茴香醚（BHA）为白色或微黄色蜡状固体或白色结晶粉末，带有特异的酚类臭气和刺激味，对热稳定，不溶于水，溶于丙二醇、丙酮、乙醇、花生油、棉籽油和猪油。

丁基羟基茴香醚有较强的抗氧化作用，还有相当强的抗菌力，150mg/kg的BHA可抑制金黄色葡萄球菌，280mg/kg可阻碍黄曲霉素的生成。它是目前广泛应用的抗氧化剂之一，其最大使用量（以脂肪计）为0.2g/kg。

2. 二丁基羟基甲苯

二丁基羟基甲苯（BHT）为白色结晶或结晶粉末，无味，无臭，不溶于水及甘油，能溶于乙醇、豆油、棉籽油、猪油等。对热相对稳定，与金属离子反应不会着色，具有升华性，加热时有与水蒸气一起挥发的性质。BHT的抗氧化作用较强，耐热性好，一般多与BHA并用，并以柠檬酸或其他有机酸为增效剂。此外，应注意保持设备与容器的清洁，在添加时应事先用少量油脂使BHT溶解，再加入肉中或生产油炸肉制品。

3. 没食子酸丙酯

没食子酸丙酯（PG）为白色或浅黄色晶状粉末，无臭、微苦，易溶于乙醇、丙酮、乙醚，难溶于脂肪与水，对热稳定。PG 对脂肪、奶油的抗氧化作用较 BHA 或 BHT 强，三者混合使用时最佳，加增效剂柠檬酸则抗氧化作用更强，但与金属离子作用会着色。

4. 维生素 E

维生素 E 又名生育酚，为黄至褐色、几乎无臭的澄清黏稠液体，溶于乙醇而几乎不溶于水。可与丙酮、乙醚、氯仿、植物油任意混合，对热稳定。作为抗氧化剂使用的生育酚混合浓缩物，是目前国际上唯一大量生产的天然抗氧化剂。生育酚的抗氧化作用比 BHA、BHT 的抗氧化能力弱，但毒性低，也是食品营养强化剂。在肉制品、水产品、冷冻食品及方便食品中，其用量一般为食品油脂含量的 $0.01\% \sim 0.2\%$。

5. 抗坏血酸及其钠盐

抗坏血酸作为抗氧化剂的使用量一般在 $0.015g/kg$ 以下。抗坏血酸钠为白色或带黄色的细粒或结晶粉末，无臭、稍咸，较抗坏血酸易溶于水，可用于不适合加入酸性物质（抗坏血酸）的食品如牛乳等。抗坏血酸及其钠盐应用于肉制品中，能消耗氧，还原高价金属离子，有抗氧化、助发色的作用，可保持肉制品如火腿、午餐肉罐头等的风味，增加肉的弹性，和亚硝酸盐结合使用可防止产生致癌物质亚硝胺。可先溶于少量水中然后再均匀添加。

6. 异抗坏血酸及其钠盐

异抗坏血酸及其钠盐极易溶于水，其使用与抗坏血酸及其钠盐类似，但没有抗坏血酸的抗坏血病的作用。

六、着色剂

着色剂亦称食用色素，系指为使食品具有鲜艳而美丽的色泽，改善感官性状以增进食欲而加入的物质。食用色素按其来源和性质分为食用天然色素和食用合成色素两大类。

1. 红曲米和红曲色素

红曲米是将籼米或糯米以水浸泡，蒸熟，加红曲霉（种曲）发酵而成，呈色成分主要是红曲色素。红曲色素是将红曲米用乙醇提取而得的红色素。红曲色素具有对 pH 稳定，耐光耐热耐化学性强，不受金属离子影响，对蛋白质着色性好以及色泽稳定，安全无害等优点。红曲色素常用作酱卤、香肠等肉类制品、腐乳、饮料、糖果、糕点、配制酒等的着色剂。

2. 甜菜红

甜菜红也称甜菜根红，是食用红甜菜的根制取的一种天然红色素，由红色的甜菜花青素和黄色的甜菜黄素所组成。甜菜红水溶液呈红色至红紫色，pH3.0～7.0

比较稳定，pH4.0～5.0稳定性最大。染着性好，但耐热性差，降解速度随温度上升而增加。光和氧也可促进降解。抗坏血酸有一定的保护作用，稳定性随食品水分活性的降低而增加。

3. 辣椒红素

辣椒红素为具有特殊气味和辣味的深红色黏性油状液体。溶于大多数非挥发性油，几乎不溶于水。耐酸性好，耐光性稍差。辣椒红素使用量按正常生产需要而定，不受限制。

4. 焦糖色

焦糖色也称酱色、焦糖或糖色，具有焦糖香味和愉快苦味。按制法不同，焦糖可分为不加铵盐和加铵盐生产的两类。加铵盐生产的焦糖色泽较好，加工方便，成品率也较高，但有一定毒性。焦糖色常用于酱卤制品、红烧制品等产品的着色和调味，其使用量按正常生产需要而定。

5. 姜黄素

姜黄素是从姜科、天南星科中的一些植物根茎中提取的一种黄色色素，为二酮类化合物。姜黄素为橙黄色结晶粉末，味稍苦，不溶于水，溶于乙醇、丙二醇，易溶于冰醋酸和碱溶液。在碱性时呈红褐色，在中性、酸性时呈黄色。对还原剂的稳定性较强，着色性强，一经着色后就不易褪色，但对光、热、铁离子敏感，耐光性、耐热性、耐铁离子性较差。姜黄素主要用于肠类制品、罐头、酱卤制品等产品的着色，其使用量按正常生产需要而定。

七、香精香料

1. 食用香料

食用香料含有挥发性的物质。所以在加工肉制品时，应尽量缩短香料的受热时间，或在热加工处理的后期添加香料。同时要避免与碱性物质直接接触。为了防止香料在保存期内变质，应注意密封和保持环境的阴凉与避光。

2. 食用香精

香精是由香料中萃取的挥发性油脂、基本油脂或树脂油等组成，由于含有芳香成分，所以在肉制品中被广泛使用，更因为其所含的芳香成分含量基本一致，因此与各种肉制品成分混合时，很容易达到均匀的效果。

使用香精时应注意的问题：首先必须是允许在肉制品中使用的香精，香型应该选得适当，加入肉品后应该能够溶解，香精的使用量应严格按照规定，只有在特殊的情况下才允许多加，高含量的糖液或酸液都可能遮盖或改变香精的香味。因此，一般不要把香精与高含量酸液混用，要严格控制温度，水溶性香精加热不得超过70℃，油溶性香精不得超过120℃。

我国目前使用香精多采用单一品种，香味单调，如果能将3～5种不同香型的香精混合使用，往往会产生特殊的风味。另外，如能将油溶性香精与固体、乳化香精适当配合，不仅能使肉品香味突出，而且能使其留香持久，不过配比一定要适当。

在肉制品加工中使用香精时，多为以氧化复合物为主要成分的浓缩基本油脂。这类香精的芳香度、溶解度以及安定度，一般都较优良。

3. 肉制品中常用的香精香料

一般来说，肉制品中香精的使用并不像其他食品那样广泛，但近年来，随着香精香料业的发展，以及人们对特殊风味的追求，肉类香精也得到了较快的发展。肉类香精通常按形态可分为固态、液态和膏状三种形态。烟熏香精是目前市场上流行的一种液体香精，多数熏肠中都有添加。常见的固体和膏状香精如牛肉精粉、猪肉精粉以及猪肉精膏、鸡肉精膏等，目前在市场上也比较流行。这些香精多为动植物水解蛋白或酵母抽提物经加工复配而成。在一些肉制品如午餐肉加工中，常添加一定量的香精以增加制品的肉香味。

第二章

酱卤腌腊烧烤加工原理

第一节　调味和煮制

酱卤制品是以畜禽肉及可食副产品为原料，加入调味料和香辛料，以水为介质，加热煮制而成的熟肉类制品。酱卤制品突出调味料与香辛料以及肉本身的香气，食之肥而不腻，加工中有两个主要过程：调味和煮制。酱与卤两种制品所用原料及原料处理过程相同，但在煮制方法和调味材料上有所不同，所以产品特点、色泽、味道也不相同。在煮制方法上，卤制品通常将各种辅料煮成清汤后将肉块下锅以旺火煮制；酱制品则是原料肉和各种辅料一起下锅，大火烧开，文火收汤，最终使汤形成肉汁。在调料使用上，卤制品主要使用盐水，所用香辛料和调味料数量不多，故产品色泽较淡，突出原料原有的色、香、味；而酱制品所用香辛料和调味料的数量较多，故酱香味浓。酱卤肉制品因加入调料的种类、数量不同又有很多品种，通常有五香制品、酱汁制品、卤制品、糖醋制品和糟制品等。

一、调味

调味就是根据不同品种、不同口味加入不同种类或数量的调料，加工成具有特定风味的产品。如南方人喜甜则在制品中多加一些糖，北方人吃得咸则多加一些盐，注重醇香味则多放一些酒。

调味是制作酱卤制品的关键。必须严格掌握调料的种类、数量以及投放的时间。根据加入调料的作用和时间大致分为基本调味、定性调味和辅助调味等三种。

基本调味：在原料整理后未加热前，用盐、酱油或其他辅料进行腌制，以奠定产品的风味，叫基本调味。

定性调味：原料下锅加热时，随同加入辅料如酱油、酒、香辛料等，以决定产品的风味，叫定性调味。

辅助调味：原料加热煮熟后或即将出锅时加入糖、味精等，以增加产品的色泽、鲜味，叫辅助调味。

二、煮制

煮制是酱卤制品加工中主要的工艺环节，其对原料肉进行热加工的过程中，使肌肉收缩变形，改变肉的色泽，提高肉的风味，达到熟制的作用。

1. 煮制方法

在酱卤制品加工中，煮制方法包括清煮和红烧。

清煮又称预煮、白煮、白锅等。其方法是将整理后的原料肉投入沸水中，不加任何调料，用较多的清水进行煮制。清煮在红烧前进行，主要目的是去掉肉中的血水和肉本身的腥味或气味。清煮的时间因原料肉的形态和性质不同而不同，一般为15～40min。清煮后的肉汤称为白汤，清煮猪肉的白汤可作为红烧时的汤汁基础再使用，但清煮牛肉及内脏的白汤一般不再使用。

红烧又称红锅。其方法是将清煮后的肉放入加有各种调味料、香辛料的汤汁中进行烧煮，是酱卤制品加工的关键性工序。红烧不仅可以使制品加热至熟，更重要的是使产品的色、香、味及产品的化学成分有较大的改变。红烧的时间随产品和肉质不同而异，一般为1～4h。红烧后剩余之汤汁叫老汤或红汤，要妥善保存，待以后继续使用。制品加入老汤进行红烧风味更佳。

保留老卤汁是提高风味的重要环节，且卤汁越陈，风味越香。卤汁用过后，要撇去过多的浮油，清除沉渣，装入坛、罐中，加盖置于阴凉处保存。暂且不用时，每隔几天要烧开一次，以防变质。

另外，油炸也是某些酱卤制品的制作工序，如烧鸡等。油炸的目的是使制品色泽金黄，肉质酥软油润，还可使原料肉蛋白质凝固，排除多余的水分，使肉质紧密、定型，在酱制时不易变形。油炸的时间一般为5～15min。多数在红烧之前进行。但有的制品则经过清煮、红烧后再进行油炸，如北京月盛斋烧羊肉等。

2. 煮制火力

在煮制过程中，根据火焰的大小强弱和锅内汤汁情况，可分为大火、中火、小火三种。

大火又称旺火、急火等，大火的火焰高强而稳定，使锅内汤汁剧烈沸腾。

中火又称温火、文火等，火焰较低弱而摇晃，锅内汤汁沸腾，但不强烈。

小火又称微火，火焰很弱而摇晃不定，锅内汤汁微沸或缓缓冒气。

火力的运用，对酱卤制品的风味及质量有一定的影响，除个别品种外，一般煮制初期用大火，中后期用中火和小火。大火烧煮的时间通常较短，其主要作用是尽快将汤汁烧沸，使原料初步煮熟。中火和小火烧煮的时间一般比较长，其作用可使肉品变得酥润可口，同时使配料渗入肉的深部。加热时火候和时间的掌握对肉制品质量有很大影响，需特别注意。

3.煮制汤量

在煮制过程中汤量的多少对产品的风味也有一定的影响，由汤与肉的比例和煮制中汤量的变化，分为宽汤和紧汤。

宽汤：将汤添加至液面相平或淹没肉面，煮后不收汁。适于块大、肉厚的产品。

紧汤：添加汤的量使液面低于肉面的 1/3～1/2 处，煮后收汁。适于色深、味浓的产品。

4.肉类在煮制过程中的变化

（1）肉质收缩变硬或软化　肉类在煮制过程中最明显的变化是失去水分、肉质收缩、重量减轻。肌肉中肌浆蛋白质受热后由于蛋白质凝固，而使肌肉组织收缩硬化，并失去黏性。但若继续加热，随着蛋白质的水解等变化，肉质又变软。这些都是由于加热，使肉产生一系列的物理、化学变化导致的。

将小批原料放入沸水中，经短时间预煮，使产品表面的蛋白质立即凝固，形成保护层，可以减少营养成分的损失，提高出品率，150℃以上的高温油炸，亦可减少有效成分的流失。

（2）肌肉蛋白质的热变性　肌肉蛋白质受热凝固。肉经加热煮制时，有大量的汁液分离，体积缩小，这是由于构成肌肉纤维的蛋白质因热变性发生凝固而引起。肌球蛋白的凝固温度是 45～50℃，当有盐类存在时 30℃ 即开始变性。肌肉中可溶性蛋白的热凝固温度是 55～65℃，肌球蛋白由于变性凝固，再继续加热则发生收缩。肌肉中水分被挤出，当加热到 60～75℃ 时失水量多，以后随温度的升高失水反而相对减少。

（3）脂肪的变化　加热时脂肪熔化。包围脂肪滴的结缔组织由于受热收缩使脂肪细胞受到较大的压力，细胞膜破裂，脂肪熔化流出。随着脂肪的熔化，释放出某些与脂肪相关联的挥发性化合物，这些物质给肉和肉汤增加了香气。脂肪在加热过程中有一部分发生水解，生成脂肪酸，因而使酸价有所增高，同时还发生了氧化作用，生成氧化物和过氧化物。如果肉量过多且剧烈沸腾，则脂肪乳化，肉汤混浊，且易氧化，产生不良气味。

（4）结缔组织的变化　一般加热条件下，主要是胶原蛋白发生变化。在 70℃ 以下的温度加热时，其变化主要是收缩变性，使肌肉硬度增加，肉汁流失。随着温度的升高和加热时间的延长，变性后的胶原蛋白降解为明胶，明胶吸水后膨胀成胶冻状，从而使肉的硬度下降，嫩度提高。所以，合适的煮制温度和时间，可使肉的嫩度和风味改善。

（5）风味的变化　加热煮制后各种原料肉均会形成独特的风味，主要与加热时肉中的水溶性成分和脂肪的变化有关。在煮制过程中，肉的风味变化在一定程度上因加热的温度和时间不同而异。一般在常压煮制情况下，3h 之内风味随加热时间的延长而增加。但加热时间长，温度高，生成的硫化氢增多，脂肪氧化产物增加，使肉制品产生不良风味。

（6）浸出物的变化　在煮制时浸出物的成分是复杂的，其中主要是含氮浸出物、游离的氨基酸、尿素、肽、嘌呤等。其中游离的氨基酸最多，如谷氨酸，它具有特殊的芳香气味，当浓度达到 0.08％时，即会出现肉的特有芳香气味。此外，丝氨酸、丙氨酸等也具有香味，成熟的肉含游离状态的次黄嘌呤，也是形成肉的特有芳香气味的主要成分。

（7）颜色的变化　当肉温在 60℃ 以下时，肉色几乎不发生明显的变化；65～70℃时，肉变成桃红色；再提高温度则变为淡红色；75℃ 以上时，则完全变为褐色。这种变化是由于肌肉中的肌红蛋白受热逐渐发生变性所致。

第二节　腌制机理

腌腊制品是我国传统的肉制品之一，是指原料肉经预处理、腌制、脱水、贮藏成熟而成的一类肉制品。腌腊制品的肉质细致紧密，色泽红白分明，滋味咸鲜可口，风味独特，便于携带和贮藏。腌腊制品主要包括咸肉、腊肉、板鸭、中式火腿、培根、西式火腿等。

肉的腌制是肉品贮藏的一种传统手段，也是肉品生产中常用的加工方法。肉的腌制通常是用食盐或以食盐为主并添加硝酸钠、蔗糖和香辛料等辅料对原料肉进行浸渍的过程。近年来，随着食品科学的发展，在腌制时常加入品质改良剂如磷酸盐、维生素 C、柠檬酸等以提高肉的保水性，以获得较高的成品率；同时腌制的目的已从单纯的防腐贮藏发展到主要是为了改善风味和色泽，提高肉制品的质量，从而使腌制成为许多肉类制品加工过程中一个重要的工艺环节。

一、腌制的作用

1. 防腐作用

在肉品腌制过程中，添加的食盐、硝酸盐和亚硝酸盐具有重要的防腐作用。

食盐是腌腊肉制品的主要配料，也是唯一不可缺少的腌制材料。食盐不能灭菌，但一定浓度的食盐能抑制许多腐败微生物的繁殖，因而对腌腊制品具有防腐作用。肉制品中含有大量的蛋白质、脂肪等成分，但其鲜味要在一定浓度的咸味下才能表现出来。腌制过程中食盐的防腐作用主要表现在：食盐较高的渗透压，引起微生物细胞的脱水、变形，同时破坏水的代谢；影响细菌酶的活性；钠离子的迁移率小，能破坏微生物细胞的正常代谢；氯离子比其他阴离子（如溴离子）更具有抑制微生物活动的作用。此外，食盐的防腐作用还在于食盐溶液减少了氧的溶解度，氧很难溶于食盐水中，由于缺氧减少了需氧性微生物的繁殖。

硝酸盐和亚硝酸盐可以抑制肉毒梭状芽孢杆菌的生长，也可以抑制许多其他类型腐败菌的生长。这种作用在硝酸盐浓度为 0.1% 和亚硝酸盐浓度为 0.01% 左右时最为明显。肉毒梭状芽孢杆菌能产生肉毒梭菌毒素，这种毒素具有很强的致死性，对热稳定，大部分肉制品进行热加工的温度仍不能杀灭它，而硝酸盐能抑制肉毒梭状芽孢杆菌的生长，防止食物中毒事故的发生。硝酸盐和亚硝酸盐的防腐作用受 pH 的影响很大，在 pH 为 6 时，对细菌有明显的抑制作用；当 pH 为 6.5 时，抑菌能力有所降低；当 pH 为 7 时，则不起作用，但其机理尚不清楚。

在肉的腌制过程中经常添加一些调味香辛料，这些调味香辛料多具有抑菌或杀菌作用，如胡椒、花椒、生姜、丁香和小茴香等，均具有一定抑菌效力，有利于腌肉的防腐保质。

2. 呈色作用

各种动物肉之所以呈红色，是因为肉质中含有呈红色的色素蛋白质。肌肉中的色素蛋白质主要是肌红蛋白和血红蛋白。肌肉中含肌红蛋白较多，在动物屠宰时，由于血不可能完全放尽，在毛细血管的残留血液中，仍含有相当数量的血红蛋白。肌红蛋白和血红蛋白均含有血红素，这种血红素可与一氧化氮相结合，生成亚硝基血红蛋白和亚硝基肌红蛋白，使肌肉呈玫瑰红色。在腌制过程中，肌红蛋白在亚硝酸盐的作用下生成亚硝基肌红蛋白是腌制呈色的主要原因，亚硝基肌红蛋白是构成腌肉颜色的主要成分，它是在腌制过程中经过复杂的化学变化而形成的。

腌制呈色的速度主要决定于原料肉中肌红蛋白的含量、腌制剂浓度、腌制剂扩散速度、腌制温度和发色助剂的添加等因素，一般腌肉的颜色在腌制几小时内便可产生。在烘烤、加热和烟熏条件下，上述反应会急剧加速。烟酰胺和异抗坏血酸钠并用可促进腌制呈色，并可防止褪色。

3. 成味作用

（1）腌制风味物质的形成　腌制品中的风味物质，有些是肉品原料和调味料本身所具有的，而有些是在腌制过程中经过物理化学、生物化学变化产生和由微生物发酵而形成的。腌肉的特殊风味是由蛋白质的水解产物和亚硝基肌红蛋白共同形成的。同时，腌肉中微生物发酵的作用也参与了腌制品主体风味的形成。

（2）咸味的形成　经腌制加工的原料肉，由于食盐的渗透扩散作用，使肉内外含盐量均匀，咸淡一致，风味增强。研究发现，所有与腌肉的风味有关的影响因素中最主要的是食盐，如果含盐量太高（＞6%）或太低（＜2%），其风味将不受消费者欢迎，因此，腌制时必须严格控制食盐的用量。

二、腌制方法

原料肉的腌制方法可分为干腌、湿腌、混合腌和注射腌四种方法。

1. 干腌法

干腌法是将盐腌剂擦在肉表面，然后逐层地放在腌制槽内，将揉搓剩余的腌制料撒在腌制肉的最上面，通过肉中的水分将其溶解、渗透而进行腌制的方法。在腌制时由于渗透扩散作用，肉内分离出的一部分水分和可溶性蛋白质向外转移，使盐分向肉内渗透，至浓度平衡为止。这种腌制方法在腌制过程中要注意经常上下翻倒（俗称倒缸），并且有时腌制料的添加是分次加入的，腌制速度极慢，且腌制不均匀，主要用于传统生干火腿的加工。我国传统的金华火腿、咸肉、风干肉等都采用这种方法。腌制后制品的重量减少，并损失一定量的营养物质（15％～20％）。干腌法腌制时间及损失的重量与产品的形状、肉的种类、温度等因素有关。如金华火腿一般腌制 30～35 天；上海地区 5～10kg 的连片咸肉腌制 30 天左右。损失的重量取决于脱水的程度、肉块的大小等。原料肉越瘦，温度越高，损失重量越大。这种方法的优点是简单易行，耐贮藏。缺点是咸度不均匀，费工，制品的重量和养分减少。

2. 湿腌法

湿腌法是将盐及其他配料配成一定浓度的盐水卤，然后将肉浸泡在盐水中腌制的方法。盐水的浓度是根据产品的种类、肉的肥度、温度、产品保藏条件和腌制时间而定的。湿腌法的优点是渗透速度快，产品颜色好，省时省力，质量均匀，腌制液再制后可重复使用。缺点是蛋白质流失太多，投资大，含水量高，不易保藏。在配制盐卤时，要确定卤水中的食盐含量。可使用盐度计测量，有时也用波美度表示。如果卤水中还含有白糖、维生素 C、硝酸盐与亚硝酸盐，那么，它们都可影响盐度计读数。维生素 C、亚硝酸盐与硝酸盐由于添加量太少，对盐度计的影响可忽略不计。另外，磷酸盐的存在也将一定程度地影响盐度计的读数。使用过的腌制液中含有 13％～15％食盐，以及砂糖、硝酸盐等。但因其中已溶有肉中营养成分，且盐度较低，微生物易繁殖，在使用前须加热至 90℃杀菌 1h，冷却后除去上浮的蛋白质、脂肪等，滤去杂质，补足盐度。

3. 混合腌制法

混合腌制法是将干腌法、湿腌法结合起来的腌制方法。其方式有两种：一是先湿腌，再用干的盐硝混合物涂擦；二是先干腌后湿腌。混合腌法可以增加制品贮藏时的稳定性，防止产品过多脱水，免于营养物质过分损失。为使腌制均匀，无论用哪一种方法，每经过一定时间后应把肉块上下翻转一次。

4. 注射腌制法

注射法是用专用的盐水注射机把已配好的腌制液，通过针头注射到肉中而进行腌制的方法。肉块较小时，一般采用湿腌的方法，肉块较大时可采用盐水注射法。

（1）腌制料　腌制液中的主要成分为水、食盐、糖、硝酸盐、亚硝酸盐、磷酸盐、抗坏血酸、大豆分离蛋白、卡拉胶等。其中盐与糖在腌制液中的含量取决于消费者的口味，而硝酸盐及亚硝酸盐、磷酸盐、抗坏血酸等添加剂的用量取决于食品法律法规的规定。要确定腌制液中各种成分的含量，则必须先确定出最终产品中各种成分的含量及腌制液的使用或注射量。一般情况下，各种成分在最终产品中的含量在下列范围内变化：食盐 2.0%～2.5%、糖 1.0%～2.0%、磷酸盐（以 P_2O_3 计）≤0.5%。

如果是采用湿腌法，定量称取过滤冷却后的腌制液并与预处理后的原料肉混匀。若采用注射法，则应将肉均匀摆放在注射机的传送系统上，以保持注射的连续性。通过调节每分钟注射的次数和腌制液的压力准确控制注射量。一般通过称量肉在注射前后重量的变化了解注射量，注射时流失在盘中的腌制液，必须经过滤方能再用。

为了增加风味，需加入适量调味料及香辛料。在实际生产中，有时将调味料加入腌制液中，有时在腌制滚揉过程中加入。现在也有将调味料有效成分抽提出来，吸附于可溶性淀粉上，经喷雾干燥后制成固体香料粉，使用方便卫生。

（2）盐水的配制　盐水要求在注射前 24h 配制以便于充分溶解。配制好的盐水应保存在 7℃以下的冷却间内，以防温度上升。盐水配制时各成分的加入顺序非常重要。首先将混合粉完全溶解后再加入盐、硝酸盐，搅匀后再加香料、糖、异抗坏血酸钠等。若要加蛋白，应在注射前 1h 加入，搅匀后泵入盐水注射机储液罐中。在配制盐水时，先溶解混合粉或磷酸盐，是因为混合粉的主要成分是磷酸盐，而磷酸盐与食盐、硝酸盐等成分混合，其溶解性降低，溶解后易形成沉淀。

（3）盐水注射机　盐水注射机可将盐水及辅料配制的腌制液注入肉块中，再通过真空滚揉使料液充分腌渍、渗透，可疏松肌肉组织结构，有利于肌球蛋白溶出，并且由于添加剂对原料肉离子强度的增强作用和对蛋白的调整作用，注入配制的水溶液能使肉质嫩化、松软，从而提高了肉制品的出品率，改善了肉制品的嫩度和口感。可根据不同工艺要求，通过调节步进速度、步进距离、压肉板间隙及注射压力，将腌制液定量、均匀、连续地注入产品中，从而实现产品的最佳注射效果。

三、腌制成熟的标志

腌制工序在肉制品加工过程中至关重要，腌制不完全会加速产品腐败变质，缩短保存期，影响产品的色泽和气味，使产品质量下降，所以，无论以何种腌制方法或选用什么腌料，都要求将原料肉腌制成熟。一般来说，腌制成熟的标志是腌制液完全渗透到原料肉内，目前尚无仪器能准确测量肉腌制的成熟度，只能通过感官观察肉的外观变化来判定肉的成熟度。鉴别方法：用刀切开肉的最厚处，观察其色泽、弹性、黏性等的变化。

肉腌制成熟的标志：脂肪腌制成熟后，断面呈青白色，切成薄片时略显透明；经腌制成熟的瘦肉，质地变硬，断面致密，色泽变深；肉断面指压有弹性，肉块表面湿润，无黏性。

第三节　烧烤机理

烧烤制品是指以烧烤为主要加工手段的肉类制品，其制品分为熏制品和烤制品两类。熏制品是以烟熏为主要加工工艺生产的肉制品，烤制品是以烤制为主要加工工艺生产的肉制品。

一、烟熏的目的

1. 赋予产品风味

熏烟中的主要成分是酚、醇、羰基化合物和烃类等，它们都能赋予产品以特殊的烟熏风味。烟熏过程的加热作用，使肉中的蛋白质和脂肪在微生物或酶的作用下会发生分解，生成氨基酸、脂肪酸、核苷酸等，它们能使产品具有鲜味和香味。

2. 赋予产品良好的色泽

烟熏时，肉制品表面的色泽随燃料种类、烟熏程度、脂肪含量、温度和肉制品表面水分的不同而异。如用山毛榉作燃料，肉呈金黄；如用赤杨、栎树作燃料，肉呈深黄或棕色。烟熏时，肉中的脂肪因受热外渗，有润色作用，使肉色带有光泽。烟熏肉制品表面上形成的特有的棕褐色，是美拉德反应的结果。

烟熏肉制品内部的肌肉组织呈暗红色。在熏制的过程中，之前在肉中加入的硝酸盐会还原为亚硝酸盐，亚硝酸盐在一定的酸性条件下又分解成亚硝酸，而亚硝酸很不稳定，容易分解产生亚硝基，亚硝基很快又与肌红蛋白反应，生成鲜红色的亚硝基肌红蛋白。此外，亚硝基肌红蛋白遇热后颜色稳定，不褪色。

3. 防止肉制品腐败变质

熏烟中含有酚、醛、酸等物质，它们都具有杀菌、抑菌作用。由于这些成分的聚合作用，会在烟熏肉制品表面形成茶褐色有光泽的干燥薄膜，从而提高了产品的防腐性。同时，有些成分也会随烟气进入到产品内部，增加了制品的保藏性。

4. 脱水干燥作用

肉制品在烟熏时，会失去部分水分，使制品表面干燥，蛋白质凝固并在肉制品表面形成一层薄薄的硬皮，使制品结构组织致密，从而抑制微生物的生长和繁殖。

5. 抗氧化作用

熏烟成分中，酚类物质具有较强的抗氧化性能，它能防止肉制品中的脂肪氧化。烟熏后，抗氧化成分多数都存在于肉制品表层上，因此，烟熏既有利于提高肉制品的品质，还能延长烟熏肉制品的贮藏期。

二、熏烟的成分和作用

在熏烟中分离出的化合物已有 300 多种，最常见的有酚类、醇类、羰基化合物、烃类等。

1. 酚类

酚及其衍生物是由木质素裂解产生的，温度为 280～550℃时木质素分解旺盛，温度为 400℃左右时分解最强烈。在烟熏制品中，酚类有四种作用：抗氧化作用，促进熏烟色泽的产生，有利于熏烟风味的形成，防腐作用。

2. 醇类

熏烟中含量最高的醇类是甲醇，此外还有乙醇、丙烯醇、戊醇等。但它们常被氧化成相应的酸类，主要作用是作为风味物质的载体。

3. 羰基化合物

熏烟中含有大量的羰基化合物，如醛、酮、羧酸等。这部分羰基化合物是烟熏制品风味和色泽形成的主要因素。羧酸还有助于防腐。

4. 烃类

从熏烟中能分离出许多环芳烃（简称 PAH），包括苯并蒽、二苯并蒽、苯并芘等。研究证明，三环以下的芳烃无致癌作用，四环芳烃致癌作用也很弱，五环以上才具有较强的致癌作用。其中 3,4-苯并芘污染最广，含量最多，致癌性最强。

目前，减少 3,4-苯并芘的方法有以下几种。

（1）控制生烟温度　苯并芘和苯并蒽是由木质素分解产生的，温度在 400℃以下时生成量极微，400～1000℃时 3,4-苯并芘的生成量随温度上升而急剧增加，可从每 100g 木屑产生 $5\mu g$ 增加到 $20\mu g$，因此，控制燃烧温度在 400℃以下可减少这类物质的产生。

（2）过滤或淋水　多环烃类因相对分子质量大，大多附着在固定相上，可通过过滤或淋水的方法去除。

（3）使用烟熏液　烟熏液经过特殊的加工精炼，一般不含这类致癌物。

（4）食用时剥去外皮　一般的动物肠衣和人造纤维肠衣对苯并芘均有不同程度的阻隔作用，大约 80％在表层，食用时除去肠衣可大大减少这类物质的摄入量。

三、熏制对产品的影响

1. 熏烟的沉积

刚发生的熏烟为气体状态，但它会迅速地分成气相和固相。在气相成分中，含有较多的挥发性物质，大部分都具有特有的烟熏芳香味和风味。利用静电沉积固相的试验表明，肉制品中有 95％的烟熏风味来自气相部分。若将固相沉淀除去，那么熏烟中有害的焦油和多环烃的含量就会大幅度地下降。熏烟在制品上的沉积首先发生在产品表面，随后逐渐向产品的内部渗透，使制品呈现特有的色、香、味，并增强防腐与抗氧化能力。

影响熏烟沉积量和速度的因素有熏烟的密度、烟熏室内的空气流速和相对湿度及食品表面的状态。熏烟密度和它沉积速度间的关系非常明显，密度越大，熏烟的吸收量越大。烟熏室内的空气流速也有利于吸收，因为流动越迅速和食品表面接触的熏烟也越多，但是在高速流动的空气条件下，难以形成高浓度的熏烟，所以一般采用 7.5～15m/min 的空气流速。相对湿度不仅对沉积速度有影响，对沉积的性质也有影响。因为相对湿度有利于加速沉积，但不利于色泽形成。食品表面上水分的多少也会影响熏烟的吸收，潮湿有利于吸收，而干燥表面则会延缓吸收。

2. 熏制促进产品进一步发色

熏制有促进腌制品进一步发色的作用，这可从熏制时所形成的发色环的变化得到证明。在熏制过程中，如切开灌肠制品，从横断面上可看出明显的发色区和不发色区，并且发色区随熏制时间的延长而扩大，颜色的变化均匀地从灌肠的周围慢慢向中心扩展。产生这一现象的原因是由于硝酸盐的发色作用必须在微生物的作用下使其转变成亚硝酸盐，这一反应通常在腌制过程中进行。但当腌制时的温度较低，时间较短的时候，上述反应进行不充分，没有形成大量的亚硝酸盐，因此只有在熏制过程中实现。也就是说，熏制为硝酸盐还原菌创造了适宜条件，使硝酸盐转变为亚硝酸盐。同时，因为肉的导热性很差，当熏制灌肠的外层温度达 60℃时，其中心部位要达到这个均一温度尚需较长的时间，当肉馅在熏制的 1h 内保持在 30～40℃时，是细菌繁殖的最适宜温度。因此，熏烟的温度不但是细菌繁殖的要求，也是进行发色的必要条件。在熏制过程中，肉的内部和表面层存在着温度差，中心部位没有发色，保持原来的状态，而外表由于有了适宜的温度条件，细菌大量繁殖，促使了硝酸盐的转化，因此出现了发色区由周围慢慢向中心扩展这一现象。

3. 熏制中产品重量的变化

熏制过程中，由于水分的蒸发，肉制品所呈现出的最大的变化就是重量的减轻。减重是由温度决定的，温度越高，减重速度越快，失重也越多。

空气流动速度及空气流动的方向不同对减重也有很大影响。一般肉制品在熏制过程中，内部水分转移的速度小于表面水分蒸发的速度，所以常在肉表面形成一层干燥的硬壳。而内部水分的转移受很多因素影响，诸如原料肉的种类、肉的组成比例、灌肠粗细等，都对干燥有影响。含脂肪比例大则损耗少，而灌肠越细损耗越大。

4. 熏烟成分对产品的影响

熏烟成分在肉制品中的多少，是烟熏程度大小的标志，常用酚数来表示，酚数是指 100g 肉制品中含有酚的质量，以毫克计。

熏烟室内各层次烟的组成不同，酚是最重要的物质。在熏烟室的底层，含酚量最多，而醛和酮是较轻的物质，上层含量多。冷熏时，熏烟会在灌肠中蓄积9～32mg/100g的酚及9～48mg/100g的醛，醛易溶于脂肪，脂肪组织中酚的含量高于肌肉组织，熏烟时酚和醛的蓄积在最初的24h内进行得最强，以后这些物质在周围介质和灌肠中的浓度差会慢慢降低，浸入量也会降低。由于熏烟成分的浸入，提高了熏制品的耐贮存性，改善了产品的外观，赋予了制品特殊的熏香气味。很多研究还指出，熏烟中的醛类的蓄积具有杀菌作用，从而增加了制品的耐保藏性。熏制品具有显著抗氧化作用，其原因在于熏烟中含有抗氧化物质，这些物质主要是酚及其衍生物。

四、烤制

烤制是利用热空气对原料肉进行的热加工。原料肉经过高温烤制，产品表面产生一种焦化物，从而使肉制品表面增强酥脆性，产生美观的色泽和诱人的香味。

肉类经烤制能产生香味，是由于肉类中的蛋白质、糖、脂肪、盐和金属等物质在加热过程中，经过降解、氧化、脱水、脱羧等一系列变化，生成醛类、酮类、醚类、呋喃、吡嗪、硫化物、低级脂肪酸等化合物。糖、氨基酸之间的美拉德反应，不仅生成棕色物质，同时伴随着生成多种香味物质。脂肪在高温下分解生成的二烯类化合物，从而赋予肉制品的香味。蛋白质分解产生谷氨酸，与盐结合生成的谷氨酸钠，使肉制品带有鲜味。此外，在加工过程中，腌制时加入的辅料也有增香的作用。如五香粉含有醛、酮、醚、酚等成分，葱、蒜含有硫化物；在烤猪、烤鸭、烤鹅时，浇淋糖水要用到麦芽糖，烤制时这些糖与皮层蛋白质分解生成的氨基酸，发生美拉德反应，不仅起着美化外观的作用，而且产生香味物质。烤制前浇淋热水和晾皮，使皮层蛋白凝固，皮层变厚、干燥。烤制时，在热空气作用下，蛋白质变性而酥脆。

烤制使用的热源有木炭、无烟煤、红外线电热装置等。烤制方法分为明烤和暗烤两种。

1. 明烤

把制品放在明火或明炉上烤制称明烤。从使用设备来看，可以分为三种。第一种是将原料肉叉在铁叉上，在火炉上反复炙烤，均匀烤透，烤乳猪就是利用这种方法。第二种是将原料肉切成薄片状，经过腌渍处理，最后用铁扦穿上，架在火槽上。边烤边翻动，炙烤成熟，烤羊肉串就是用这种方法。第三种是在火盆上架一排铁条，先将铁条烧热，再把经过配料调好的薄肉片放在铁条上，用木筷翻动搅拌，成熟后取下食用。

明烤设备简单，温度易于控制，操作方便，着色均匀，成品质量好。但烤制时间较长，需劳力较多，一般适用于烤制少量制品或较小的制品。

2. 暗烤

把制品放在封闭的烤炉中,利用炉内高温使其烤熟,称为暗烤。由于有些制品要用铁钩钩住原料,挂在炉内烤制,又称挂烤。如北京烤鸭就是采用这种烤法。

在不同的地方,不同的原料和不同的制品,采用的炉具、燃料和方法也有所不同。暗烤的烤炉从构造上分,一种是砖砌炉,其优点是制品风味好,设备投资少,保温性能好,省热源,但不能移动。另一种是铁桶炉,炉的四周用厚铁皮制成,做成桶状,可移动,但保温效果差。这两种炉都是用炭作为热源,因此风味较佳。还有一种为红外电热烤炉,比较先进,炉温、烤制时间、旋转方式均可设定控制,操作方便,节省人力,生产效率高,但投资较大,成品风味不如前面两种暗烤炉。从烤制的方法上分,有直接和间接烤制之分:凡生料或无汁料,大都与火直接接触(但保持一定距离);而半熟料和带汁料则装入烤盘烤制,原料不与火直接接触。

第三章

酱卤制品加工

第一节　鸡肉制品

一、道口烧鸡

1. 配方

原料鸡 100kg，食盐 2～3kg，砂仁 15g，陈皮 30g，肉桂 90g，白芷 90g，草果 30g，丁香 3g，姜 90g，白豆蔻 15g，硝酸钾 15～18g。

2. 工艺流程

原料选择→宰杀→浸烫、煺毛→开膛、造型→上色、油炸→煮制→成品

3. 操作要点

（1）原料选择　选择鸡龄在半年到 2 年以内，活重在 1～1.3kg 的嫩鸡或肥母鸡，尤以柴鸡为佳，鸡的体格要求胸腹长宽、两腿肥壮、健康无病。原料鸡的选择影响成品的色、形、味和出品率。

（2）宰杀　宰杀前禁食 18h，禁食期间供给充足清洁饮水，之后将要宰杀的活鸡抓牢，采用三管（血管、气管、食管）切断法，放血洗净，刀口要小。宰后 2～3min 趁鸡温尚未下降时，即可转入下道工序。放置的时间太长或太短均不易煺毛。

（3）浸烫、煺毛　当年鸡的煺毛浸烫水温可保持在 58℃，鸡龄超过一年的浸烫水温应适当提高到 60～63℃，浸烫时间为 2min 左右。煺毛采用搓推法，背部的毛用倒茬方法煺去，腿部的毛可以顺茬煺去，这样不仅效率高，而且不伤鸡皮，确保鸡体完整。煺毛顺序为两侧大腿、右侧背、腹部、右翅、左侧背、左翅、头颈部。在清水中，洗净细毛，搓掉皮肤上的表皮，使鸡胴体洁白。

（4）开膛、造型　用开水将鸡体洗净，并从跗关节处切去鸡爪。于颈根部切一小口，用手指取出嗉囊和三管并切断，之后在鸡腹部肛门下横向切开一个 7～9cm 的切口（不可太深太长，严防伤及内脏和肠管，以免影响造型），从切口处掏出内脏（心、肝和肾脏可保留），旋割去肛门，并切除尾脂腺，去除鸡嗉和舌衣，然后

用清水多次冲洗腹内的残血和污物，直至鸡体内外干净洁白为止。

造型是道口烧鸡的一大特色，又叫撑鸡。将洗好的鸡体放在案子上，腹部朝上，头向外而尾对操作者，左手握住鸡身，右手用刀从取内脏的刀口处将肋骨从中间割断，并用手按折。根据鸡的大小，再用 8～10cm 长的高粱秆或竹棍撑入鸡腹腔，高粱秆下端顶着肾窝，上端顶着胸骨，撑开鸡体。然后在鸡的下腹尖部开一个月牙形的小切口，按裂腿与鸡身连接处的薄肉，把两只腿交叉插入洞内，两翅从背后交叉插入口腔，造型使鸡体成为两头尖的元宝形。把造型完毕的白条鸡浸泡在清水中 1～2h，使鸡体发白后取出沥干水分。

（5）上色、油炸　沥干水分的鸡体，用毛刷在体表均匀地涂上稀释的蜂蜜水溶液，水与蜂蜜之比为 6：4。用刷子将蜂蜜水溶液涂在鸡全身并均匀刷三四次，每刷一次要等晾干后再刷第二次。稍许沥干，即可油炸上色。为确保油炸上色均匀，油炸时鸡体表面如有水滴，则需要用干布擦干，然后再将鸡放入 150～180℃的植物油中，翻炸约 1min 左右，待鸡体呈柿黄色时取出，沥去油滴。油炸温度很重要，温度达不到时，鸡体上色不好。油炸时严禁破皮（为了防止油炸破皮，用肉鸡加工时，事先要腌制）。

（6）煮制　用纱布袋将各种香辛料装入后扎好口，放于锅底。然后将鸡体整齐码好，将体格大或较老的鸡放在下面，体格小的或较嫩的鸡放在上面。码好鸡体后，上面用竹箅盖住，否则鸡体浮出水面，熟制时不均匀。然后，倒入老汤（若没有老汤，除食盐外第一次所有配料加倍），并加等量清水，液面高于鸡体表层 2～5cm。煮制时恰当地掌握火候和煮制时间十分重要。一般先用旺火将水烧开，在水开时放入硝酸钾，然后改用文火将鸡焖煮至熟。焖煮时间视季节、鸡龄、鸡的体重等因素来定。一般为当年鸡焖煮 1.5～2h，一年以上的鸡焖煮 2～4h，老鸡需要焖煮 4～5h 即可出锅。

烧鸡煮烂出锅时应注意保持造型的美观与完整，不得使鸡体破碎，并注意卫生。

二、德州扒鸡

1. 配方

光鸡 200 只，食盐 3.5kg，酱油 4kg，白糖 0.5kg，小茴香 50g，砂仁 10g，肉豆蔻 50g，丁香 25g，白芷 125g，草果 25g，山奈 75g，桂皮 125g，陈皮 50g，八角 100g，花椒 50g，葱 500g，姜 250g。

2. 工艺流程

原料选择→宰杀、整形→上色、油炸→焖煮→出锅→成品

3. 操作要点

（1）原料选择　选择健康的母鸡或当年的其他鸡，体重 1.2～1.5kg。

（2）宰杀、整形　颈部刺杀放血，切断三管，放净血后，用 65～75℃ 热水浸烫，捞出后立即烬净毛，冲洗后，腹下开膛，取出所有内脏，用清水冲净鸡体内外，将鸡两腿交叉插入腹腔内，双翅交叉插入宰杀刀口内，从鸡嘴露出翅膀尖，形成卧体口含双翅的形态，沥干水后待加工。

（3）上色和油炸　用毛刷蘸取糖液（白糖加水煮成或用蜜糖加水稀释，按 1∶4 比例配成）均匀地刷在鸡体表面。然后把鸡体放到烧热的油锅中炸制 3～5min，待鸡体呈金黄透红的颜色后立即捞出，沥干油。

（4）焖煮　将香辛料装入纱布袋，随同其他辅料一起放入锅内，把炸好的鸡体按顺序放入锅内排好，锅底放一层铁网可防止鸡体粘锅。然后放汤（老汤占总汤量一半），使鸡体全部浸泡在汤中，上面压上竹排和石块，以防止汤沸时鸡身翻滚。先用旺火煮 1～2h，再改用微火焖煮，嫩鸡焖 6～8h，老鸡焖 8～10h 即可。

（5）出锅　停火后，取出竹排和石块，尽快将鸡用钩子和汤勺捞出。为了防止脱皮、掉头、断腿，出锅时动作要轻，把鸡平稳端起，以保持鸡身的完整，出锅后即为成品。

三、白斩鸡

1. 配方

鸡 10 只，原汁酱油 400g，鲜砂姜 100g，葱头 150g，味精 20g，香菜、麻油适量。

2. 工艺流程

原料选择→宰杀、整形→煮制→成品

3. 操作要点

（1）原料选择　选用良种母鸡或公鸡阉割后经育肥的健康鸡，体重以 1.3～2.5kg 为宜。

（2）宰杀、整形　采用切断三管放净血，用 65℃ 热水烫毛，拔去大小羽毛，洗净全身。在腹部距肛门 2cm 处，剖开一个 5～6cm 长的横切口，取出全部内脏，用水冲洗干净体腔内的淤血和残物，把鸡的两脚爪交叉插入腹腔内，两翅撬起弯曲在背上，鸡头向后搭在背上。

（3）煮制　将清水煮至 60℃，放入整好形的鸡体（水需淹没鸡体），煮沸后，改用微火煮 7～12min。煮制时翻动鸡体数次，将腹内积水倒出，以防不熟。把鸡捞出后浸入冷开水中冷却几分钟，使鸡皮骤然收缩，皮脆肉嫩，最后在鸡皮上涂抹少量香油即为成品。

食用时，将辅料混合配成佐料，蘸着吃。

四、保定马家老鸡铺卤鸡

1. 配方

1000g 光鸡，食盐 30g，姜 3g、大蒜 3g，大葱 1g，陈年老酱 20g，五香粉、小茴香、花椒各 1g，八角、白芷各 1.5g，桂皮 2g。

2. 工艺流程

宰杀、整形→卤煮→整形→成品

3. 操作要点

（1）宰杀、整形　将活鸡宰杀、放血、开膛，除去内脏，洗净晾干。如是陈年老鸡，需放入凉水内浸泡 2h 左右，排净积血。后用木棒把胸部拍平，把一只翅膀插入鸡的口腔，另一只翅膀向后扭住，再把两条腿折弯并将鸡爪塞入膛内。

（2）卤煮　汤锅烧沸后，将光鸡逐层放入锅内，然后将花椒、八角、五香粉等装入料袋，连同其他辅料放入锅内，汤沸后放入陈年老酱。用木箅子压住，旺火煮 40min，老鸡还需微火焖煮 1h 左右。

（3）整形　出锅后趁热用手蘸着鸡汤，把鸡的胸部轻轻朝下压平。卤煮鸡的汤可以连续使用，每次煮鸡后用布袋过滤并去渣。在夏季，若老汤隔天不用，为防止发酵，要加热煮沸。

五、安徽符离集烧鸡

1. 配方

光鸡 100kg，食盐 4.50kg，小茴香 0.05kg，肉豆蔻 0.05kg，桂皮 0.02kg，八角 0.30kg，丁香 0.02kg，白糖 1.00kg，砂仁 0.02kg，白芷 0.08kg，辛夷 0.02kg，山柰 0.07kg，硝酸钠 0.02kg，良姜 0.07kg，生姜 0.80~1.00kg，花椒 0.01kg，草果 0.05kg，陈皮 0.02kg，葱 0.80~1.00kg。

上述香料用纱布袋装好并扎好口备用。此外，配方中各香辛料应随季节变化及老汤多少加以适当调整，一般夏季比冬季减少 30%。

2. 工艺流程

原料选择→宰杀→浸烫、煺毛→开膛、造型→上色、油炸→煮制→成品

3. 操作要点

（1）原料选择　宜选择当年新（仔）鸡，每只活重 1.0~1.5kg，并且健康无病。

（2）宰杀　宰杀前禁食 12~24h，其间供应饮水。颈下切断三管，刀口要小。宰后约 2~3min 即可转入下道工序。

（3）浸烫、褪毛　在 60~63℃ 水中浸烫 2min 左右进行褪毛，褪毛顺序：两侧大腿→右侧背→腹部→右翅→左侧背→左翅→头颈部。在清水中洗净，搓掉表皮，使鸡胴体洁白。

（4）开膛、造型　将清水泡后的白条鸡取出，使鸡体倒置，将鸡腹肚皮绷紧，用刀贴着龙骨向下切开小口，以能插进两手指为宜。用手指将全部内脏取出后，清

水洗净。

用刀背将大腿骨打断（不能破皮），然后将两腿交叉，使跗关节套叠插入腹内，把右翅从颈部刀口穿入，从嘴里拔出向右扭，鸡头压在右翅两侧，右小翅压在大翅上，左翅也向里扭，用与右翅一样方法，并呈一直线，使鸡体呈十字形，形成"口衔羽翎，卧含双翅"的造型。造型后，用清水反复清洗，然后穿杆将水控净。

（5）上色、油炸　沥干的鸡体，用饴糖水均匀涂抹全身，饴糖与水的比例通常为1:2，稍许沥干。然后将鸡放至加热到150～200℃的植物油中，翻炸1min左右，使鸡呈红色或黄中带红色取出。油炸时间和温度至关重要，温度达不到时，鸡体上色不好。油炸时必须严禁弄破鸡皮。

（6）煮制　将各种配料连袋装于锅底，然后将鸡坯整齐地码好，将体格大或较老的鸡放在下面，体格小或较嫩的鸡放在上面。倒入老汤，并加适量清水，使液面高出鸡体，上面用竹箅和石头压盖，以防加热时鸡体浮出液面。先用旺火将汤烧开，煮时放盐，后放硝酸钠，以使鸡色鲜艳，表里一致。然后用文火徐徐焖煮至熟。

当年仔鸡煮1～1.5h，隔年以上老鸡煮5～6h。若批量生产，鸡的老嫩要一致，以便于掌握火候，煮时火候对烧鸡的香味、鲜味都有影响。出锅捞鸡要小心，一定要确保造型完好，不散、不破，注意卫生。煮鸡的卤汁可妥善保存，以后再用，老卤越用越香。香料袋在煮鸡后捞出，可使用2～3次。

六、哈尔滨酱鸡

1. 配方

小母鸡200只，酱油6kg，精盐10kg，大蒜1kg，八角0.5kg，鲜生姜1kg，桂皮400g，白糖30kg，花椒200g，大葱2kg。

2. 工艺流程

宰杀→煮制→成品

3. 操作要点

（1）宰杀　活鸡在宰前停止喂食，只供饮水，这样肉质较新鲜。从颈部开刀放血，放到开水盆内烫一次拔去大毛及羽毛，再在凉水盆洗摘小毛，开膛除去内脏，洗净血污后，凉水内浸泡11～12h。

（2）煮制　捞起放进滚开之老鸡汤内浸一次，约经10min（老鸡汤是从开始煮鸡循环留下来的汤）取出，使鸡体内的血液全部溢出。再将浮沫撇去，拣净鸡身绒毛，重入锅内，经继续煮3h后出锅，即成（各种调味料皆加到老汤内）。

七、常熟酱鸡

1. 配方

鸡20只，酱油1.5kg，食盐2kg，白糖1kg，绍酒200g，姜100g，葱1kg，八

角、桂皮、广皮各 50g，丁香 10g，砂仁末 5g，菱粉 300g，红曲米 200g。

2. 工艺流程

宰杀→腌制→煮制→成品

3. 操作要点

（1）宰杀、腌制　将活鸡宰后，去毛、取出内脏，洗净血水。然后用盐涂擦，放入缸中腌制。

（2）煮制　腌制 12～24h 后，放入沸水中煮 5min 起锅。再加各种配料用老汤煮烧。烧法为：先烧 15min，此后用文火焖烧 30min 即成。食用时再涂上酱即成酱鸡。

八、布袋鸡

1. 工艺流程

鸡的选择→宰杀、煺毛→取内脏、割外件→备料→填料→紧皮→油炸→清蒸→调味→成品

2. 操作要点

（1）鸡的选择　选 1～2 年生的无病残的嫩母鸡。

（2）宰杀、煺毛　采用颈部宰杀法。宰杀时，用左手抓住鸡的两翅和头部，使咽喉向上，并用小指勾住右脚，使鸡体固定，不易挣扎，右手持刀，把血管、气管、食管一刀割断。然后浸烫，将鸡体羽毛在热水（水温由 60℃ 逐渐加到 80℃）中浸烫均匀，并且试拔一下翅羽，轻轻一拔能拔下即可取出。首先要去除嗉囊、鸡头和颈上的细毛，拔去嘴壳，其次煺净左翅羽，用湿软毛擦净鸡背左半部，最后煺净两侧。残存的细小绒毛要逐一拔除干净。煺毛后用清水彻底冲洗，将浮毛及鸡体上浮着的一层胶液洗干净。

（3）取内脏、割外件　从鸡颈刀口处推至头下割颈骨（皮不要割断），在鸡脖后开 1cm 长的小口，用刀自颈部往下剔至尾尖和两条小腿、两翅上节骨、身架骨、内脏，剔出骨头，连头带皮翻剥下来，伸进手掏净内脏，切去肛门大肠，将鸡皮翻过，成原鸡形，切去翅梢、嘴尖、爪尖，留下翅尖骨和小腿骨。然后用自来水反复冲洗干净，晾干，制坯。

（4）备料　将瘦猪肉洗净，海参、干贝、鲍鱼、玉兰片等切成相应形状，并用沸水焯过。炒勺内放入花生油、中火烧至四成熟时，放葱末、姜末、肉丁煸炒后，再放入海参、鲍鱼、酱油、精盐、绍酒等，煸炒后盛入碗内。

（5）填料　将以上准备的调料自鸡颈刀口处填入其体内，填入的调料量要适当。接着用 6.6cm 长的竹针将鸡颈刀口缝住。

（6）紧皮　将填料后的鸡投入低温油锅中紧皮，定型后捞出。

（7）油炸　将紧皮后的鸡移到高温油锅中油炸上色，当炸到鸡表皮呈金黄色

为止。

（8）清蒸　将油炸后的鸡放在盘里，加入配制好的清汤、酱油、绍酒、精盐、葱段、姜片进行清蒸，一般蒸5h左右才能成为布袋鸡。

（9）调味　将已蒸好的鸡放入盘中（腹部朝上），再将蒸鸡的原汤放入炒勺内，再放入酱油、清汤、鸡蛋花、湿淀粉勾芡，煮沸后撇去浮沫，再加入葱油、味精调匀，浇在鸡上即成。

九、河北清真卤煮鸡

1. 配方

白条鸡100只，陈年老酱2.00kg，白芷0.15kg，五香粉0.10kg，大葱1.00kg，八角0.15kg，鲜姜0.30kg，花椒0.10kg，大蒜0.10kg，小茴香0.10kg，食盐3.00kg，桂皮0.20kg。

五香粉内有细砂仁、白豆蔻、肉桂各11g，山奈45g，丁香22g，一起研末，装袋下锅。陈年老酱须经三年晾晒、发酵。

2. 工艺流程

原料选择→宰杀→造型→卤煮→成品

3. 操作要点

（1）原料选择　活鸡主要来自保定周围各县农村的柴鸡。选购标准是：鸡体丰满，个大膘肥的健康活鸡。

（2）宰杀　活鸡宰杀后，立即放入60～63℃的热水中浸烫、煺毛，不易煺净的绒毛，则用镊子夹取拔净。在去毛洗净的鸡腹部用刀开一小口，取出内脏，冲洗干净，沥干水分。

（3）造型　然后用木棍将鸡脯拍平，将一只翅膀插入口腔，使头颈弯回，另一只翅膀扭向后方，两腿摘胯，把两爪塞进体腔内使鸡体呈琵琶形，丰满美观。

（4）卤煮　在鸡下锅以前，将老汤烧沸，兑入适量清水。然后按鸡龄大小，分层下锅排好，要求老鸡在下，仔鸡在上。最下面贴锅底那层鸡，鸡的胸脯朝上放，而最上面一层鸡，则要求鸡胸脯朝下放，以免煮时脱肉。

鸡下锅后，按比例放入调料，旺火烧沸，撇去浮沫，用箅子把鸡压好，放入陈年老酱。再改小火慢慢焖煮，其间要转锅以使火候均匀，煮至软烂而不散即可。如果颜色尚浅，需再加老酱。煮鸡时间依鸡的大小、鸡龄而定。仔鸡约煮1h，10个月以上鸡煮1.5h隔年鸡煮2h以上。一般多1年鸡龄增加1h，对多年老鸡须先用白汤煮，半熟后再放调料、兑老汤卤煮。用专门工具捞出煮熟的鸡，熟鸡出锅后，趁热用手沾着鸡汤轻压鸡胸，使之平整而丰满。整理晾凉后即为成品，可包装出售。

卤煮后的鸡汤为老汤，可留作下次用。下次使用时可再加料、添水。每次使用后都要进行清汤（过滤，除去残渣）。如在夏季，隔天不用，要加热煮沸，以防变质。卤煮鸡的主要调味料陈年老酱，以河北保定所产为上品。

十、广州卤鸡

1. 配方

白条鸡 100 只，清水 50.00kg，桂皮 0.25kg，陈皮 0.30kg，八角 0.25kg，甘草 0.30kg，草果 0.25kg，白糖 1.10kg，丁香 0.025，食盐 1.05kg，生抽酱油 2.20kg，花椒 0.25kg。

将上述辅料放纱布包内，放清水锅内煮 1h 即为卤水。

2. 工艺流程

选料→宰杀→卤制→成品

3. 操作要点

（1）选料　选择健康无病的活鸡为主料，以当年仔鸡为佳。

（2）宰杀　将活鸡宰杀，放净血，入热水内浸烫，煺净毛，开膛取出内脏，冲洗干净后，将鸡小腿插入鸡腹内。

（3）卤制　将卤水烧制微沸，把白条鸡放入卤水内浸烫，每隔 10min 倒出鸡腹内卤水，直至鸡熟为止即为成品（视腿肉松软，用铁扦扎无血水冒出即可）。

十一、河北大城家常卤鸡

1. 配方

鸡 100 只，食盐 4.00kg，花椒 0.10kg，酱油 3.00kg，八角 0.10kg，白糖 2.00kg，鲜姜 1.00kg，桂皮 0.10kg，香油适量。

2. 工艺流程

宰杀、煺毛→整形→煮制→成品

3. 操作要点

（1）宰杀、煺毛　左手紧握活鸡双翅，小指钩住鸡的右腿。拇指和食指捏住鸡的双眼，以便宰杀，放净血后，投入 60℃左右热水中烫毛，用木棍不停翻动。约烫 30s，将鸡捞出，放进冷水里，趁温迅速拔毛（应顺着羽毛生长的方向拔，不可逆拔，以免拔破皮肉）。将除净毛的鸡放在案板上，用刀在鸡的右侧颈根处割一小口，取出嗉囊，在鸡腹部靠近肛门处横割一小口（除掉肛门），伸进两指掏出内脏，避免抠碎鸡肝及苦胆。将掏净内脏的鸡，放进清水中刷洗干净，重点清洗腹内、嗉囊、肛门等处。

（2）整形　将洗干净的鸡只放在案板上，横向剪去鸡胸骨的尖端，然后，从剪断处将剪刀插进鸡胸腔内，剪断鸡的胸骨，用力一压，将鸡胸脯压扁平。把鸡的右翅，从脖子刀口处插入，经过口腔，从嘴里穿出来，双翅都别在背后，用刀背砸断鸡的大腿，将鸡爪塞进腹腔里，两腿骨节交叉。腹内的鸡爪把胸脯撑起，使鸡体肌肉丰满，形态美观。

（3）煮制　将整好型的鸡放进烧开的卤汤里，同时加入食盐、酱油、白糖、鲜姜、花椒、八角、桂皮，从锅再次沸腾时计算时间，煮 3h 捞出来（用手按鸡大腿肉，感觉松软则透熟，坚硬则再煮一会儿）。将煮熟的鸡捞出后，用小毛刷蘸香油抹匀鸡身，涂过油后即为成品。

十二、河南糟鸡

1. 配方

鸡肉 100kg，食盐 5.5kg，大葱 1kg，香糟 15kg，鲜姜 1kg，花椒 0.2kg。

2. 工艺流程

原料选择与修整→煮制→蒸制→糟制→成品

3. 操作要点

（1）原料选择与修整　最好选用当年肥嫩母鸡作为原料，采用三管切断法将鸡宰杀放血后，煺净毛，用清水洗净。再在鸡翅根的右侧脖子处开一 1～2cm 小口，取出鸡嗉囊，再从近肛门处开 3～5cm 的小口，掏净内脏，割去肛门，用清水冲洗干净后待用。

（2）煮制　将整理好的鸡体放入沸水中用小火煮制 2h 左右，煮制结束的鸡体出锅后，进行冷却，约需 30min。鸡体冷却后，再剁去鸡头、脖子、鸡爪，将鸡肉切成 4 块。再把鸡肉块放入容器内，加入食盐 1.5kg、花椒、大葱、鲜姜，放入蒸箱，蒸至熟烂。取出蒸制好的鸡肉，去掉大葱、鲜姜，放入密闭容器内，晾凉。

（3）糟制　先制糟卤，即在 60～100kg 水中加入香糟和余下的食盐、大葱、鲜姜、花椒，用大火烧开，维持 10min 左右，然后进行过滤，滤液即为糟卤。将糟卤倒入密闭容器中淹没鸡肉，密封好容器，鸡肉浸泡 12h 左右后即为成品。

十三、南京糟鸡

1. 配方

鸡肉 100kg，香葱 1kg，味精 0.1kg，食盐 4kg，生姜 0.1kg，香糟 5kg，绍酒 1.5kg。

2. 工艺流程

原料处理→煮制→糟制→成品

3. 操作要点

（1）原料处理　最好选用健康的仔鸡作为原料，一般每只仔鸡的活重为 1～

1.5kg，然后进行原料处理，具体操作参见河南糟鸡的制作。

（2）煮制　先在鸡体内外表面抹盐，腌渍2h后，将鸡体放于沸水中煮制15～30min后出锅，出锅后用清水洗净。

（3）糟制　把香糟、绍酒、食盐、味精、生姜、香葱放入锅中加入清水熬制成糟汁。将煮制好的鸡体置于容器内，浸入糟汁，糟制4～6h即为成品。此糟鸡一般为鲜销，须在4℃条件下保存。

十四、福建糟鸡

1. 配方

鸡100kg，五香粉0.1kg，味精0.75kg，高粱酒5kg，食盐2.5kg，料酒12.5kg，红糟0.75kg，白糖3.5kg。

2. 工艺流程

原料处理→煮制→腌制→糟制→成品

3. 操作要点

（1）原料处理　选用当年的肥嫩母鸡作为原料，将鸡按照常规方法放血宰杀后，煺净毛，并用清水洗净，成为白光鸡。白光鸡经开膛，去除内脏后，再次清水洗净，剁去脚爪，在鸡腿踝关节处用刀稍打一下，便于后续加工操作。

（2）煮制　将整理好的鸡放入开水中，用微火煮制10min左右，将鸡翻动一次，再煮10min左右，直至看到踝关节有3～4cm的裂口露出腿骨，即可结束煮制。煮制好的鸡体出锅后，冷却大约30min。然后剁下鸡头、翅、腿，再将鸡身切成4块，鸡头劈成两半，翅和腿切成两段。

（3）腌制　先把味精0.3kg、食盐1.5kg、料酒和高粱酒混合均匀后放入密闭容器中，再把切好的鸡块放入，密封腌制约1h，上下翻倒，再腌制1h左右。

（4）糟制　把余下的味精、食盐、红糟、五香粉和白糖3.5kg加入到12kg冷开水中。搅拌均匀。然后把混合汁液倒入腌制好的鸡块中，搅拌均匀后，再糟腌1h左右即可。

十五、杭州糟鸡

1. 配方

白条鸡100kg，黄酒2.5kg，50白酒2.5kg，味精0.25kg，酒糟10kg，食盐2.5kg。

2. 工艺流程

原料处理→煮制→擦盐→糟制→成品

3. 操作要点

（1）原料处理　选用肥嫩当年鸡（阉鸡最好）作为原料。经宰杀后，去净毛，去除内脏，备用。

（2）煮制　将修整好的白条鸡放入沸水中焯水约 2min 后立即取出，洗净血污后再入锅，锅内加水将鸡体浸没，大火将水烧沸后，用微火焖煮 30min 左右，将鸡体取出，冷却，把水沥干。

（3）擦盐　将沥干水的鸡斩成若干块，先将头、颈、鸡翅、鸡腿切下，将鸡身从尾部沿背脊骨破开，剔出脊骨，分成 4 块，然后用食盐和少量味精擦遍鸡块各部位。

（4）糟制　将 1/2 配料放在密闭容器的底部，上面用消毒过的纱布盖住，然后放入鸡块，再把剩余的 1/2 配料装入纱布袋内，覆盖在鸡块上，密封容器。存放 1～2 天即为成品。

十六、美味糟鸡

1. 配方

白条鸡 100kg，味精 0.33kg，白糖 3.33kg，花椒 0.33kg，鲜姜 0.67kg，黄酒 6.67kg，香糟 10kg，桂皮 0.33kg，大葱 1.33kg，食盐 5.33kg。

2. 工艺流程

原料处理→焯水→煮制→糟制→成品

3. 操作要点

（1）原料处理　最好选用当年肥嫩母鸡作为原料。原料鸡的处理方法同河南糟鸡。最后剁去鸡头、鸡爪、鸡翅，待用。

（2）焯水、煮制　将处理好的鸡体放入沸水中焯一会，撇去浮沫，取出，用冷水进行冷却，然后再将冷却后的鸡体放入沸水中焖煮 20min 左右，捞出。

（3）糟制　首先制作糟卤，即在鸡汤中加入香糟、大葱、鲜姜、花椒、桂皮、白糖、味精、食盐、黄酒，用大火将汤汁烧开，维持 10min 左右，然后进行过滤，所得滤液即为糟卤。将处理好的鸡体斩下鸡颈，将鸡体切割成两半，每片横向斩成 2 块，放入容器内，再倒入制备好的糟卤。糟卤需将鸡体淹没，糟制 3h 左右即为成品。食用时斩块，浇上糟卤汁即可

十七、香糟肥嫩鸡

1. 配方

活嫩肥鸡 100kg，食盐 2kg，香葱 0.25kg，香糟 25kg，冷开水 62.5kg，黄酒 12.5kg，味精 0.3kg，白糖 1.25kg，生姜 0.75kg，花椒适量。

2. 工艺流程

原料处理→煮制→糟制→成品

3. 操作要点

（1）原料处理　最好选用当年肥嫩母鸡作为原料。肥嫩鸡宰杀后，用63～65℃的热水进行浸烫，拔净鸡毛，在鸡肛门处用刀尖开一小口，掏出全部内脏，洗净血水和污物，斩去鸡爪和鸡喙，用小刀割断鸡踝关节处的筋。

（2）煮制　把洗净的鸡放入沸水中大火煮制5min左右，然后改小火煮制约25min，至鸡体七八成熟时捞出。

（3）糟制　把香糟放在容器内，倒入冷开水，搅拌均匀，然后过滤得香糟卤，待香糟卤沉淀以后，取出上清液，并在其中加入黄酒、食盐、白糖、味精、花椒、香葱、生姜等，制成可使用的香糟卤水。把煮熟的嫩肥鸡浸没在香糟卤水中，放在低温条件下，浸泡4～6h，使卤味渗入鸡肉后，即可取出食用。

十八、醉八仙鸡

1. 配方

活母鸡1.5kg，开水1.5kg，猪肚1个，鸭肫10个，猪舌0.25kg，鸡肝0.25kg，鸡蛋5个，出骨鸭掌20个，白糖0.1kg，猪心2个，生姜0.05kg，黄酒0.25kg，桂皮0.02kg，八角0.02kg，花椒5粒，食盐0.06kg，香糟0.75kg，味精0.01kg，胡椒粉0.01kg。

2. 工艺流程

原料处理→制糟卤→糟制→成品

3. 操作要点

（1）原料处理　将母鸡宰杀以后，用63～65℃的热水烫毛后，拔净鸡毛，掏去全部内脏和食管，洗净血水和污物，斩断鸡爪，放沸水内进行烧煮，直至鸡七八成熟时，捞出冷却。把猪肚洗净后，放入沸水中，维持5min，而后捞出，刮掉肚子上的黏物和白衣再洗净，然后再放入水中，大火烧开后，改用中火烧到八成熟捞出，放入盛器中，压平待用。去掉鸭肫上的污物和黄皮；鸭掌去掉黄皮；猪心切成两瓣，去掉血块。鸭肫、鸭掌、猪心一起洗净，放入水中，用旺火烧开，再放入香葱、生姜、黄酒，撇去浮沫，改用文火烧煮30min左右，约七成熟时捞出，冷却后备用。鸡肝用刀去除苦胆，用沸水煮熟，放入容器内，然后用冷水浸泡，用清水洗净待用。猪舌先用沸水烫一下，剥去白衣，然后再在沸水中煮至七成熟捞出，用冷水浸泡。鸡蛋清洗干净后放入水中，用旺火烧开后，再用中火烧煮6min左右即可捞出，用冷水冲一下即可剥壳，放入容器中备用。

（2）制糟卤　先把桂皮、八角、花椒放入水中，烧开，冷却，加入香糟，搅拌成浆，过滤所得滤液就是糟卤。

（3）糟制　把八种原料放在一干净并消毒的容器中，再把糟卤、黄酒倒入其中，加入食盐、味精、白糖、胡椒粉少许，调好口味后，密封好容器，置于0～

4℃条件下保持 3h 左右，即为成品。

十九、浙江五夫醉鸡

1. 配方

鸡 100kg，小茴香 1.2kg，鲜姜 10kg，食盐 2.4kg，大葱 2kg，黄酒适量。

2. 工艺流程

原料处理→煮制→醉制→成品

3. 操作要点

（1）原料处理　选用健康的当年鸡作为原料。将鸡采用三管切断法放尽鸡血，然后将鸡体放入 63～65℃的热水内浸烫后煺净羽毛，开膛后取出全部内脏，用清水洗净鸡身内外，沥干水分，待用。把大葱切成段，鲜姜拍松后切成块，待用。

（2）煮制　将处理好的白条鸡放锅内，添入清水，以淹没鸡体为度，加入处理好的大葱、鲜姜，用大火将汤烧沸，撇去表面的浮沫，再改用小火焖煮 2h 左右。将鸡体捞出，沥干水分，趁热在鸡体内外均匀抹上一层食盐。

（3）醉制　将擦过食盐的熟鸡晾凉，切成长约 5cm、宽约 3.5cm 的长条块，再整齐地码在较大的容器内（容器要带盖），最后灌入黄酒，以淹没鸡体为度，加盖后置于凉爽处，约 48h 后即为成品醉鸡。

二十、古井醉鸡

1. 配方

鸡 100kg，食盐 0.4kg，葱 2.4kg，古井贡酒 4kg，姜 2.4kg，味精 0.16kg，花椒 1.6kg。

2. 工艺流程

原料处理→煮制→醉制→成品

3. 操作要点

（1）原料处理　选用健康的当年肥嫩母鸡作为原料。采用三管切断法将活母鸡宰杀，放尽血。用 63～65℃的热水烫毛，拔净鸡毛，不要碰破鸡皮，再在鸡翅根的右侧脖子处开一 1～2cm 小口，取出鸡嗉囊，再从近肛门处开的 3～5cm 小口，掏净内脏，割去肛门，用清水冲洗，沥去水分，放置 7～8h 后使用。

（2）煮制　将鸡放入烧开的沸水中煮制约 10min，捞出后，用清水冲洗干净，剁去鸡头和脚爪。再把鸡体置于水中，水量以将鸡体浸没为好，大火烧开，撇去表面浮沫，转小火炖约 40min，待鸡体达到六成熟时，捞出晾干水分。将鸡身沿背部一剖两半，再把半个鸡身平分两块，鸡身分成四块，置于容器中备用，鸡汤不能倒掉，留着备用。

（3）醉制　先把姜切成片，葱切成段。在容器中放入冷鸡汤、味精、花椒、古井贡酒和葱姜，搅拌均匀后，把处理好的鸡块放入，然后取一重物将鸡块压入汤中，把容器密封好，醉制约4h。在醉制过程中，切忌打开容器，使酒气外溢，影响风味。

醉制好以后，将鸡块取出，用刀切成长方条形，一只鸡约可切成16块；整齐地码放于容器内，形状如馒头。最后蘸上少许醉鸡的卤汁即可食用。古井醉鸡一般做鲜销，也可以在4℃左右的条件下适当保存或者将醉好的鸡采用真空包装进行保存。

二十一、马豫兴桶子鸡

1. 配方

1.3kg以上的母鸡10只，八角25g，花椒15g，葱150g，生姜150g，麻油150g，料酒150g，食盐1kg，鲜荷叶适量，老汤适量。

2. 工艺流程

原料选择→宰杀→整理→煮制→成品

3. 操作要点

（1）原料选择　选用生长期1年以上、体重在1.3kg以上的活母鸡，要求鸡身肌肉丰满、脂肪厚足、胸肉较厚。

（2）宰杀、整理　母鸡宰杀后洗净，剁去爪，去掉翅膀下半截的大骨节，从右翅下开5cm长的月牙口，手指向里推断三根肋骨，食指在五脏周围搅一圈后取出；再从脖子后开口，取出嗉囊，冲洗干净。两只大腿从根部折断，用绳缚住。

（3）煮制　先用部分花椒和食盐放在鸡肚内晃一晃，使食盐、花椒均匀浸透。再将洗净的荷叶叠成长7cm、宽5cm的块，从刀口处塞入，把鸡尾部撑起。然后用秫秸秆一头顶着荷叶，一头顶着鸡脊背处，把鸡撑圆。将白卤汤或老汤烧开撇沫，先将桶子鸡浸入涮一下，紧皮后再下入锅内，放入八角（用纱布包住）、料酒、麻油、葱、生姜。煮沸后小火上焖0.5h左右，捞出即成品。

二十二、香糟鸡翅

1. 配方

鸡翅100kg，八角0.5kg，桂皮0.5kg，葱3kg，香糟10kg，姜2kg，绍酒10kg，白糖1kg，食盐5kg。

2. 工艺流程

原料处理→煮制→糟制→成品

3. 操作要点

（1）原料处理　将鸡翅清洗干净放入沸水中，煮制10min，然后加入绍酒，煮至断生（指肉的里面不再是血红色），捞出，放凉。

（2）糟制　在把葱、姜、八角和桂皮放入水中煮沸，然后加入食盐、香糟、绍酒、白糖调好口味，断火，待汤汁晾凉后，放入煮好的鸡翅，腌制24h即可。

二十三、糟鸡杂

1. 配方

鸡杂（鸡肝、鸡肫、鸡肠、鸡肾、鸡心）100kg，香糟20kg，姜2kg，食盐3.5kg，丁香0.5kg，白糖1.5kg，黄酒6kg，花椒0.5kg，葱2kg。

2. 工艺流程

原料处理→煮制→制糟卤→糟制→成品

3. 操作要点

（1）原料处理　鸡肫剥去油，撕去硬皮，对半切开。鸡肝去除胆汁。鸡心切去心头。鸡肠剪开去净污物，用盐、醋反复搓洗，净水漂净，去除腥膻味。鸡肾撕去筋膜。鸡杂加工后用清水冲洗干净。

将鸡肾、鸡肠放入沸水中，加入葱、姜、黄酒烧开，煮熟后出锅。再把鸡肫、鸡肝、鸡心放入沸水中，当鸡肝、鸡心由红变白时捞出，最后捞出鸡肫。

（2）糟制　原汤过滤后，加入丁香、花椒、食盐、白糖，煮开后让其自然冷却。冷却后加入香糟和黄酒，搅拌均匀，过滤，所得滤液为糟卤。在糟卤中加入部分原汤搅匀，放入鸡杂，于低温条件下糟制4h。食用时改刀装盘，浇上糟卤即可。

第二节　猪肉制品

一、上海白切肉

1. 工艺流程

选料→腌制→煮制→冷却→保藏

2. 操作要点

（1）选料　选择新鲜、肥瘦适度的优质猪肉。

（2）腌制　用肉重12%的盐和0.04%的硝酸钠配成腌制剂，然后将其揉擦于肉坯表面，放入腌制液中，腌制5～7天。在腌制过程中翻动数次，以便腌制均匀。

（3）煮制　将腌制好的肉块放入锅中，加入清水、葱（肉重的2%）、姜（肉重的0.5%）、黄酒（肉重的1%），煮沸1h后，即可出锅。

（4）冷却、保藏　煮熟的肉冷却后可鲜销，也可于4℃冷藏保存。

二、镇江肴肉

1. 配方

猪蹄髈 100 只，明矾粉 45g，绍酒 250g，八角、小茴香各 125g，姜片 250g，葱段 250g，食盐 20.5kg（春、秋、冬三季可减少用量），硝酸钠 30g，花椒 125g。

2. 工艺流程

原料选择与整形→腌制→漂洗→煮制→压蹄→成品

3. 操作要点

（1）原料选择与整形　选用经卫生检验合格的猪的前后蹄髈为原料（以前蹄髈为最好），逐只用刀剖，除去肩胛骨、大小腿骨（后蹄要抽去蹄筋），去爪，刮净残毛，洗涤干净，皮面朝下放在案板上。

（2）腌制　用铁扦在每只蹄髈的瘦肉上戳若干小孔，用少许盐均匀揉擦表皮，务求每处都要擦到。层层叠放在缸中，皮面朝下，将 30g 硝酸钠溶解于 5kg 水中制成硝水溶液，在蹄髈叠放时洒在每层肉面上，同时每层也要均匀撒上食盐。夏天每只蹄髈用盐 125g，腌制 6～8h；冬天用盐 95g，腌 7～10 天；春秋季用盐 110g，腌 3～4 天。腌制要求是深层肌肉色泽变红为止。

（3）漂洗　腌好出缸后，在 15～20℃的清洁冷水中浸泡 2～3h，以除去涩味，然后取出刮去皮上污物，用清水漂洗干净。

（4）煮制　取清水 50kg、盐 7kg 及明矾粉 30g，加热煮沸，撇去表层浮沫，使之澄清。将上述澄清液放入锅中，将猪蹄髈皮朝上逐层相叠放入锅中，最上层皮朝下，加入葱段、姜片、花椒、八角等香料袋，再加入绍酒和白糖，用竹算盖好，使蹄髈全部浸没于汤中。用旺火烧开后改用小火保持微约 1.5h，再将蹄髈上下翻换，再煮 3h 时至九成烂出锅，捞出香料袋，汤留用。

（5）压蹄　取长、宽均为 40cm，边高适当的平盆 50 个，每盆平放猪蹄髈 2 只，皮朝下，每 5 个盆叠压在一起，上面再盖一只空盆，20min 后上下倒换一次，如此 3 次以后，即被压平。然后将盆取下放平，使其冷却。把各盆内的油卤倒入锅中，旺火将汤卤烧开，撇去浮油，放入明矾粉 15g，清水 2.5kg，再烧开并撇去浮油，将汤卤舀入蹄盆，淹没肉面，放在阴凉处冷却凝冻（天热时可等凉透后放入冰箱凝冻）成半透明的淡琥珀状，即成水晶肴蹄。煮沸的卤汁即为老卤，可供下次继续使用。

4. 注意事项

① 腌制时，若温度过高或肉质本身不新鲜等原因，容易使卤水变质（卤水表面形成一层泡沫，或容器中心有小气泡上升），致使肉质变劣。特别是重复使用的陈卤水，因其有大量血水存在，比新卤容易变质，因此需要重新熬制卤汁方能使用。

② 腌制时严格控制硝水的使用量，腌制结束时，肉中心层应已全部发红。

③ 煮制时要用竹算盖好，使蹄髈全部浸没于汤中。

三、苏州酱汁肉

1. 配方

肋条肉 50kg，绍酒 2～3kg，白糖 2.5kg，食盐 1.5～1.75kg，红曲米（粉末）600g，桂皮 100g，八角 100g，葱 500g，生姜 100g。

2. 工艺流程

原料肉的整理→煮制→酱制→制卤→成品

3. 操作要点

（1）原料整理　选用毛稀、皮薄、肉质鲜嫩的太湖猪的肋条肉为原料。将带皮的整块肋条肉用刮刀把毛、污、杂质刮净，割去奶脯，斩下大排骨的脊背。斩时刀不能直接斩到膘上，斩至留有 3cm 厚度的瘦肉时，就劈出脊骨，形成带有大排骨的整块方肋条。然后开条（俗称抽条子），条子宽度 4cm，长度不限。条子开好后斩成 4cm 见方的块，尽可能做到五花肉每千克 20 块，排骨部分每千克 14 块左右。斩好块后，将五花肉、排骨肉分别存放。

（2）煮制　根据原料的规格，分批下锅在沸水中白煮。五花肉烧 10min 左右，排骨肉烧约 15min。捞起后用清水冲洗干净，去掉油沫、污物等。将锅内白汤撇去浮油，全部舀出。然后在锅内放拆骨的猪头肉 6 块（猪脸 4 块、下巴肉 2 块，主要起衬垫作用，防止原料贴锅焦糊），放入包好的香料纱布袋。在猪头肉上面先放五花肉，后放排骨肉。如有排骨碎肉可装入小竹篮中，置于锅中间。最后倒入适量白煮肉汤，用大火煮制 1h 左右。

（3）酱制　当锅内白汤沸腾时加入红曲米、绍酒和糖（用糖量为总糖量的 4/5），再改用中火焖煮 1h 左右，至肉色为深樱桃红色、汤将干、肉已酥烂时即可出锅。出锅时需用尖筷逐块取出，放在盘中逐行排列，不能叠放。桂皮、八角可重复使用，桂皮用到折断后横切面发黑时为止，八角用到角脱落时为止。

（4）制卤　酱汁肉的质量关键在于制卤，食用时要在肉上泼卤汁。好卤汁既能使肉色鲜艳，又能使味具有以甜味为主、甜中带咸的特点。质量好的卤汁应黏稠、细腻、流汁而不带颗粒。

卤汁的制法是将余下的 1/5 白糖加入成品出锅后的汤锅中，用小火熬煎，并用铲刀不断地在锅内翻动，以防止发焦产生锅巴。待锅内汤汁逐步形成糯糊状时即成卤汁，舀出盛放在钵或小缸等容器中，以便于出售或食用时浇在酱汁肉上。出售时应在酱肉上浇上卤汁。如果天凉，卤汁冻结时，须加热融化后再用。

四、北京酱猪肉

1. 配方

猪肉 100kg，食盐 5.0kg，白糖 0.2kg，花椒 0.2kg，八角 0.2kg，桂皮

0.3kg，小茴香 0.1kg，鲜姜 0.5kg，大葱 1.0kg。

2. 工艺流程

原料选择与整理→配料→焯水→备清汤→码锅→酱制→出锅→冷却→成品

3. 操作要点

(1) 原料选择与整理　选用卫生检验合格的皮嫩膘厚不超过 2cm 的猪肉，以肘子等部位为佳。将原料进行整理，一般分为洗涤、分档、刀工等几道工序。首先用喷灯把猪皮上的毛烧干净，而后用刀刮净皮上的焦煳。去掉肉上的各种骨头、淋巴结、淤血、杂污质、板油及多余的肥肉、奶脯等，切成长 17cm、宽 14cm、厚度不超过 6～8cm 的肉块，要求大小均匀。然后将备好的原料肉放入有流动水的容器内，浸泡 4h 左右，除去一些血腥味。捞出并用硬刷子洗刷干净，以备入锅酱制。

(2) 配料

① 配方　可根据具体情况适当加一点香叶、砂仁、白豆蔻、丁香等。然后将各种香辛料、调味料放入宽松的纱布袋内，扎紧袋口，不宜装得太满，以免香料遇水胀破纱布袋，影响酱汁质量。大葱和鲜姜另装一个袋子，因这种料一般为一次性使用。白矾适量（一两小块捣碎），以备清汤用。

② 制糖色　用一小口铁锅，置火上加热。放入少许油，使其在铁锅内分布均匀。再加入白糖，用铁勺不断翻炒，将糖炒化，炒至泛大泡后，又渐渐变成小泡。此时，糖和油逐渐分离，糖汁开始变色，由白变黄，由黄变褐，待糖色变成浅黑色的时候，马上加入适量的热水熬制一下，即为"糖色"。糖色的口感应是苦中略带一点甜，不可甜中带一点苦。

(3) 焯水　所谓焯水就是将准备好的原料肉投入沸水锅内加热，煮至半熟或刚熟。焯水的目的是排除血污和腥、膻、臊异味。

操作时，把准备好的料袋、盐和水同时放入锅中，烧开，熬煮。水量要一次掺足，不要中途加凉水，以免使原料受热不均匀而影响原料肉的水煮质量，一般控制在刚好淹没原料肉为宜。控制好火力大小，以保持液面微沸，煮制 40min 左右，不盖锅盖，随时撇除油和浮沫。然后捞出放入容器内，用凉水洗净原料肉上的血沫子和油脂。

(4) 备清汤　待原料肉捞出后，将锅内的汤过罗，去尽锅底和汤中的肉渣，并把汤面的浮油撇净，至汤呈微清的透明状即可。

(5) 码锅　原料锅要刷洗干净，不得有杂质、油污，放入 1.5～2kg 的净水，以防干锅。用一个约 40cm 直径的铁箅垫在锅底上，然后再用 20cm×6cm 的竹板（猪下巴骨、扇骨也可以）整齐地码在铁箅上。码肉时，一定要码紧、码实，防止开锅时沸腾的汤把原料肉冲散，并把经热水冲洗干净的料袋放在锅中心附近，注意码锅时不要使肉渣掉入锅底。把清好的汤放入码好原料肉的锅内，并漫过肉面，中途不要加凉水。

（6）酱制　码锅后，盖上锅盖，用旺火煮2～3h。然后打开锅盖，放入适量糖色，达到枣红色，等到汤逐渐变浓时，改用中火焖煮1h。用手摸肉块是否熟软，尤其是肉皮；看肉汤是否黏稠，汤面是否保留在原料肉的1/3处。达到以上标准，即为半成品。

（7）出锅、冷却　达到半成品时应及时把中火改为小火，小火不能停，汤汁要起小泡，否则酱汁出油。出锅时将酱肉块整齐地码放在盘内，皮朝上。然后把锅内的竹板、铁箅取出，使用微火，不停地搅拌汤汁，始终要保持汤汁有小泡，直到汤汁呈黏稠状。如果颜色浅，在搅拌时可继续放入一些糖色，使成品达到栗色。把熬好的酱汁倒入洁净的容器内，继续搅拌使酱汁的温度降至50～60℃，用炊帚尖部点刷在酱肉上，不要抹。晾凉即为酱肉成品。

如果熬酱汁把握不好，又没有老汤，可用猪爪、猪皮和酱肉同时酱制，码放在原料肉的最下层，可解决酱汁质量和酱汁不足的缺陷。

五、上海五香酱肉

1. 配方

猪肉10kg，冰糖150g，桂皮15g，干橘皮7.5g，葱50g，食盐250g，酱油500g，硝酸钠2.5g，姜20g，八角25g，黄酒250g，水10kg。

2. 工艺流程

原料的选择和整理→腌制→配汤→酱制→成品

3. 操作要点

（1）原料选择与整理　选用太湖猪的新鲜中躯为原料，斩成长约15cm、宽约11cm的长方块，在肋骨旁用刀尖或铁扦戳出距离基本相等的一排排小洞（注意不能戳穿肉皮）。

（2）腌制　将盐和硝酸钠溶解在5kg开水中，待冷却后将肉坯摊在容器内，将硝卤洒在坯上，冷天还要擦盐腌制，腌制时间：春秋为2～3天，冬天为4～5天，夏天则不能过夜，否则会变质。

（3）配汤　水10kg，酱油500g，加葱50g、干橘皮7.5g、姜20g、桂皮15g、八角25g，用旺火烧开，捞出香料（其中桂皮、八角可再利用一次），舀出待用。汤可长期使用，用量须视汤的浓度来定。使用前须烧开并撇清浮油。

（4）酱制　将肉坯入锅，加酱汤至淹没肉坯为止，上面压以重物，加盖，用旺火烧开，加黄酒，再加盖用旺火烧开，改用小火焖45min，加冰糖，用小火再焖2h，至皮烂肉酥时出锅。出锅时，皮朝下放在盘中，趁热拆除肋骨和脆骨。

六、无锡酥骨肉

1. 配方

原料肉 50kg,硝酸钠 15g,食盐 1.5kg,姜 250g,桂皮 150g,小茴香 125g,丁香 15g,味精 30g,绍酒 1.5kg,酱油 5kg,白糖 3kg。

2. 工艺流程

原料选择与修整→腌制→白烧→红烧→成品

3. 操作要点

(1) 原料选择与修整　选用猪的胸腔骨为原料,也可用肋排(带骨肋条肉去皮和去肥膘后称肋排)和脊背的大排骨。骨肉重量比约为 1∶3。斩成宽 7cm、长 11cm 左右的长方形。如用大排骨作原料,斩成厚约 1.2cm 的扇形。

(2) 腌制　把食盐和硝酸钠用水溶化拌和均匀,然后洒在排骨上,要洒均匀,之后放在缸内腌制,腌制时间夏季为 4h,春秋季 8h,冬季 10~24h。在腌制过程中,须上下翻动 1~2 次,使咸味均匀。

(3) 白烧　把坯料放入锅内,注满清水烧煮,上下翻动,撇出血沫,待煮熟后取出坯料,冲洗干净。

(4) 红烧　将姜、桂皮、小茴香、丁香分装成几个布袋,放在锅底,再放入坯料,加上绍酒、酱油、食盐及去除杂质的白烧肉汤,汤的数量掌握在高于坯料平面 3.33cm。盖上锅盖,用旺火煮沸 30min 后,改用小火焖煮 2h。焖煮时不要翻动,焖到骨酥肉透时加进白糖,再用旺火烧 10min,待汤汁变浓稠即停火。将成品取出平放在盘上,再将锅内原料撇去油层和捞起碎肉,这时取部分汤汁加味精调匀后均匀地泼洒在成品上,将锅内剩下的汤汁盛入容器内,可循环使用。

七、北京酱肘子

1. 配方

猪肘 50kg,精盐 1.75kg,八角 250g,花椒 200g,桂皮 500g,鲜姜 1kg,味精 100g,料酒 250g。

2. 工艺流程

选料→煮制→成品

3. 操作要点

(1) 选料　选用当年皮薄、肉嫩的猪肘。

(2) 煮制　先洗净猪肘,下锅后和配料一起用旺火煮 1h。出油后,取出肘肉,用凉水冲洗,同时撇出锅内浮油,再把锅内的汤过滤,去尽锅泥、肉渣。再把煮熟的肘肉放入原汤内用旺火煮4h，最后用微火焖1h，待汤已变成汁，起锅晾凉即为成品。

八、天津酱肉

1. 配方

新鲜猪肉10kg，酱油500g，食盐400g，八角30g，葱200g，姜200g，白糖100g，绍酒150g。

2. 工艺流程

原料选择和整理→水氽→酱制

3. 操作要点

（1）原料选择和整理　选用每头出肉50kg左右、膘厚1.5～2cm的猪肉，割下五花肉、腱子肉，修去碎肉、碎油，切成500g左右的方块，清洗干净。

（2）水氽　将肉块于沸水锅内氽约30min，撇去浮沫，以去掉血汁。

（3）酱制　特氽好的肉块放入酱锅内，加入所有配料，加水至使肉淹没，先用旺火烧开30min，再用温火炖3.5～4h，待汤汁浸透时即为成品。

九、真不同酱肉

1. 配方

带皮五花肉10kg，白糖50g，葱16g，蒜10g，盐200g，白酒30g，鲜姜10g，硝酸钾2g，香料包（八角、丁香、山奈、白芷、花椒、桂皮、草豆蔻、良姜、小茴香、草果、陈皮、肉桂各3g）。

2. 工艺流程

原料选择和整理→浸烫→煮制→成品

3. 操作要点

（1）原料选择和整理　选用带皮的五花肉，切成600g重的肉块，用水浸泡20min，再刮净皮上的余毛。

（2）浸烫　锅内加水烧开，下入肉块，紧好，捞出，再放入冷水中。

（3）煮制　锅内放入老汤，烧开后撇去浮沫，再加入食盐、白糖、白酒、葱段、鲜姜片、蒜、香料包，烧开，下入紧好的肉块，最后放入硝酸钾，压好肉块，烧开，用文火煮1～1.5h，至熟即可。

十、太原青酱肉

1. 配方

猪后腿肉10kg，炒过的盐250g，花椒面10g。

2. 工艺流程

原料的选择和整理→腌制→风干→煮制→成品

3. 操作要点

（1）原料的选择和整理　选用新鲜的猪后腿肉，剔去骨头，不要碰坏骨膜。

（2）腌制　将盐和花椒面拌匀，均匀地撒在肉面和皮肉上，每天一次，连续四天。第四天把撒好辅料的肉块垛起来，用木板加重物压4天。压好后，将腌肉放入缸中，浸泡8天后捞出。

（3）风干　沥干的肉块吊放在阴凉通风处风干2个月。

（4）煮制　风干好的肉块放入温水中，刷洗干净，再放入开水锅中煮熟，需1～1.5h。注意火候，不要煮得大烂，煮好的肉块捞出，剥去外皮，放凉即可。

十一、内蒙古酱猪肉

1. 配方

猪肉10kg，酱油1kg，白酒100g，白糖40g，食盐400g，鲜姜50g，大葱200g，肉料面150g。

2. 工艺流程

原料选择和整理→煮制→成品

3. 操作要点

（1）原料的选择和整理　选用卫生检验合格的去骨带皮的修整干净的猪肉，切成10～15cm见方或长方形的块状。

（2）煮制　将肉块放入开水中煮3h后，将各种辅料装入料袋中，放入原汤中再煮4～5h。将已煮好的猪肉取出，再将原汤熬成糊状涂抹在肉块的膘皮上即为酱猪肉。

十二、六味斋酱肉

1. 配方

猪肉10kg，花椒12g，八角16g，绍酒20g，食盐300g，生姜50g，桂皮25g，白糖40g。

2. 工艺流程

原料选择和整理→煮制→成品

3. 操作要点

（1）原料的选择和整理　将选好的猪肉去骨，刮净余毛，用冷水洗净，切成16cm宽和26cm长的肉块，用冷水浸泡8h，捞出，控净水分。

（2）煮制　将肉块和辅料袋一并放入开水锅中，浸煮 1h，其间不断撇去油和汤沫，当肉皮已软，用筷子能捅过，即可出锅。肉出锅，彻底撇净浮油，再过罗，去掉汤中杂物，锅中汤清后，先在锅底垫上猪骨，再依次将肉横立摆在锅中，肘子、后臀尖、前臀尖、硬肋、硬五花、软肋，摆肉要松紧适当，中间留一个直径26cm 左右的汤眼，再倒入清汤，以开锅后汤肉相平为宜，盖严锅盖，旺火烧沸。1.5h 后改用文火再煮 30min，将绍酒和白糖加入汤中，用勺子扬汤浇在肉上，再焖煮 30min 即可出锅。如在冬季要延长卤煮时间，先用旺火煮 2h，再用文火煮1h，出锅后，将锅中的酱汁过罗，分两次涂抹在肉上即成。

十三、武汉酱汁方肉

1. 配方

猪肉 10kg，酱油 100g，食盐 400g，白糖 200g，小茴香 60g，桂皮 50g，黄酒20g，红曲米 100g，味精 5g。

2. 工艺流程

原料的选择和整理→腌制→煮制→成品

3. 操作要点

（1）原料的选择和整理　选用符合卫生检验要求的猪肉，切成大小适宜的方块。

（2）腌制　用盐腌 10h 左右。

（3）煮制　将腌好的肉块放入开水中旺火煮制 60min，然后捞出用清水冲洗干净，将其放入老汤锅中并加入装有香辛料的料包煮 150min 即可。

十四、哈尔滨酱汁五花肉

1. 配方

猪五花肉 5kg，精盐 200g，鲜姜 25g，八角 5g，糖色 25g，花椒 5g，黄酒40g，桂皮 10g。

2. 工艺流程

原料的选择和整理→水余→煮制→酱制→成品

3. 操作要点

（1）原料的选择和整理　选用符合卫生检验要求的带皮猪肋条五花肉，清洗干净，将其切成 0.5～1kg 重的长方形肉块。

（2）水余　将肉块放在白开水锅里，水要高于肉面 6cm，随时撇掉浮沫。待浮沫很少时，捞出。

（3）煮制　按配料标准将八角、花椒、桂皮、鲜姜等用纱布袋装好，和精盐一起放入锅内，加水煮制，再放入肉块煮制 60min，汤的温度保持在 95℃ 左右。随时撇净浮沫，出锅后用清水冲洗干净，放在容器内。把煮制的原汤用纱布过滤，将肉渣、碎末去除。

（4）酱制　把煮锅刷洗干净后用箅子垫在锅底以防止肉粘在锅底焦煳，然后将肉块紧密摆在四周，中间留一空心，再把清过的原汤从中间倒入，煮 3～4h，前 2h 的汤温保持 100℃，后 1h 的汤温保持在 85℃ 左右，此时汤已成汁，放入黄酒和糖色，立即关火，将肉捞出，肉皮向上平放在擦有原汤汁的盘中。将剩余的酱汁分两次涂抹在肉皮上。

十五、汴京酱汁肉

1. 配方

猪肉 10kg，精盐 600g，酱油 300g，绍酒 300g，白糖 100g，大葱 200g，桂皮 16g，八角 20g，鲜姜 20g，火硝 5g。

2. 工艺流程

原料的选择和整理→煮制→成品

3. 操作要点

（1）原料的选择和整理　选用符合卫生检验要求的新鲜带皮的肩胛肋及软硬肋猪肉。将选好的肉清洗干净，再切成 10cm 见方的肉块。

（2）煮制　将切好的肉块放入锅内，再加辅料（精盐、白糖除外）和老汤，用旺火煮 30min，再用旺火焖煮 1h，锅中汤液要保持微沸、煮 1h 后，加入精盐和白糖，再焖煮 30min。捞出，晾凉即为成品。

十六、信阳酱汁猪肉

1. 配方

猪肉 10kg，白糖 500g，白酒 100g，花椒 20g，小茴香 30g，草果 10g，良姜 10g，白芷 10g，食盐 350g，绍酒 150g，鲜姜 200g，八角 40g，丁香 10g，肉桂 10g，桂皮 20g，火硝 2g。

2. 工艺流程

原料的选择和整理→腌制→煮制→成品

3. 操作要点

（1）原料的选择和整理　选用符合卫生检验要求的鲜猪肉，洗净，切成长 15cm、宽 75cm、厚 10cm 的肉块。

（2）腌制　肉块加食盐，腌制 3 天。

（3）煮制　将腌好的猪肉放入老汤锅中煮沸，再将辅料中的香料装入纱布袋中，放入锅内，同时也放入其他辅料，大火烧沸 1h 后，用小火再煮 1h，捞出，晾凉，即为成品。

十七、砂仁肘子

1. 配方

猪肘子 10kg，葱 50g，桂皮 30g，小茴香 30g，绍酒 200g，食盐 300g，白糖 700g，姜 30g，红曲米 60g，红酱油 150g，硝酸钠 0.5g，砂仁粉适量。

2. 工艺流程

原料选择和整理→腌制、整形→煮制→成品

3. 操作要点

（1）原料选择和整理　选用猪的整只后腿或前腿，拆去骨头，修去油筋，刮净余毛和杂质。

（2）腌制、整形　将修好的肉以整只腿肉形式放在盘中，撒上食盐和硝盐水，拌和后置腌缸中腌制 0.5～1 天，取出用清水清洗干净，沥去水分，洒绍酒，撒砂仁粉，然后将腿肉卷成长圆筒状，用麻绳层层扎紧，如果扎得不紧，肉露皮外，会影响质量。

（3）煮制　先白烧后红烧。白烧开始时，水可放至超出肉体 3cm 为止，用旺火烧，上下翻动，撇去浮油、杂质，烧开后再用小火焖煮 1h 左右出锅，再转入红汤锅红烧，先用竹箅垫于锅底及四周，上面铺上一层已拆去骨头的猪头肉，利用猪头胶质使汁浓稠，待肉体焖煮酥烂，出锅即为成品。

十八、真不同酱猪手

1. 配方

猪手 10kg，鲜姜 100g，白酒 50g，白糖 50g，肉料包 4g，大葱 100g，大蒜 100g，精盐 300g，熟硝 2g。

2. 工艺流程

原料的选择和整理→煮制→成品

3. 操作要点

（1）原料的选择和整理　选用肥嫩整齐的猪手。将猪手在水中浸泡 30min，刮净余毛，洗净，再用喷灯烧烤，然后放入开水锅中紧，紧好后捞出。

（2）煮制　锅内放入老汤，烧开后撇去浮沫，放入大葱、鲜姜、大蒜、白酒、精盐、白糖，再加肉料包、熟硝和猪手，烧开后再用慢火煮 90min，煮烂为止。

十九、樊记腊汁肉

1. 配方

猪硬肋肉 5kg，精盐 150g，冰糖 30g，黄酒 100g，姜 40g，酱油 600g，香料 60g（八角、桂皮、玉果、草果、砂仁、花椒、丁香、良姜、荜拨）。

2. 工艺流程

原料的选择和整理→煮制→成品

3. 操作要点

（1）原料的选择和整理　选用符合卫生检验要求的鲜猪硬肋肉，将肉按猪体横向切成 6cm 宽的带骨肉条，清洗干净，沥干水分。

（2）煮制　老汤倒入锅内，放入猪肉条，皮朝上，再加用纱布袋装好的香料、姜、精盐、酱油、黄酒，铁算压在肉上，使物料全部浸在老汤中。盖好锅盖，大火加热烧沸，转小火焖煮，保持微开，不翻浪花。煮制过程中，要不断撇出浮沫，约煮 2h 之后，加冰糖，把肉翻身，继续用小火焖煮 3～4h，至熟。

二十、六味斋酱肘花

1. 配方

去骨猪肘 10kg，花椒 40g，八角 16g，糖色 40g，味精 60g，食盐 600g，生姜 50g，桂皮 25g，砂仁 30g。

注：将辅料中的花椒、生姜、八角装入纱布袋。

2. 工艺流程

原料的选择和整理→煮制→成品

3. 操作要点

（1）原料的选择和整理　选用符合卫生检验要求的去骨猪肘，每只约重 1500g 左右。将混合均匀的辅料均匀地撒在每只肘子上，每只肘子再用线绳捆好，以防煮制过程中肉皮分离。

（2）煮制　将捆好的肘子和辅料袋放入开水中烧煮 3h，煮好的肘子出锅，去掉线绳，将肘子肉上的浮沫擦净，把锅中的酱汁过罗，分两次涂抹在肘子上即成。

二十一、北味肘花

1. 配方

猪肘 10kg，食盐 200g，桂皮 20g，八角 20g，食盐 200g，花椒 20g。

2. 工艺流程

原料选择和整理→腌制→煮制→成品

3. 操作要点

（1）原料选择和整理　选用符合卫生检验要求的猪肘。

（2）腌制　将选好的猪肘用盐腌制7～10天，再切成大薄片，然后把辅料磨成细粉，铺一层肉加一层辅料面，如此层层铺完，铺好的肉片卷起，用绳捆紧。

（3）煮制　捆好的猪肉，下入锅中煮2h，捞出晾干，冷却即为成品。

二十二、天津酱猪头肉

1. 配方

（1）猪头肉35kg。

（2）浸锅辅料　桂皮25g，山奈20g，白芷20g，丁香10g，花椒10g，小茴香10g，八角5g。

（3）酱锅辅料　大葱70g，鲜姜15g，蒜15g，八角7.5g，酱油150g，食盐150g，白糖20g，绍酒20g，硝盐1.5g。

2. 工艺流程

原料选择和整理→浸煮→酱制→成品

3. 操作要点

（1）原料选择和整理　取新鲜猪头，刮净毛垢，将头的下巴颏肉皮挑开，打下牙板骨，再将头骨劈开，割掉喉骨，取出脑子，拆去头骨，用水洗刷干净，即成头片。

（2）浸煮　将头片在配好辅料的浸锅中浸煮25min，翻锅一次，再浸煮25min，捞出控净汤。

（3）酱制　将捞出的肉放入配好料的酱锅中酱制25min，翻锅一次，再酱制25min即熟。

二十三、宿迁猪头肉

1. 配方

猪头肉15kg，酱油3kg，料酒400g，白糖400g，味精40g，葱段80g，姜片40g，蒜片40g，八角30g，桂皮30g，猪肉老汤6kg，香油100g。

2. 工艺流程

原料选择和整理→浸煮→酱制→成品

3. 操作要点

（1）原料的选择和整理　将选好的鲜猪头肉放入清水中，去净余毛，刮洗干净，再猪面朝下放在砧板上，从后脑中间劈开，挖出猪脑，剔去骨头，割下两耳，去掉眼圈、鼻子。猪脸切成两块，下巴切成三块，再放入清水中，泡去血污。

（2）浸煮　将泡好的猪头肉捞出，放入沸水锅中，烧煮约 20min，捞出洗净，再切成 5cm 方块。

（3）酱制　锅底放竹箅，放上猪头肉块，加酱油、猪肉老汤、葱段、姜片、蒜片旺火烧沸，撇去浮沫，加入八角、桂皮、料酒，盖上锅盖，再烧煮约 20min，加白糖、味精，滴入香油，即为成品。

二十四、秦雁五香猪头肉

1. 配方

猪头肉 10kg，酱油 300g，食盐 250g，姜片 50g，八角 30g，花椒 30g，山奈 30g，良姜 30g，白酒 40g，桂皮 30g，小茴香 10g。

2. 工艺流程

原料选择和整理→水氽→煮制→成品

3. 操作要点

（1）原料选择和整理　选用新鲜猪头肉，彻底刮净猪头表面毛污，取出口条，猪头劈开，取出猪脑，用清水洗净。

（2）水氽　洗净的猪头肉下入开水中氽烫，捞出，清洗干净。

（3）酱制　锅中放入老汤、辅料和烫好的猪头肉，再加水漫过猪头肉，大火烧开，慢火煨 2h 出锅。出锅的猪头肉，趁热拆除骨头，整形即可。

二十五、上海蜜汁小肉

1. 配方

原料肉 5kg，味精 8g，精盐 100g，五香粉 5g，酱油 150g，红曲米 10g，黄酒 100g，白糖 250g，酱色 25～50g。

2. 工艺流程

原料的选择和整理→腌制→油炸→蜜制→成品

3. 操作要点

（1）原料的选择和整理　选用去皮、去骨的腿肉，切成 2.5cm 见方的小块。

（2）腌制　将整理过的原料置于容器内加适量的盐、酱油、黄酒，拌和均匀，腌制约 2h。

（3）油炸　锅先热油，将油倒入，用旺火烧至七成热见冒烟时，把原料肉捞起，沥去配料，分散投入锅内，边炸边用笊篱翻动。炸至外面发黄时捞出沥油。

（4）蜜制　将油炸后的原料肉倒入锅内，加上白汤（一般使用老汤）和适量的盐、黄酒，烧开 5min 后即捞出，再放入有少量汤的锅中，加白糖、五香粉、红曲米、酱色（糖油可代替酱色，糖油制法是将白糖、植物油在锅中拌炒，待熔化发黑

变黏后加水烧开而成），用铲刀翻动，烧至配料溶化、卤转浓时加入味精，到原料肉用尖筷能戳动时即为成品

二十六、上海酱猪肚

1. 配方

猪肚 100kg，白酱油 3.50kg，食用红色素 0.08kg，白糖 2.50kg，盐粒 3.50kg，桂皮 0.10kg，黄酒 3.50kg，生姜 0.40kg，八角 0.20kg，红曲米 0.20kg，葱 0.50kg。

2. 制作方法

选用合格的猪肚，将光滑面翻到外边，用盐搓洗后，再用清水漂洗，除净污物和盐渍。然后进行焯水工序，将处理好的猪肚放沸水锅内，焯 20min 左右。焯完水后，即可进行煮制，从焯水锅中捞出后刮掉表皮白膜，放入装好料袋的老汤锅内煮制 2.5h 左右捞出即为成品。

二十七、北京酱猪舌

1. 配方

猪舌 100kg，水 50kg，桂皮 0.2kg，食盐 3.5kg，葱 0.08kg，酱油 7.5kg，姜片 0.13kg，花椒 0.2kg，蒜 0.08kg，八角 0.2kg。

注：用白纱布将八角、花椒、桂皮包入，并扎口，制成香料包。

2. 工艺流程

原料处理→酱煮→产品

3. 操作要点

（1）原料处理　先将猪舌洗净，用开水中浸泡 5～10min，刮去舌苔，再用刀将猪舌接近喉管处破开，并在喉头处扎一些眼。

（2）酱煮　将处理好的猪舌直接投入酱汤锅（把酱汤辅料放入锅中，烧开溶解即成），先旺火烧开，撇去浮沫，然后用小火焖煮至熟即为成品。

二十八、无锡酱烧肝

1. 配方

鲜猪小肠，猪肝 100kg，酱油 8.0kg，香料包 0.8kg，黄酒 3.0kg，白糖 2.5kg，生姜 0.8kg，明矾适量，硝水适量。

注：香料包由八角、肉桂、丁香组成，三者总量为 0.8kg。

2. 工艺流程

原料处理→熟制→煮制→成品

3. 操作要点

（1）原料处理 将猪小肠连同花油割下，翻转清洗整理干净，放入锅内，加硝水（将 0.06kg 硝酸钠溶化制卤水 2kg）、明矾和清水用大火烧，同时用木棍不断搅拌，直到小肠不腻，污垢去净，再用清水洗净，逐根倒套在铁钩上，抹干水分，切成小段。

（2）熟制 将猪肝洗净，放入沸水中煮到四成熟，取出切成小块。然后用一段小肠绕一块猪肝（即用小肠打一个结把小块猪肝放在里面）。

（3）煮制 用适量水，加黄酒、白糖、生姜、酱油和香料包，先用大火烧约2h，再用小火焖 0.5h 左右至猪肝煮熟，即可食用。出品率约 60%。

二十九、酱猪肝

1. 配方

猪肝 100kg，豆油 3.75kg，酱油 6.00kg，料酒 5.00kg，葱 2.5kg，白糖2.5kg，生姜 0.50kg，胡椒面适量。

2. 工艺流程

原料处理→煮制→冷却→成品

3. 操作要点

（1）原料处理 首先将猪肝泡在水里 1h 左右，泡尽污物杂质，然后捞出再用开水烫一下。

（2）煮制 将烫猪肝的水倒掉，加入 50kg 清水。将葱切成 2cm 长的段，姜切成薄片，与料酒、胡椒面、酱油、豆油、白糖一起倒进锅里，在微火上煮 1h 左右。

（3）冷却 将酱好的猪肝晾凉，然后切成薄片即可食用。

三十、广州卤猪肉

1. 配方

猪肉 50kg，食盐 1.2kg，酱油 2.2kg，白糖 1.2kg，陈皮 400g，甘草 400g，桂皮 250g，花椒 250g，八角 250g，丁香 25g，草果 250g。

2. 工艺流程

原料选择与整理→预煮→配卤汁→卤制→成品

3. 操作要点

（1）原料选择与整理 选用经兽医卫生检验合格的猪肋部或前后腿或头部带皮鲜肉，但肥膘不超过 2cm。先将皮面修整干净并剔除骨头，然后将肉切成 0.7～0.8kg 的长方块。

（2）预煮 把整理好的肉块投入沸水锅内焯 15min 左右，撇净血污，捞出锅后用清水洗干净。

（3）配卤汁　将香辛料用纱布包好放入锅内，加清水 25kg，小火煮沸 1h 即配成卤汁。卤汁可反复使用，再次使用需加适量配料，卤汁越陈，制品的香味愈佳。

（4）卤制　把经过焯水的肉块放入装有香料袋的卤汁中卤制，旺火烧开后改用中火煮制 40～60min。煮制过程需翻锅 2～3 次，翻锅时需用小铁叉叉住瘦肉部位，以保持皮面整洁、不出油，趁热出锅，晾凉即为成品。

三十一、卤猪杂

1. 配方

（1）卤猪肝　原料 100kg，食盐 1.3kg，酱油 5～7kg，白砂糖 6～8kg，黄酒 7.6kg，葱 2.5kg，生姜 1.25kg，八角 600g，桂皮 600g。

（2）卤猪心、肚、肠　原料 100kg，食盐 1.5kg，酱油 6kg，白砂糖 3kg，黄酒 2.5kg，八角 250g，桂皮 130g，生姜 250g。

2. 工艺流程

选料与整理→清煮→卤制→成品

3. 操作要点

（1）选料与整理　原料选自经兽医卫生检验合格的猪肝、心、肚、肠。

① 将猪肝摘去苦胆，修去油筋，用清水漂洗干净，在表面划些不规则的刀口，以便卤汁渗入内部。如有肝叶被胆汁污染，应去除干净。

② 将猪心用刀切为两半，但须相连。除去淤血，剪去油筋，用清水洗净。

③ 将猪肚置于竹箩内，加些食盐和明矾屑，用木棒搅拌，使黏液不断从竹箩缝隙中流出，然后取出猪肚，放入清水中漂洗，除去肚上的网油及污物。洗净后放入沸水中浸烫 5min 左右，刮净肚膜，用清水再次清洗。

④ 猪肠先撕去肠上的附油，去掉污物，用清水洗净，然后将肠翻转，放入竹箩内，用整理猪肚的方法，除去黏液，再用清水洗净，盘成圆形，用绳扎住，以便烧煮。肚、肠异味较重，整理时应特别注意清洗。

（2）清煮　卤制品原料不同，清煮方法略有差异。猪肝一般不经清煮，其他内脏则须清煮，尤其肚、肠清煮尤为重要，以除去异味。肚、肠清煮方法：先将水烧沸，倒入原料，再烧沸后，用铲刀翻动原料，撇去锅面浮油及杂物，然后改用文火烧煮。清煮时间：猪肠为 1h，猪肚为 1.5h。清煮完后，捞出原料置带孔的容器中，沥去水分，以待卤制。猪心清煮：在水温烧到 85℃时下锅，烧煮 20min 即可。

（3）卤制　按配料标准取葱、姜（捣碎）、桂皮、八角分装在两个纱布袋内，扎紧袋口，连同黄酒、酱油、食盐、白砂糖（占总量的 80%）放入锅内，再加入坯料重量一半的水。如有老卤，应视其咸淡程度酌量增减配料。然后用文火烧沸，倒入坯料，继续文火烧煮 20～30min，直到烧熟为止。将烧熟的产品捞出，放入有卤的容器中，随卤保存。取出锅中一部分卤水，撇去浮油，置另一锅中，加白砂糖（占总量的 20%）用文火熬浓即成卤汁，供食用或销售时涂于产品上，以加重产品的色泽和口味。剩余卤水应妥善保存，循环使用。

三十二、邵阳卤下水

1. 配方

猪头、猪蹄、猪尾、猪舌、猪肚、猪大肠、猪心、猪肝、猪腰、脾脏、猪喉头骨等 5kg，精盐 100～125g（新卤用盐 200～250g），酱油、白糖、白酒各 100g，糖色 20～30g，香料袋 1 个，味精适量。

注：香料袋包含八角、桂皮、甘草各 10g，公丁香、母丁香、陈皮、玉果、山柰各 5g，小茴香、桂子各 2.5g。

2. 工艺流程

原料处理→卤煮→成品

3. 操作要点

选用新鲜猪头、蹄、下水，分别进行清洗干净，去除异味和杂质。香料袋、酱油、白糖、精盐一同放入卤锅内，先加猪脚，煮 20min，再下猪舌、猪尾煮30min，下猪头肉，煮 40min，下猪心、猪肚、猪肝、猪腰、猪大肠、脾脏、猪喉头骨等，加水没过肉料，再盖上盖，进行卤煮，煮至猪肝内部全熟透，猪头肉能插入筷子时，即可出锅。出锅前 15min，加白酒和味精，拌均匀，即为成品。

食用时，将多种卤制品改刀装成花色拼盘，花样多，口味各异，是一种特别的大众化佐酒佳肴。

三十三、糟钵头

1. 配方

猪肺 75g，猪肚、猪肝、白汤、糟卤各 100g，猪肠（肛门部分不用）200g，猪心 20g，猪蹄、火腿脚爪各 75g，油豆腐 12 只，笋片 50g，葱、姜片共 10g，青蒜段、精盐、味精各少量。

2. 工艺流程

原料处理→卤煮→成品

3. 操作要点

（1）原料处理　选用新鲜猪内脏和猪蹄，作为加工的原料。猪肺气管套在自来水龙头上，充满水，再挤出，反复冲洗干净，在肺叶上剞上十字花刀，深及肺的1/2，再挤净水。然后放入开水锅煮去血沫，捞出用冷水漂清，切成块，再放入冷水锅里用大火烧 3min 左右，捞出，用清水冲洗，至发白，取 75g 待用。猪肠翻转，去净粪污，清光干净，再恢复原状。冲洗时，热天用冷水，冷天用热水。猪肠、肚翻转，除去糠秕、肚油等污物，再冲洗干净，然后将肠、肚放在缸内，加适量的盐，反复搓揉去黏液，再用冷水冲洗干净，一起放入冷水锅中煮去黏液，刮除内衣，捞出放入桶内，加适量的明矾、醋、黄酒，去腥味，再冲洗干净，用水煮2～3min，捞出，猪肠取200g，猪肚取100g，待用。猪蹄（半只）刮洗干净，切下75g。猪心洗净切下20g，待用。猪肝整块放入开水锅中煮2～3min，捞入碗中，盖上洁净湿布，热天放入冰箱中保存。火腿脚爪洗净，刮净残毛，斩下75g，隔水蒸五成熟，待用。油豆腐用碱水泡一会，再漂洗干净。

（2）制糟卤　取用适量的酒糟（香糟），加水浸出香味，需4h左右，滤去糟渣即成。砂锅1只，放入切下的肺、肠、肚、心、蹄、火腿脚爪、葱、姜，加白汤，大火烧开，撇去浮沫，扣上1只瓷盘再烧，防止物料浮出汤面，不易酥烂，影响色泽。一直用小火焖至物料酥烂，约需3h，最后加入油豆腐、笋片，烧透，再将猪肝切片放入，加盐、味精、青蒜、糟卤，不待烧沸，即离火，放在衬盘上即为成品。

三十四、软包装五香猪蹄

1. 配方（猪蹄50kg）

卤制配方：八角130g，桂皮70g，砂仁30g，姜粉100g，花椒100g，玉果100g，白芷30g，味精70g，食盐2.4kg，曲酒0.5kg。

上色配方：红曲红10g，烟熏香味料26g，曲酒250g，五香汁50g，焦糖8g。

2. 工艺流程

原料解冻→清洗整理→预煮→刮毛、劈半→卤制→上色→真空包装→高温杀菌→贴标、装箱

3. 操作要点

（1）原料解冻　将猪蹄浸泡在自来水中4h，进行水解冻。

（2）清洗整理　将解冻后的猪蹄，用清水清洗，除去表面的污物、杂质，并用刷子除掉表面的浮皮。

（3）预煮　将整理好的猪蹄放入开水中，预煮5min，以除掉异味，猪蹄表面收缩，残毛直立。

（4）去毛、劈半　预煮好的猪蹄用自来水冷却后，用镊子拔掉残毛，或用酒精喷灯燎去残毛。然后用砍刀或斧子将猪蹄劈成两半。

（5）卤制　将香辛料包成料包，连同其他辅料一同在清水中烧开，将猪蹄放入，水的量以能淹没猪蹄为准，先用大火煮开，然后用文火，保证90～95℃焖煮20min。

（6）上色　将卤制后的猪蹄捞出，趁热放入上色锅中。上色锅中提前放入约10kg的卤制老汤，并将上色用的辅料溶化、搅拌均匀。将上色锅烧开，并不断翻

拌猪蹄，慢慢收汁。待汁液快收干时，出锅。

（7）真空包装　待猪蹄自然冷却后，每 450g 一袋装入真空包装袋。装袋时，要将劈半时的刀切面对在一起。然后根据不同的包装袋，调整好真空包装机的真空度、热合温度、热合时间，进行真空热封。

（8）高温杀菌　将包装好的猪蹄在高温杀菌锅中进行杀菌，115℃恒温 50min，反压冷却。

（9）贴标、装箱　将冷却好的软包装高温五香猪蹄贴标、装箱。

三十五、广式扣肉

1. 配方

猪肋条肉 50kg，食盐 0.6kg，白糖 1kg，白酒 1.5kg，酱油 2.5kg，味精 0.3kg，八角粉、花椒粉各 100g，南乳 1.5kg，水 4kg。

2. 工艺流程

原料选择与整理→预煮→戳皮→上色、油炸→切片、蒸煮→成品

3. 操作要点

（1）原料选择与整理　选用经卫生检验合格的带皮去骨猪肋条肉为原料。修净残毛、淤血、碎骨等，然后切成 10cm 宽的方块肉。

（2）预煮　将修整好的猪肋条肉放入锅内煮制，上下翻动数次，煮沸 20～30min，即可捞出。

（3）戳皮　取出预煮的熟肉，用细尖竹签均匀地戳皮，但不要戳烂皮。戳皮的目的是使猪皮在炸制时易起泡，成品的扣肉皮脆。

（4）上色、油炸　在皮面上涂擦少许食盐和稀糖（1 份麦芽糖、3 份食醋配成），放入油温维持在 100～120℃的油锅中炸制 30～40min，当皮炸起小泡时，把油温提高至 180～220℃再炸 2～3min，直到皮面起许多大泡并呈金黄色时捞出。为防皮炸焦，油锅底放一层铁网。锅内油不需过多，因主要炸皮面，否则因油炸时间长，影响成品率。

（5）切片、蒸煮　将油炸后的大肉块切成 1cm 厚的肉片，与辅料拌匀，然后把肉片整齐地排在碗内，皮朝下，放在锅内蒸 1.5～2h，上桌时，把肉扣到盘子里，即为成品。

在一些地方，群众习惯用芋头或土豆作为配料，将芋头等切成片（大小厚度与扣肉相同）后，油炸约 5min，与肉间隔放在碗内一起蒸，这样风味更好，食之不腻。

三十六、长春轩卤肉

1. 配方

猪肉 100kg，食盐 4.00kg，苹果 0.20kg，冰糖 3.00kg，八角 0.40kg，小磨香

油 0.20kg，砂仁 0.10kg，丁香 0.10kg，花椒 0.20kg，陈皮 0.50kg，白豆蔻 0.20kg，良姜 0.20kg，绍酒适量。

2. 工艺流程

选料、制坯→卤煮→涂油→成品

3. 操作要点

（1）选料、制坯　选用鲜猪肉，切成重 500g 的块，放入清水中，除去血水，4h 后捞出刮皮，用镊子除去余毛，成肉坯。

（2）卤煮　辅料中的香辛料装纱布袋，扎好口，放入烧沸的老汤中，略煮 5min，下入肉坯，煮半小时后加入食盐、绍酒等，再以文火炖之，每隔几分钟翻动一次，待肉坯七成熟时，下冰糖，再煮至熟。

（3）涂油　肉坯煮熟，捞出，皮朝上晾凉，将小磨香油涂于皮上。凉透，即为成品。

三十七、东坡肉

1. 配方

猪五花肋条肉 100kg，绍酒 16.70kg，葱结 3.40kg，酱油 10.00kg，白糖 6.70kg，姜块（拍松）3.40kg。

2. 工艺流程

原料整理→焖煮→蒸制→成品

3. 操作要点

（1）原料整理　以金华"两头乌"猪肉为佳。将猪五花肋条肉刮洗干净，切成正方形的肉块，放在沸水锅内煮 3～5min，煮出血水。

（2）焖煮　取大砂锅一只，用竹箅子垫底，先铺上葱，放入姜块（去皮拍松），再将猪肉皮面朝下整齐地排在上面，加入白糖、酱油、绍酒，最后加入葱结，盖上锅盖，用桃花纸围封砂锅边缝，置旺火上，烧开后加盖密封，用微火焖酥 2h 后，将砂锅端离火口，撇去油。

（3）蒸制　将肉皮面朝上装入特制的小陶罐中，加盖置于蒸笼内，用旺火蒸 30min 至肉酥透即成。

三十八、北京南府苏造肉

1. 配方

猪腿肉 100kg，猪内脏 100kg，醋 4.00kg，老卤 300kg，食盐 2.00kg，明矾 0.20kg，苏造肉专用汤 200kg。

2. 工艺流程

原料处理→煮制→卤制→成品

3. 操作要点

(1) 原料处理　将猪肉洗净, 切成13cm方块; 将猪内脏分别用明矾、食盐、醋揉擦并处理洁净。

(2) 煮制　将猪肉和猪内脏放入锅内, 加足清水, 先用大火烧开, 再转小火煮到六七成熟 (肺、肚要多煮些时间), 捞出, 倒出汤。

(3) 卤制　换入老卤, 放入猪肉和内脏, 上扣箅垫, 箅垫上压重物, 继续煮到全部上色, 捞出腿肉, 切成大片 (内脏不切)。在另一锅内放上箅垫, 箅垫上铺一层猪骨头, 倒上苏造肉专用汤 (要没过物料大半), 用大火烧开后, 即转小火, 同时放入猪肉片和内脏继续煨, 煨好后, 不要离锅, 随吃随取, 切片盛盘即成。

(4) 老卤制法　以用水10kg为标准, 加酱油0.5kg、盐150g、葱姜蒜各15g、花椒10g、八角10g烧沸滚, 撇清浮沫, 凉后倒入瓷罐贮存, 不可摇动。每用一次后, 可适当加些清水、酱油、盐煮沸后再用, 即称老卤。

(5) 苏造肉专用汤制法　按冬季使用计, 以用水5kg为标准, 先将水烧开, 加酱油250g、盐100g再烧开。将丁香10g、肉桂30g (春、夏、秋为20g)、甘草30g (春、夏、秋为35g)、砂仁5g、桂皮45g (春、夏、秋为40g)、玉果5g、豆蔻20g、广皮30g (春、夏、秋为10g)、肉桂5g用布包好扎紧, 放入开水内煮出味即成。每使用一次后, 要适当加入一些新汤和香辛料。

三十九、开封卤猪头

1. 配方

猪头肉100kg, 食盐3.00kg, 肉桂0.30kg, 酱油4.00kg, 草果0.24kg, 花椒0.20kg, 生姜1.50kg, 荜拨0.16kg, 鲜姜0.20kg, 山奈0.16kg, 料酒2.00kg, 丁香0.06kg, 八角0.40kg, 白芷0.06kg。

2. 工艺流程

选料与处理→煮制→成品

3. 操作要点

(1) 选料与处理　选用符合卫生检验要求的新鲜猪头作加工原料, 把猪头彻底刮净猪头表面、脸沟、耳根等处的毛污和泥垢, 拔净余毛和毛根。将猪面部朝下放在砧板上, 从后脑中间劈开, 挖取猪脑, 剔去头骨, 割下两耳, 去掉眼圈、鼻子; 取出口条, 用清水浸泡1h, 捞出, 洗净, 沥去水分。

(2) 煮制　将洗净的猪头肉、口条、耳朵放入开水锅中焯水15min, 捞出, 沥干, 放入老卤汤锅内, 加上其他调味料和香辛料, 加水漫过猪头, 大火烧开文火煨

2h 左右，捞出，出锅的猪头，趁热拆出骨头，整形后即为成品。

四十、北京卤猪头

1. 配方（按 100kg 猪头计）

腌制盐水配方（单位：kg）：水 100kg，花椒 0.30kg，食盐 15.00kg，硝酸钠 0.10kg。

卤汁配方（按 100kg 猪头计）：食盐 1.00kg，八角 0.20kg，花椒 0.20kg，生姜 0.50kg，味精 0.20kg，白酒 0.50kg。

2. 工艺流程

原料处理→腌制→卤制→拆骨分段→装模→冷却定型

3. 操作要点

（1）原料处理　拔净猪头余毛并挖净耳孔，割去淋巴，清洗后再用喷灯烧尽细毛、绒毛。然后将猪头对劈为两半，取出猪脑，挖去鼻内污物，用清水洗净。

（2）腌制　先将花椒装入料袋放入水内煮开后加入全部食盐，待食盐全部溶化并再次煮开后倒入腌制池（缸）中，待冷却至室温时加入硝酸钠，搅匀，即为腌制液。将处理好的猪头放入池中，并在上面加算子压住，使猪头不露出水面。这样腌制 3～4 天即可。

（3）卤制　将腌好的猪头放入锅中，按配方称好配料，花椒、八角、生姜装入布袋中和猪头一起下锅，加水至淹没猪头，煮开后保持 90min 左右，煮至汁收汤浓即可出锅。白酒在出锅前半小时加入，味精则在出锅前 5min 加入。

（4）拆骨分段　猪头煮熟后趁热取出头骨及小碎骨，摘除眼球，然后将猪头肉切成三段，齐耳根切一刀，将两耳切下，齐下颌切一刀，将鼻尖切下，中段为主料。

（5）装模　先将洗净煮沸消毒的铝制或不锈钢方模底及四壁垫上一层煮沸消毒过的白垫布，然后放入食品塑料袋，口朝上。先成一块中段，皮朝底，肉朝上；再将猪耳纵切为 3～4 根长条连同鼻尖及小碎肉放于中间；上面再盖一块中段，皮朝上，肉朝下。将袋口叠平折好，再将方模盖压紧扣牢即可。

（6）冷却定型　装好模的猪头肉应立即送入 0～3℃的冷库内。经冷却 12h，即可将猪头方肉（方腿）从模中取出进行贮藏或销售。在 2～3℃条件下，可贮藏 1 周左右。

四十一、上海糟肉

1. 配方

原料肉 100kg，高粱酒 0.5kg，花椒 0.09～0.12kg，黄酒 7kg，食盐 1.7kg，五香粉 0.03kg，酱油 2kg，陈年香糟 3kg，味精 0.1kg。

2. 工艺流程

原料处理→白煮→陈糟制备→制糟露→制糟卤→糟制→成品

3. 操作要点

（1）原料处理 选用新鲜皮薄的方肉和前后腿肉，将选好的肉修整好，清洗干净，切成长 15cm、宽 11cm 的长方形肉坯。

（2）白煮 将处理好的肉坯倒入容器内进行烧煮，容器内的清水必须超过肉坯表面，用旺火烧至肉汤沸腾后，撇净血污，减小火力继续烧煮，直至骨头容易抽出时为止，然后用尖筷子和铲刀把肉坯捞出。出锅后一面拆骨，一面在肉坯两面敷盐。肉汤冷却后备用。

（3）陈糟制备 每 100kg 香糟加 3～4kg 炒过的花椒和 4kg 左右的食盐拌匀后，置于密闭容器内，进行密封放置，待第二年使用，即为陈年香糟。

（4）制糟露 将陈年香糟、五香粉、食盐搅拌均匀后，再加入少许上等黄酒，边加边搅拌，并徐徐加入高粱酒 200g 和剩余黄酒，直至糟、酒完全均匀，没有结块时为止。然后进行过滤（可以使用表心纸或者纱布等过滤工具），滤液称为糟露。

（5）制糟卤 将白煮肉汤，撇去浮油，过滤入容器内，加入食盐、味精、酱油（最好用虾子酱油）、剩余高粱酒，搅拌冷却，数量掌握在 30kg 左右为宜，然后倒入制好的糟露内，混合搅拌均匀，即为糟卤。

（6）糟制 将凉透的肉坯，皮朝外，放置在容器中，倒入糟卤，放在低温（10℃以下）条件下，直至糟卤凝结成胶冻状，3h 以后即为成品。

四十二、北京香糟肉

1. 配方

原料肉 100kg，食盐 1.5kg，酱油 10kg，酒糟泥 10kg，姜 1.2kg，味精 0.28kg，花生油 3kg，香油 0.3kg，白酒 4kg，白糖 4kg。

2. 工艺流程

原料处理→香糟制备→糟制

3. 操作要点

（1）原料处理 以带皮五花猪肉为原料肉，切成长 10cm、宽 3.3cm、厚 0.7cm 的肉块，浸入清水中，除尽血水，用清水洗净，捞出后控干水分。

（2）香糟制备 在锅内放入花生油 1kg，大火烧热，然后放入姜末 0.5kg，炒出香味，接着在锅内放入酒糟泥 10kg，进行煸炒，边炒边加入白糖 3kg、食盐 0.5kg、白酒 4kg、花生油 2kg，再用小火炒约 1h，至无酸味为止，即成香糟，包装后备用。

（3）糟制 将除净血水的猪肉放入锅中，加清水（以没过猪肉为准），用旺火烧开后改用小火进行煮制 1.5h 左右,然后加入酱油、白糖、食盐、姜、香油、味精和用纱布袋包好的香糟包,继续焖煮 1h 左右,煮到汁浓、肉酥、皮烂为止,此时即可出锅,晾凉后,即成香糟肉。此产品可以直接食用,贮存时须放置于低温条件下。

四十三、苏州糟肉

1. 配方

原料肉 100kg,高粱酒 0.2kg,生姜 0.8kg,陈年香糟 2.5kg,酱油 0.5kg,黄酒 5kg,味精 0.5kg,食盐 1kg,五香粉 0.1kg,葱 1kg。

2. 工艺流程

原料处理→煮制→糟制→成品

3. 操作要点

(1)原料处理 选用皮薄而又细嫩的新鲜方肉、前后腿肉作为原料。将选好的方肉或腿肉修整好,清洗干净后,切成长 15cm、宽 11cm 的肉块,待用。

(2)煮制 将处理好的肉块倒入容器内进行烧煮,容器内的清水必须超过肉坯表面,用旺火烧至肉汤沸腾后,撇净血污,然后减火继续烧煮约 45~60min,直至肉块煮熟为止,然后用尖筷子和铲刀把肉坯捞出。

(3)糟制 首先将配料混合均匀,过滤制成糟露或糟汁,直至糟、酒完全均匀,没有结块时为止。然后过滤,滤液即为糟露,然后,将烧煮好的肉块置于糟制容器中,倒入糟露,密封糟制 4~6h 即成。此产品最好采用真空包装,贮藏温度要低,最好置于 0~4℃条件下。

四十四、白雪糟肉

1. 配方

猪臀肉 100kg,食盐 5kg,料酒 5kg,姜 2.5kg,白糟 25kg,味精 0.1kg,葱适量。

2. 工艺流程

原料处理→煮制→腌制→糟制→蒸制→成品

3. 操作要点

(1)原料处理 选用新鲜、卫检合格的猪臀肉作原料,剔除多余的肥膘,用清水洗净;将葱切成段,把姜拍松成块状,待用。

(2)煮制 把洗净的猪臀肉放入煮制锅内,加入清水,清水浸没肉为度。投入葱段和姜块,用旺火烧至肉汤沸腾后,撇净血污,然后减小火力,淋入料酒,用小火焖煮 20min 左右后,取出。

（3）腌制　把煮制好的猪臀肉晾凉后，用刀切成小方块，放容器内，加入食盐，搅拌均匀，腌制 20min 左右。

（4）糟制　在腌制好的肉块中加入白糟拌匀，低温条件下密闭放置 24h 左右，然后加入味精，上笼蒸熟。出笼后，待其冷却凉透后，即可食用。

四十五、济南糟蒸肉

1. 配方

猪肉 100kg，酱油 14.67kg，姜丝 0.8kg，植物油 100kg，香糟 4.13kg，食盐 1.3kg，清汤 4.13kg，葱丝 0.13kg。

2. 工艺流程

原料处理→腌制→炸制→糟制→蒸制→成品

3. 操作要点

（1）原料处理　选用剔骨猪肋肉作为原料，将选好的原料刮洗干净后，切成长 10cm×1.5cm 的片状。

（2）腌制　将处理好的猪肉片和 40g 食盐一起调拌均匀，进行腌制 20min 左右。腌制结束后取出，沥去水分。

（3）炸制　把油炸锅置于旺火上，将植物油烧至七成热（200℃左右），放入肉片，炸制 6min 左右，至肉片呈黄色时，捞出，沥去油，皮面朝下呈马鞍状摆放在盛器内，撒上葱、姜丝。

（4）糟制、蒸制　把香糟加入到清汤中搅拌均匀，过滤，在滤液中加入酱油、食盐 90g 搅匀，再浇在肉上。然后用旺火蒸制 2.5h 左右，即为成品。

四十六、济南糟油口条

1. 配方

猪舌 100kg，料酒 3.2kg，香油 12.6kg，清汤 100kg，味精 0.6kg，香糟 3.2kg，葱丝 4kg，食盐 2kg，姜丝 4kg，五香粉 3.2kg。

2. 工艺流程

原料处理→煮制→糟制→成品

3. 操作要点

（1）原料处理　选用新鲜猪舌，从舌根部切断，洗去血污，放到 70～80℃温开水中浸烫 20min 左右，烫至舌头上的表皮能用指甲扒掉时，捞出，然后用刀刮去白色舌苔，洗净后用刀在舌根下缘切一刀口，利于煮制时入味，沥干水分，待用。

（2）煮制　把洗净处理好的猪舌放入锅内，再加入葱丝、姜丝、五香粉、食盐、清汤，用旺火烧开后，改用小火烧煮，保持锅内汤体微沸，直至熟烂，即可出锅。煮制好的猪口条出锅后，沥去汤汁，再切成长 5cm、厚 0.2cm、宽 2cm 的片状。

（3）糟制　先将香油烧至七八成热时（200℃左右），放入香糟，炸为油糟待用。然后将味精、料酒、清汤，放在盛器内，搅拌均匀，再把油糟倒入，捞去糟渣，最后放入猪舌，浸泡约 30min 后，捞出，即为成品。

四十七、香糟大肠

1. 配方

猪大肠 100kg，味精 0.33kg，鲜姜 1.67kg，食盐 3.33kg，大葱 1.67kg，黄酒 6.67kg，香糟 3.33kg，白糖 5kg，大蒜末 3.33kg，胡椒粉 0.11kg。

2. 工艺流程

原料处理→煮制→油煸→成品

3. 操作要点

（1）原料处理　选用肥嫩猪大肠，翻肠后用食盐揉搓肠壁，除尽黏附的污物。然后用清水洗净，放入沸水内泡 15min 左右后捞起，浸入冷水中冷却后，再捞起沥干水分。

（2）煮制　将清洗干净的大肠放入锅内，加水淹没大肠，然后放入大葱、鲜姜、黄酒、大蒜末、胡椒粉，大火烧开后，用文火煮制约 4h 直至肠熟烂，即可出锅。

（3）油煸　取出煮制好的大肠切成斜方块（10cm 左右），再与蒜末一起用油煸炒一下，再加入香糟、黄酒、白糖、食盐、鸡汤等，用温火煮制 20min 左右，即为成品。

四十八、糟八宝

1. 配方

猪八宝 100kg，黄酒 2.5kg，鲜姜 2kg，食盐 1kg，味精 0.3kg，香油 2.5kg，大葱 4kg，香糟 15kg。

2. 工艺流程

原料处理→煮制→糟制→成品

3. 操作要点

（1）原料处理　选用等量的猪八样：猪肺、猪心、猪肠、猪肚、猪腰、猪蹄、猪舌、猪肝。猪肺要去除气管，清洗干净，放入沸水中浸泡 15min，捞出用冷水清洗干净，沥干水分备用。猪心，将猪心切开，洗去血污后，用刀在猪心外表划几条树叶状刀口，把心摊平呈蝴蝶形。洗净后放入开水锅内浸泡 15min，捞出用清水洗净，沥干水分待用。猪大肠的处理同香糟大肠的处理。将猪肚翻开洗净，撒上食盐揉搓，洗后再在 80～90℃温开水中泡 15min 烫至猪肚转硬，内部一层白色的黏膜能用刀刮去时为止。捞出放在冷水中 10min，用刀边刮边洗，直至无臭味、不滑手时为止，沥干水分。用刀从肚底部将肚切成弯形的两大片，去掉油筋，滤干水分。将猪蹄去毛去血污，在水温 75～80℃ 的热水中烫毛，把毛刮干净。从猪蹄的蹄叉处分切成两块，每块再切成两段，放入开水锅煮制 20min，捞出放到清水中浸泡洗涤。猪舌的处理同山东济南糟油口条处理方法。将猪肝切成三叶，在大块肝表面上划几条树枝状刀口，用冷水洗净淤血。其他两块肝叶因较小，可横切成块或片。洗净的肝放入沸水中煮 10min，至肝表面变硬，内部呈鲜橘色时，捞出放在冷水中，洗净刀口上的血渍。猪腰（肾）整理方法与猪肝相同，值得注意的是，必须把输尿管及油筋去净，否则会有尿臊气。

（2）煮制　将除去猪蹄和猪肝的 6 样放入沸水中，加入葱、姜，撇去表面浮沫，加入黄酒，用小火焖煮 1h，再放入猪蹄和猪肝，再焖制 3h，至大肠能用筷子插烂时，再改旺火煮，直至汤液变得浓稠为止，捞出八宝冷却好待用。

（3）糟制　先制作糟卤，即把香糟粉碎后放入黄酒中浸泡 4h 左右，过滤所得滤液即为糟卤。然后将八宝放入锅中，加入原汤、食盐、味精后，用旺火煮沸然后停火，加入糟卤，晾凉后放置于冷库中 1h，待凝成胶冻块时即可。

四十九、糟头肉

1. 配方

猪头肉 100kg，葱结 1kg，味精 0.12kg，香糟 10kg，花椒 0.12kg，黄酒 10kg，桂皮 0.12kg，八角 0.2kg，食盐 1.4kg，姜 1kg，白糖 0.6kg，丁香 0.2kg。

2. 工艺流程

原料处理→煮制→糟制→成品

3. 操作要点

（1）原料处理　将猪头先放在 75～80℃ 的热水中烫毛，刮净猪头上的残毛和杂质，再用清水去血污清洗干净，然后将猪头对半劈开，取出猪脑、猪舌，拆去头骨，洗净放入开水煮 20min，去除部分杂质和异味，捞出放到清水中浸泡洗涤，肉汤留着备用。

（2）煮制　将猪头肉放入水中，大火烧开，撇去浮沫。加入葱结、姜片、黄酒等辅料，改用小火煮制 2～3h，直至肉酥而不烂，捞出。

（3）糟制　先制作糟卤，即把香糟和黄酒、葱、姜、食盐搅拌均匀，过滤，即为糟卤。再把原肉汤撇净浮油，再加入各种香辛料和食盐、白糖、味精，大火烧开 2min，离火冷却后倒入做好的糟卤内，搅拌均匀，即为卤汁。最后将猪头肉放入糟卤内浸制 3h 以上。食用时，取出切块，再浇上卤汁即可。

五十、真空包装酱猪蹄

1. 配方

猪蹄 100kg，酱油 4kg，白酒 1kg，白糖 1.5kg，盐 2kg，味精 0.08kg，姜 500g，八角 60g，桂皮 40g，丁香 12g，花椒 20g，小茴香 40g。

2. 工艺流程

预处理→氽制→酱卤→装袋、真空密封→高温杀菌→恒温检验→成品

3. 操作要点

（1）预处理　用喷灯烧去猪蹄上的残毛，刮洗干净后，沿蹄夹缝将猪蹄左右对称锯开。

（2）氽制　将刮洗干净后原料放入 80～90℃的清水中，氽制 15min 左右，并用清洁自来水漂洗干净。

（3）酱卤

① 酱汤的制备　在洁净夹层锅中加入 2/3 清洁自来水，加入装有定量八角、小茴香等香辛辅料的料袋，文火加热，保持微沸 30min，待料味出来后即可使用。

② 猪蹄酱卤　在沸腾料汤中加入氽制后猪蹄、酱油、食盐，进行酱卤，保持沸腾状态 10min 后，再保持微沸 60min 左右，待猪蹄呈七成熟，稍用力能将猪蹄趾关节处掰断，色泽酱红即可捞出，酱卤时应不时搅动，使猪蹄熟制上色均匀。

（4）装袋　每袋 250g，大小肥瘦搭配，每袋装两片，皮面方向一致。

（5）真空密封　真空度为 0.09MPa，密封良好，无过热，无皱折。

（6）杀菌　杀菌公式为 15min-25min-15min/121℃，反压 0.25MPa 冷却。

（7）恒温检验　37℃恒温 7 天，无胀袋，破袋者即为合格成品。

五十一、白切猪肚

1. 配方

猪肚 50kg，桂皮 50g，八角 50g，黄酒 750g，砂糖 250g，葱 300g，姜 200g，精盐 1500g（不包括洗原料时的用盐），味精 100g。

2. 工艺流程

原料整理→白烧→成品

3. 操作要点

（1）原料整理　将清洗干净的猪肚剪去上与食管相连、下与肠子相连的两个肚头。擦上食盐（约 0.25kg），边擦边揉，然后用清水冲洗干净。再放于 80～90℃的

热水内浸烫，至猪肚缩小变硬即可捞出。用刀将肚内的一层白色黏膜刮净，在清水中边刮边洗，直至不滑手、无臭味为止。为使配料易渗入，再沿猪肚底部切开（上部相连接），然后沥干水分。

（2）白烧　先在锅中加入清水，加入盐和已装入纱布中的桂皮、八角，用旺火烧沸，再放入猪肚和葱、姜、黄酒，用铲刀上下翻拌，继续烧30min即起锅。起锅前5min加入砂糖和味精。猪肚在白烧时应采用敞锅烧煮，这样可以散发异味。烧煮中应不时撇去浮油。出锅后的猪肚可摊放在能漏水的竹盘中，便于沥出卤汁。

五十二、酱香排骨

1. 配方

原料100kg，盐3kg，葱500g，姜500g，桂皮300g，小茴香260g，丁香30g，味精60g，绍酒3kg，酱油10kg，白糖6kg，盐2kg，硝酸钠30g。

2. 工艺流程

原料选择→原料整理→腌制→白烧→红烧→成品

3. 操作要点

（1）原料选择　选用猪的胸腔肉为原料，也可以采用脊背的大排骨和带骨肋条去皮去膘后的肋排，骨和肉的重量约为1:3。

（2）原料整理　将排骨或肋排斩成宽7cm、长11cm左右的长方块，如以大排骨为原料，斩成厚约1.2cm的扇形块状。

（3）腌制　将硝酸钠、盐用水化开，洒在排骨上，要洒得均匀，然后置入缸内腌制，腌制时间夏季为4h，春秋季8h，冬季10～24h。在腌制过程中须上下翻动1～2次，使咸味均匀。

（4）白烧　将坯料置入锅内，加满水烧煮，上下翻动，撇去血沫，待煮沸后取出坯料，冲洗干净。

（5）红烧　将葱、姜、桂皮、小茴香、丁香分装成三个布袋，放在锅底，再放入坯料，加上绍酒、酱油、盐及去净杂质的白烧肉汤，汤的数量掌握在低于坯料平面3～4cm。盖好锅盖，用旺火煮开后，持续30min，改用小火焖煮2h。在焖煮中不要上下翻动，焖至骨肉酥透时，加入白糖，再用旺火烧30min，待汤汁变浓，即退火出锅摊于盘上，再将锅内原汁撇去油质碎肉，取出部分加味精调匀后，均匀地洒在成品上。锅内剩余汤汁，注意保存，循环使用。

五十三、中西合璧五香肘子

1. 配方

（1）注射用食盐水配方（以100kg带骨肘子计，可剔出67～70kg肉）　食盐2.3kg，亚硝酸钠15g，白糖0.4kg，异抗坏血酸钠0.15kg，葡萄糖0.4kg，味精

0.08kg，焦磷酸钠 0.8kg，三聚磷酸钠 0.16kg，五香汁 40mL，卡拉胶 0.7kg，冰水 30kg。

（2）煮制液体配料　花椒 20g，八角 30g，桂皮 30g，白芷 10g，草果 5g，丁香 5g，砂仁 5g，鲜姜 1.2kg，大葱 2kg，食盐 1kg，料酒 200g，味精 100g，白糖 200g，糖色适量。

2. 工艺流程

选料→剔骨→（盐水配制）盐水注射→滚揉、腌制→捆绑→煮制→冷却、包装→杀菌

3. 操作要点

（1）选料　选择经兽医卫生检验合格的鲜肘子（或冻肘子，经缓慢解冻），大小一致，个重 1.5～2kg，最好是皮薄肉厚的。

（2）整理　用喷灯燎去肘子表面猪毛，并用刀将其表面刮洗干净，断其脚筋。

（3）剔骨　从肘子的大头开始下刀，顺其骨头一点点将肘肉及皮从中间骨头上剥下来，要保持肘皮外形完整，皮肉一体。剔出的肘骨重量大约占总重量的 1/3。

（4）盐水配制及盐水注射　配盐水（整个过程在搅拌中进行）首先用温水将磷酸盐充分溶解，再依次加入盐、白糖、葡萄糖、异抗坏血酸钠、亚硝酸钠等腌制剂，再加入五香汁，最后加入卡拉胶。待所有料全都溶解后，即开始盐水注射。盐水注射时将剔好的肘子翻开，使其皮面向里，肉面朝外，易使盐水注射进去。用注射机将盐水均匀地注入肘子的肌肉中，注射量要在 20% 以上，剩余的盐水同肘子一起倒入滚揉机中真空滚揉。

（5）滚揉、腌制　采用间歇滚揉方式进行。在 0～4℃腌制间中，滚揉机正转 30min，休息 30min，再反转 30min。如此反复进行 8h，然后关掉滚揉机，静腌 4～6h。

（6）捆绑　用棉线绳将肘子从一头捆起，捆紧，把掉下的碎肉填塞进去，最后捆成圆锥形。

（7）煮制　煮制用水与肘子之比为 1：1。煮制时先把香辛料用干净纱布包起来放入，再将捆绑好的肘子一个个放入，而后放葱姜、料酒、白糖、味精，用大火烧开，撇去浮沫。而后调入事先炒好的糖色（或红曲液），再改小火焖煮 2h，至肘子熟透即可。糖色的炒制：铁锅内放入植物油，加入白糖，用火熬制，至锅内起泡为止，此过程要不断翻动。最后加入开水泡起来，立即移开火，备用。

（8）冷却、包装　煮好的肘子捞出，自然晾干或冷风吹干，至表面不粘手时即可包装。采用低温袋真空包装，一个肘子装一袋，销售时按重量称量销售。包装在无菌间中进行，所用容器、工具必须严格消毒。

（9）杀菌　采用常压杀菌，85℃煮 30min，迅速冷却 30min，再第二次杀菌 30min。

（10）存放及销售　应尽量在冷藏条件下进行，周围环境要稳定。

第三节　牛肉制品

一、北京月盛斋酱牛肉

1. 配方

牛肉100kg，食盐3kg，甜面酱10kg，花椒、小茴香、肉桂各100g，丁香、砂仁各20g，葱、大蒜、鲜姜各1kg。

2. 工艺流程

原料选择与整理→调酱→煮制→出锅、冷却→成品

3. 操作要点

（1）原料选择与整理　选膘肥肉满的新鲜牛肉，如用冻牛肉则首先进行解冻。将肉刷洗后剔骨，按前腿、后腿、腰窝、腱子等不同部位截选，用冷水浸泡，清除淤血，切成1kg左右的肉块。

（2）调酱　将甜面酱和适量的清水在锅内搅拌均匀，把酱渣捞出，煮沸1h，捞出浮沫后用大火烧煮。

（3）煮制　用骨头垫锅底，将较老的肉码在骨头上，腿和腿子肉码在中层，嫩肉码在最高层。待锅烧开后，将配料袋投入锅内，用压锅板将肉压好，烧开4h。开锅第一小时撇去浮沫、杂质，以去腥去膻，每小时上下倒锅1次，使每块肉熟烂一致，根据耗汤情况酌情加入老汤、盐和肉汤，再用文火煨煮4h。每隔1h再倒锅1次，等熟烂适度即可出锅。

（4）出锅　冷却出锅时要尽量保持肉形的完整。晾凉后即为成品。

二、酱牛肉

1. 配方

牛肉10kg，面酱800g，大蒜100g，五香面50g，葱100g，精盐600g，白酒80g，鲜姜100g，小茴香面30g。

2. 工艺流程

原料的选择和整理→水氽→煮制→成品

3. 操作要点

（1）原料的选择和整理　选用没有筋腱的牛肉为原料，清洗干净，把牛肉切成500～1000g重的方块，去除所覆薄膜。

（2）水氽　把肉块放入100℃的沸水中煮1h，为了除去腥膻味，可以在水里加

几块胡萝卜，到时把肉块捞出，放入清水中浸泡。

（3）煮制　用20kg左右的清水加入各种调料和牛肉块一起入锅煮制，水温保持在95℃左右，煮约2h后将火力减弱，水温降低至85℃左右，在这个温度下继续煮2h左右，这时肉已烂熟，立即出锅。

三、天津清真酱牛肉

1. 配方
牛肉5kg，草果2g，山奈5g，香果1g，大葱100g，桂皮10g，酱油300g，八角20g，小茴香2g，丁香1.5g，花椒1g，生姜10g，大蒜10g，食盐200~300g。

2. 工艺流程
原料的选择和整理→烧制→成品

3. 操作要点
（1）原料的选择和整理　选择符合卫生检验要求的牛肉，牛肉还要求膘满体肥的黄牛肉，以胸口、肋条、短脑、花腱等部位为主。原料选好后，清洗干净，把牛肉切成0.5~1kg的斜方块，然后用清水浸泡，排出血水污物。浸泡时间：秋冬季2~4h，夏季1.5h。

（2）烧制　牛肉下锅以前先把老汤煮开，撇去表面泡沫，按照原料不同部位的吃火大小，分别下锅炖煮。一般先下胸口、脖头，后下肋条、短脑，花腱放在上边。用老汤浸没全部牛肉，下锅煮20min，用特制的铁算子压在牛肉上面，使牛肉能在汤中吃火后，先用急火烧煮30min，放入配料再烧煮40min，放入酱油，再用小火焖煮1.5~2h，投入食盐，从下锅到煮熟共需4~5h。在炖煮的过程中，一般要翻锅2~3次。

四、平遥酱牛肉

1. 配方
牛肉100kg，食盐6~10kg。

2. 工艺流程
原料肉的选择与修整→腌制→煮制→冷却→成品

3. 操作要点
（1）原料肉的选择与处理　选用优质肥膘的牛肉，用冷水浸泡消除淤血，再将肉体洗刷干净，剔骨。并按部位切割成前腿、后腿、腰窝、腱子、脖子等，再切成1kg左右的小块肉，浸入清水中浸泡20min，捞出冲洗干净，沥水待用。

（2）腌制　净牛肉100kg，春秋季腌制时用8kg盐，夏季腌制时用10kg，冬季则用6kg盐。将盐均匀撒在肉块上，用手均匀揉入肉缝中，对肉厚的部位用刀穿若干孔，将盐填入孔后，再把肉块入缸。腌制时间：夏季 1～2 天，春秋为 5～7 天，冬季 7～10 天。

（3）煮制　将腌好的肉块，投入沸水锅中，开始 2～3h 用旺火煮沸，以后保持锅内滚沸，每隔 1h 翻动 1 次，直至 8 成熟时调小火，此时上浮的牛油封住锅面，形成"牛油盖锅"，促使肉汤继续渗透肉内，待全熟时停火出锅。煮制时间一般为 6～9h。

（4）冷却　牛肉酱制好后即可出锅冷却。出锅时用锅里的汤油把捞出的牛肉块复淋洗几次，以冲去肉块表面附着的料渣，然后自然冷却，待肉温降至 70～80℃ 时，上钩，晾干即成。成品率为 50%～60%。

五、传统酱牛肉

1. 配方

牛肉 100kg，黄酱 10kg，食盐 2kg，桂皮 150g，八角 150g，砂仁 100g，丁香 50g，水 50kg。

2. 工艺流程

牛肉预处理→预煮→调酱→酱制→成品

3. 操作要点

（1）牛肉预处理　选用肌肉发达、无病健康的成年牛肉。剔骨后，把肉放入 25℃ 左右温水中浸泡，洗除肉表面血液和杂物。然后把前后腿肉、颈部肉、腹部肉、脊背肉等按部位和质量不同分开。分别切成重约 1kg 的肉块，放入温水中漂洗，捞出沥干水分。

（2）预煮　锅中加清水旺火烧沸，把整理好的肉加入沸水中为了去除牛肉的腥味，可同时加入胡萝卜片适量，用旺火烧沸，注意撇除浮沫和杂物。约经 1h，把肉从锅中捞出，放入清水中漂洗干净，捡出胡萝卜片，捞出沥干水分。

（3）调酱　锅内加入清水 50kg 左右，同时加入黄酱和食盐。边加热加搅拌溶解，用旺火烧沸，撇除表面浮沫，煮沸 0.5h 左右。然后过滤除去酱渣，待用。

（4）酱制　先在锅底垫上牛骨或竹箅，以免肉块紧贴锅壁而烧焦。然后把预煮后的肉按质老嫩不同分别放入锅中。一般将结缔组织多的、质地坚韧的肉放在锅的四周和上面。同时将香辛料用纱布包好放入锅中下部，上面用箅子压住，以防肉块上浮。随后倒入调好的酱液，淹没肉面。用旺火烧煮，注意撇除汤液表面浮沫和杂物，烧煮期间视锅内汤液情况可加适量老汤，若无老汤可加清水，使肉淹没在液面以下。2h 后，翻锅 1 次，改用微火烧煮 3～4h，其间可再翻锅 1～2 次，待肉酥软，熟烂而不散，即可出锅。为了保持肉块完整不散，出锅时要用铁拍和铁铲把肉逐块从锅内托出。注意用汤汁洗净肉表面浮物，放入盛器中冷却后即为成品。

六、北京酱牛肉

1. 配方

牛肉 50kg，干黄酱 5kg，食盐 1.85kg，丁香 150g，豆蔻 75g，砂仁 75g，肉桂 100g，白芷 75g，八角 150g，花椒 100g，石榴子 75g。

2. 工艺流程

原料肉的选择与修整→煮制→翻锅→冷却→成品

3. 操作要点

（1）原料肉的选择与修整　选用经兽医卫生检验合格的优质鲜牛肉或冻牛肉为原料。修割去所有杂质、血污及忌食物后，按不同的部位进行分割，并切成 750g 左右的方肉块，然后用清水冲洗干净，沥净血水，待用。

（2）酱制　将煮锅刷洗干净后放入少量自来水，然后将干黄酱、食盐和其他辅料按肉量配好放入煮锅内，搅拌均匀，随后再放足清水，以能淹没牛肉 2cm 左右为度。然后用旺火把汤烧开，撇净汤面的酱沫，再把垫锅算子放入锅底，按照牛肉的老嫩程度，吃火大小分别下锅。肉质老的、吃火大的码放底层，肉质嫩的、吃火小的放在上层。随后仍用旺火把汤烧开，约 60min 左右，待牛肉收身后即可进行翻锅。

（3）翻锅　因肉的部位及老嫩程度不同，在酱制时要翻锅，使其软烂程度尽量一致。一般每锅 1h 翻一次，同时要保证肉块一直浸没在汤中。翻锅后，继续用文火焖煮。

（4）冷却　酱牛肉需要煮 6～7h，熟后即可出锅。出锅时用锅里的汤油把捞出的牛肉块复淋洗几次，以冲去肉块表面附着的料渣，最后再用汤油在码放好的酱牛肉上浇洒一遍，然后控净汤油，放在晾肉间晾凉即为成品。

七、蒙古酱牛肉

1. 配方

牛腱子肉 500g，洋葱 150g，大红椒 100g，鸡蛋 1 个，香辣牛肉酱 50g，辣椒面 10g，孜然粉 15g，精盐、料酒、白糖、味精、姜汁、蒜汁、碳酸氢钠、生粉、红油、香油各适量，香菜少许，色拉油 1000g。

2. 工艺流程

原料肉的选择与处理→原料过油→炒制→成品

3. 操作要点

（1）原料肉的选择与处理　选择优质的牛腱子肉，切成大薄片，放入清水中浸泡约 15min 去净血水，然后捞出沥干水分，用精盐、碳酸氢钠及部分料酒、姜汁、蒜汁拌匀，码味约10min，再磕入鸡蛋，加入部分香辣牛肉酱、辣椒粉、孜然粉和部分生粉抓匀上浆；洋葱去皮切成片；大红椒去蒂去籽，切成菱形块。

(2) 原料过油　炒锅置火上，放入色拉油烧热，将牛肉片倒入锅中，炸至色呈棕红时捞出；另将洋葱、大红椒下锅过油后捞出，待用。

(3) 炒制　锅留底油少许，倒入剩余的香辣牛肉酱炒匀，再倒入牛肉片、洋葱和大红椒翻炒，然后烹入剩余的料酒、姜汁、蒜汁，调入白糖、味精，用余下的生粉勾薄芡，淋入红油、香油，颠翻均匀后，起锅装盘，撒上香菜即成。

八、复顺斋酱牛肉

1. 工艺流程

选料→调酱配料→紧肉→酱制→成品

2. 操作要点

(1) 选料　选用内蒙古六岁草牛的前腿、腹肋、胸口、腱子等部位的精肉。这些部位的特点是瘦嫩相宜，两面见油，制成酱牛肉后，肉质松软，油而不腻。煮肉时用的辅料，是在正规药店选购或从产地采购的丁香、砂仁、豆蔻、白芷、肉桂等优质调味料。这些辅料按一定比例进行配方，然后再加入黄酱、食盐、葱及老汤煮制。

(2) 调酱配料　先将鲜牛肉洗净，切成1kg左右重的长方块，然后将黄酱兑水搅成稀粥状，放入食盐，并用细箩过一遍，排除酱渣。将中药佐料配齐研成粉末，装入缝好的布袋内备用。

(3) 紧肉　制作时先"紧肉"后酱制。紧肉就是把水烧开后，将切好的牛肉和酱汁一起放入锅内，煮2h左右，将肉捞出，清除渣沫。

(4) 酱制　用牛骨垫底再把肉堆码在锅内，放入辅料袋，用竹板和水盆压锅。先用旺火煮1h，再用文火煮，边煮边兑老汤，这样持续12h方可出锅。在文火煨时，要随时查看火候情况，翻2次锅。酱制好的牛肉要刷上一层汤汁，经过冷却即为成品。

九、酱牛肝

1. 配方

鲜牛肝100kg，食盐5.00kg，大葱0.50kg，糖色0.30kg，鲜姜0.50kg，桂皮0.19kg，大蒜0.50kg，小茴香0.10kg，花椒0.10kg，面酱2.00kg，八角0.20kg，丁香0.01kg。

2. 制作方法

先把鲜牛肝上的苦胆和筋膜小心剔除，切勿撕破，用清水把牛肝上的血污杂质彻底洗净，放入清水锅中煮沸15min左右，然后捞出浸泡在清洁的冷水中。煮锅内加入适量清水，把桂皮、小茴香、丁香、鲜姜、花椒、八角用纱布袋装好，随同其他调料一起投入锅内煮沸，然后加入清水 40kg（连同锅中水在内的总量），煮沸后将牛肝入锅煮制。锅内的水温要保持在 90℃左右不可过高，否则牛肝会太硬。煮 2h 左右，把牛肝捞出，冷凉后即为成品。

十、酱牛蹄

1. 配方

牛蹄 100kg，食盐 5.00kg，大葱 0.50kg，糖色 0.30kg，鲜姜 0.50kg，桂皮 0.19kg，大蒜 0.50kg，小茴香 0.10kg，花椒 0.10kg，面酱 2.00kg，八角 0.20kg，丁香 0.01kg。

2. 制作方法

把牛蹄刷洗干净，用开水烫煮 15min，脱去牛蹄壳，刮去皮毛等，用清水洗净。然后把牛蹄投入沸水锅中，水温保持在 90℃左右，约煮 2.5h，待牛蹄煮熟后取出。把熟牛蹄的趾骨全部剔除，剩余部分全是牛蹄筋。然后在煮锅内加入适量清水，把桂皮、小茴香、丁香、鲜姜、花椒、八角用纱布袋装好，随同其他调料一同投入锅内煮沸，然后加入清水 40kg（连同锅中水放入总量），煮后将牛蹄筋入锅煮制 1h 左右，待牛蹄筋煮烂熟后，捞出冷却，即为成品。

十一、南酱腱子

1. 配方

牛腱子 100kg，葱 1.00kg，鲜姜 1.00kg，酱油 20.00kg，白酒 20.00kg，食盐 6.00kg，熟硝 0.04kg，白糖 10.00kg。

2. 制作方法

选用符合卫生要求、整齐的鲜牛腱子作为原料，先切成 200g 左右的肉块，用凉水浸泡 20min，以除去血污，然后捞出，清水洗净，将牛腱子放入开水锅中焯一下捞出，放入凉水中清洗干净，沥去水。然后在锅里放入清洁的老汤，加入葱、鲜姜、食盐、酱油、白酒、熟硝、白糖，放入牛腱块，用慢火煮制 3h 左右。待牛腱子熟烂，捞出晾凉后，浇上酱汁即为成品。

十二、红烧牦牛肉

1. 配方

牦牛分割肉 3kg，黄酒 150mL，香料 8g，山梨酸钾 0.3g，亚硝酸钠 0.3g，桂皮 5.2g，草果 5.5g，山柰 5g，八角 5g，香叶 2.5g，丁香 2.4g，花椒 2g，姜 30g，葱 56g，食盐 38g，白糖 25g，酱油 150g。

2. 制作方法

（1）取健康新鲜的牦牛分割肉，剔除表面动物性脂肪、杂物，洗净切成 0.5kg 左右一块的肉，备用。

（2）将黄酒、香料、山梨酸钾、亚硝酸钠配制成盐水溶液，注射入肉块中，在 4℃下腌制 24～48h。

（3）将注入盐水溶液的牦牛肉置于真空滚揉机中进行滚揉 12h，滚揉在腌制 6h 后进行。

（4）将肉块放入蒸煮锅中煮制 30min，在煮制过程中捞出浮沫。

（5）将牦牛肉按照定量包装形式，切成 2～3cm 见方的小块。

（6）在经过整形的牦牛肉中添加 1% 的蜂蜜搅拌均匀后，进行炒制。

（7）称取桂皮、草果、山奈、八角、香叶、丁香、花椒、姜、葱、食盐、白糖和酱油混合好后按 1：50 的比例与水混合并熬煮 60min，即得一种卤汤，将卤汤倒入炒锅中对牦牛肉进行红烧，至卤汤基本蒸干时，即得红烧牦牛肉。

（8）将红烧牦牛肉置于常温下进行冷却至室温。

（9）将冷却后的红烧牦牛肉置于蒸煮袋中，用真空封口机进行密封。

（10）将密封的红烧牦牛肉置于蒸煮锅中在 72～75℃ 的条件下杀菌 30min。

（11）将制品在 0～4℃下冷却 24h，使其温度降至 4℃ 左右，检验剔除砂眼袋，即为成品。

十三、红烧牛肉

1. 配方

牛肉 500g，葱 10g，盐 5g，鸡精 5g，芝麻油 5g，八角 5g，桂皮 5g，生姜 5g，红烧酱油 5g，黄酒 10g，蔗糖 5g。

2. 制作方法

（1）将牛肉切成 3cm 见方的块，置沸水中焯，捞出冷却。

（2）将生姜切成丝，和冷却后的牛肉在一起放在碗里，然后将黄酒倒入碗里，浸泡 30min，去腥。

（3）锅热放入菜油，油烧热后倒入蔗糖，待蔗糖烧红后，倒入牛肉，待肉块收缩后放入葱、盐、鸡精、八角、桂皮、红烧酱油，加水，烧至沸腾。

（4）文火慢炖，直至水烧完，牛肉酥熟，放芝麻油调味，即可得红烧牛肉。

十四、茶香酱牛肉

1. 配方

鲜牛肉 100kg。

腌肉汤料配方：栀子 0.6kg，小茴香 1.0kg，山楂 0.8kg，丁香 0.4kg，防风

0.02kg，黄连 0.02kg，乌梅 0.02kg，绿茶 0.3kg，食盐 1.5～3.5kg，酱卤老汤 100kg，水 50kg，花椒 0.15～0.2kg，山奈 0.1～0.15kg，白芷 0.15～0.2kg，草果 0.08～0.1kg。

茶香汤料配方：绿茶 0.8kg，红茶 1.2kg，水 50kg。

2. 制作方法

（1）牛肉切块　将检疫合格的鲜牛肉去掉膘油和筋皮，分割成块状。

（2）腌肉汤料的配制　取栀子、小茴香、山楂、丁香、防风、黄连、乌梅、绿茶，将各配料混合置于罐中，加清水淹没配料，用文火煎煮 1h，加入食盐，继续用文火煎煮 2h，中途可补充适量开水使汤水淹没配料，熬制成汤料。

（3）前段腌制　将 100kg 分割好的鲜牛肉块逐块蘸满熬制好的汤料，放入腌制池中，控制腌制池中的温度在 10～18℃，腌制 24h。

（4）后段腌制　将牛肉转至另一个腌制池中，将剩余汤料全部倒入该池中，控制池温在 5～14℃，腌制 5 天。

（5）烘烤　将腌制好的肉块挂在无烟烘烤室中烘烤至六成熟。

（6）清洗　先用浓度为 0.25％ 的食用碱水将烘烤后的牛肉块漂洗 30min，然后再用清水冲洗牛肉块至肉上无油腻物。

（7）酱卤老汤的制作　将水 50kg、生抽 1kg、黄酒 1kg 放入卤锅中，放入由大葱 1.2kg、生姜 0.8kg、花椒 0.18kg、丁香 0.08kg、小茴香 0.5kg、桂皮 0.08kg、山楂 0.25kg、山奈 0.12kg、白芷 0.18g、草果 0.1kg、良姜 0.2kg、辣椒 0.25kg、香叶 0.14kg、八角 0.14kg、白糖 0.4kg 和食盐 0.5～0.75kg 组成的调料，经大火熬煮 40min。

（8）酱煮　将牛肉块放入酱卤锅中，加酱卤老汤 100kg，再加水 50kg，放入由 0.15～0.2kg 花椒、0.1～0.15kg 山奈、0.15～0.2kg 白芷和 0.08～0.1kg 草果混合的料包，酱煮 1h。

（9）茶香汤料的配制　取绿茶、红茶，加水文火熬煮 1h，滤去茶叶。

（10）加香　将酱煮后的牛肉块放入茶香汤料中，浸泡 1h 后捞出晾干。

（11）干燥、灭菌、包装　对牛肉块进行干燥和灭菌，降温凉置后按计量真空包装。

十五、香辣酱牛肉

1. 配方

牛腱子肉 900g，食醋 15mL，酱油 10mL，香油 8mL，辣椒油 4mL，黄酒 45mL，面酱 70g，花椒 5g，胡椒 5g，辣椒 5g，桂皮 5g，食盐 8g，白砂糖 12g，生姜 8g，八角 5g，葱白 15g，孜然 5g，味精 4g。

2. 制作方法

（1）洗净牛腱子肉，整块放入凉水锅中大火煮，煮沸后将水面的血沫撇去，边煮边撇，20min 后，捞出肉块，沥干水分。

（2）将牛腱子肉放入汤锅中，加入热水至完全没过肉，放入食醋、酱油、香油、辣椒油、黄酒、面酱、花椒、胡椒、辣椒、桂皮、食盐、白砂糖、生姜、八角、葱白、孜然、味精，盖上盖，大火煮半小时，然后调小火炖 2h 以上，最后揭起锅盖再用大火炖 15min，使肉块均匀入味。

（3）捞出牛腱子肉，沥干晾凉。彻底放凉后切片，即得香辣酱牛肉。

十六、低温酱卤牛肉

1. 工艺流程

原料选择与整理→腌制→卤煮→冷却、装袋→真空封口→杀菌→冷却、检验→成品

2. 操作要点

（1）原料选择与整理　选择健康无病、新鲜的成熟牛分割肉，剔除表面脂肪、杂物，洗净分切成 0.5kg 的肉块。

（2）腌制　先将腌制剂、大豆分离蛋白等腌料配制成盐水溶液，其中复合腌制剂 0.04%、大豆分离蛋白 2%，用盐水注射机注入肉块中。在 2～5℃下腌制 24～48h。也可采用滚揉腌制。滚揉是一个非常重要的工序，它能够破坏肌肉组织原有的结构，使其变得松弛，便于腌料的渗透和扩散；能促进可溶性蛋白质的浸提，增强肉的保水性，提高制品的嫩度。滚揉条件一般控制为滚筒转速 8r/min，温度为 3～5℃，工作时间 40min/h，间歇时间 20min/h，总处理时间 14～18h。

（3）卤煮　在夹层锅中进行。先配制调味料，按如下比例配制：山楂 0.4%、枸杞 0.3%、山药 0.3%、肉豆蔻 0.05%、八角 0.2%、花椒 0.15%、桂皮 0.1%、丁香 0.04%、姜 2%、草果 0.2%、葱 1%、食盐 3%、白糖 1%、黄酒 1%。将香辛料装入双层纱布袋作为料包，放入水中煮沸后保温 1h 左右，至风味浓郁，即成卤汤。卤汤是决定酱卤制品风味的主要因素，卤汤越老，风味越好。每次卤煮时都要将老卤加入，料包用 3～5 次后更换。卤汤熬好后，将肉、食盐、白糖等加入，保持沸腾 30min，撇除浮沫，再加入酱油，在 85～90℃下，保温 120min，使肉熟并入味。出锅前 20min 可根据口味需求加入适量酒和味精，以增加制品的鲜香味。

（4）冷却、装袋　卤煮完成后将肉块捞起沥干水分，冷却、分切。将肉顺着肌纤维方向切成 34cm 厚的块状，根据装袋规范装入蒸煮袋中，一般每袋净重以 250g 或 400g 为宜。

（5）真空封口　将肉块装入包装袋，约占包装袋 2/3 的体积，用真空包装机封口。

（6）杀菌　于 100℃水中煮 15～20min，以杀灭包装过程中污染的微生物，提高制品的贮藏性。

（7）冷却、检验　杀菌后，将制品在 0~4℃下冷却 24h，使其温度降至 4℃左右，检验并剔除砂眼袋。

十七、煨牛肉

1. 配方

牛肉 100kg，花生油 12kg，食盐 4kg，红糖 2kg，八角 300g，花椒 300g，姜粉 200g，大葱 500g，味精 300g。

2. 制作方法

（1）原料肉的选择与修整　选用经兽医卫生检验合格的新鲜牛肉，最好是筋膜多的部位。去掉血污、淋巴等，用清水冲洗干净，切成 1kg 左右的肉块。

（2）预煮　夹层锅内放入清水，加热至沸后，放入牛肉，沸水煮 1h 左右，至牛肉内部无血水即可出锅冷却。

（3）切块　将预煮后的牛肉切成板栗大小的块，以待油炸。

（4）油炸　先将油倒入油炸机内，加热至油温达 190℃左右，再加入牛肉块，油炸 2~3min，炸后出锅控净油。

（5）焖煮　将预煮的肉汁过滤，除去浮沫和渣滓，再放回锅内加热至沸，加入调味料和香辛料，然后将油炸后的牛肉下锅，继续加热至沸后改用文火煨 2h，至牛肉熟烂时，再放入味精并随即出锅。

（6）包装　将煨牛肉定量装入盒内，加适量肉汤，待降温后盖上盒盖，送入 0~4℃冷库存放。

十八、蜜汁牛肉

1. 配方

牛肉 100kg，食盐 6.5kg，香油 5kg，白糖 15kg，八角 400g，小茴香 300g，草果 200g，桂皮 300g，丁香 25g，生姜 500g，白芷 25g。

2. 制作方法

（1）原料肉选择与整理　选用经兽医卫生检验合格的新鲜牛肉，去掉筋膜、脂肪、淋巴等，用清水冲洗干净，再切成 500g 左右的牛肉块。

（2）腌制　将食盐放入容器内，加与牛肉等重量的清水将盐溶解，然后放入牛肉块，使牛肉浸在盐水中腌制 24h。腌制期要翻动牛肉 2~3 次，以利腌制均匀。腌好的牛肉从容器中捞出控净盐水。

（3）煮制　夹层锅加水烧开，放入腌好的牛肉及辅料（除白糖外），继续加热至沸后，改用文火焖煮 3~4h。在煮制过程中要勤翻动，将肉质较老的牛肉放在开锅头上，以保证牛肉同时煮熟。煮熟后捞出放入屉中控净汤汁。

（4）糖煨　将白糖和适量清水放入锅内加热熬成糖汁，兑入香油，待糖汁发黏时；将煮好的牛肉放入，翻炒至牛肉均匀地粘满糖汁，再用文火煨 60min 即可出锅。

(5) 油炸　锅内加植物油，加热至 180℃ 左右时，把经过糖煨的牛肉放入油锅内炸 1min，随即捞出即为成品，注意不能把糖衣炸掉。

十九、糟牛肉

1. 配方

牛肉 100kg，花椒 3kg，香糟 3kg，黄酒 7kg，高粱酒 0.5kg，酱油 2kg，五香粉 15g，食盐 1.7kg，味精 100g。

2. 制作方法

(1) 原料肉选择　选用新鲜的外脊和里脊等肉质较嫩的牛肉为原料，切成长 15cm、宽 10cm 的长方块。

(2) 煮制　锅内放清水加热烧开，放入牛肉，继续加热至沸后撇清血沫，再降低火力煮 1.5h 左右，至牛肉熟烂后捞出，在肉表面敷上食盐。

(3) 制糟　香糟加五香粉、食盐和黄酒，用力搅拌至无结块为止。然后将此混合物倒在纱布上进行过滤，使滤液流入桶内。再将撇去浮油的煮制肉汤也经纱布滤入桶内，并加入味精、酱油、高粱酒拌和均匀，即成糟卤。

(4) 糟制　煮好且敷盐的牛肉，沥干水分并冷却后，放入坛内，再加入制好的糟卤，使牛肉浸在糟卤内，于 7℃ 左右的温度下，糟制 5h 左右即为成品。

二十、四川卤牛肉

1. 配方

(1) 卤汁基本配方　八角 100g，桂皮 50g，花椒 100g，胡椒 25g，草果 50g，清水 20kg，酱油 4kg，盐 2.5kg，姜片 100g，丁香 25g，山柰 100g。

(2) 调味卤汁配方（每 100kg 鲜牛肉用）

① 味精味　酱油 3kg，白胡椒 5g，桂皮 50g，桂皮 5g，熟鸡油 0.3kg。

② 麻辣味　花椒 0.3kg，辣椒 0.4kg，芝麻 0.4kg，酱油 2kg，味精 70g，香油 0.4kg，白胡椒 5g。桂皮 5g。

③ 海米味　海米 0.5kg（切成小颗），熟鸡油 0.3kg。

2. 工艺流程

原料的选择和整理→制卤→卤制→成品

3. 操作要点

(1) 原料选择及整理　选用符合卫生标准的牛的腿肉、脊肉。先将牛肉切 0.4～0.8kg 重的大块，用清水漂洗后放入锅中，每 50kg 鲜牛肉加水 25kg、老姜 0.3kg、硝酸钠 25g 煮开。过红即行捞起（肉块切开后，切面呈现粉红色），目的是除去血腥。

（2）制卤　按卤汁基本配方称好各种辅料，香料用纱布包好，煮开即为卤汁。

（3）卤制　根据产品风味要求，将调味卤汁中的配料下到卤汁中（味精要等牛肉起锅前再下），再放入煮过红的牛肉，旺火烧开后改用文火焖30～60min（视牛肉老嫩而定），起锅即成不同味道的卤牛肉。

二十一、广州卤牛肉

1. 配方

牛肉100kg，食盐1.00kg，草果0.50kg，甘草0.50kg，山奈0.50kg，黄酒6.00kg，丁香0.50kg，小磨香油、食用苏打适量，冰糖5.00kg，花椒0.50kg，高粱酒5.00kg，八角0.50kg，白酱油5.00kg，桂皮0.50kg。

2. 工艺流程

原料整理→预煮→卤制→成品

3. 操作要点

（1）原料整理　选用新鲜牛肉，修去血筋、血污、淋巴等杂质，然后切成重约250g的肉块，用清水冲洗干净。

（2）预煮　先将水煮沸后加入牛肉块，用旺火煮30min（每5kg沸水加苏打粉10g，加速牛肉煮烂），然后将肉块捞出，用清水漂洗2次，使牛肉完全没有苏打味为止。捞出，沥干水分待卤。

（3）卤制　用细密纱布缝一个双层袋，把固体香辛料装入纱布袋内，再用线把袋口密缝，做成香辛料袋。在锅内加清水100kg投入香辛料袋浸泡2h，然后用文火煮沸1.5h，再加入冰糖、白酱油、食盐，继续煮半小时。最后加入高粱酒，待煮至散发出香味时即为卤水。将沥干水分的牛肉块移入卤水锅中，煮沸30min后，加入黄酒，然后停止加热，浸泡在卤水中3h，捞出后刷上小磨香油即为卤牛肉。

二十二、观音堂牛肉

1. 配方

牛肉100kg，食盐6.00kg，生姜0.05kg，陈皮0.10kg，丁香0.05kg，八角0.10kg，大蒜0.10kg，酱油2.00kg，砂仁0.05kg，白芷0.05kg，硝酸钠0.04kg，花椒0.05kg，白豆蔻0.05kg。

2. 工艺流程

选料与处理→卤制→成品

3. 操作要点

（1）原料的选择与处理　选用符合卫生检验要求的鲜牛肉作为加工的原料。剔去原料肉的筋骨，切成 200g 重的肉块。在牛肉块加入食盐、硝酸钠，搅拌搓揉，放入缸中腌制，春秋季节腌制 4～5 天，夏天 2～3 天，冬季 7～10 天，每天翻缸上下倒肉 2 次，直到牛肉腌透，里外都透红为止。

（2）卤制　腌好的牛肉放入清水中，浸泡，洗净，放入老汤锅中，加水漫过肉块，旺火烧沸，撇去浮沫，再加入装入香辛料的料包，用文火卤制 7～8h，其间每小时翻动一次。熟透出锅即为成品。

二十三、卤炸牛肉

1. 配方

牛肉 100kg，陈皮 1.20kg，酱油 7.50kg，八角 0.80kg，食盐 1.30kg，小茴香 0.80kg，大葱 1.50kg，草果 0.33kg，黄酒 1.20kg，姜 0.50kg，白糖 1.00kg，花生油 15.0kg，味精 0.20kg。

2. 工艺流程

原料整理和腌制→制卤汁→油炸和卤制→成品

3. 操作要点

（1）原料整理和腌制　将嫩黄牛肉剔去筋，洗净；把牛肉切成 1cm 厚的大片，将其肌肉纤维拍松。然后在肉面一侧制上刀纹（长为牛肉片的 2/3），加入酱油 2.5kg，食盐 0.5kg 拌匀，腌制 3h，使其入味。

（2）制卤汁　把陈皮、八角、小茴香、草果洗净，装入纱布袋中扎紧口，放入清水锅中，加入酱油、白糖、食盐、黄酒、葱段（打结）、姜块（拍松），烧沸约 20min，再加入味精制成卤汁。

（3）油炸和卤制　炒锅置旺火上，倒入花生油烧至 200℃时，投入牛肉片，炸至八成熟时捞出，放入制好的卤汁中，浸卤至肉烂入味。牛肉片经油炸后再卤制，鲜香可口，饱含卤汁且滋味醇厚。冷却后改刀装盘即可供食用。

二十四、郑州炸卤牛肉

1. 配方

牛后腿肉 100kg，食盐 5.00kg，草果 0.10kg，八角 0.15kg，良姜 0.10kg，花椒 0.15kg，大葱 2.00kg，硝酸钾 0.15kg，生姜 0.10kg，香油适量，料酒 1.00kg，桂皮 0.10kg，红曲米粉 1.00kg，丁香 0.05kg。

2. 工艺流程

选料和整理→腌制→卤制→油炸→成品

3. 操作要点

（1）选料和整理　将牛后腿肉中的骨、筋剔去，切成 150～200g 的长方形肉块。

（2）腌制　用食盐、花椒、硝酸钾把牛肉块搅拌均匀，放入缸内腌制（冬季5～7天；夏季2～3天），每天翻动1次。待肉腌透发红后捞出洗净，控去水分。

（3）卤制　把腌透的牛肉放入开水锅内煮30min，同时撇去锅内的浮沫，然后加入辅料（料酒到牛肉卤至八成熟时加），转文火煮到肉熟，捞出冷却。

（4）油炸　把煮熟的牛肉用红曲米水染色后，放入香油锅油炸，外表炸焦即为成品。

二十五、五香卤牛肉

1. 配方

牛肉 100kg，食盐 10.00kg，小茴香 0.20kg，葱 5.00kg，丁香 0.20kg，姜 3.00kg，草果 0.20kg，白糖 2.00kg，砂仁 0.20kg，八角 0.20kg，白芷 0.20kg，酱油 6.00kg，白豆蔻 0.10kg，甜面酱 6.00kg，桂皮 0.20kg，料酒 3.00kg，花椒 0.20kg，植物油 10.00kg。

注：其中八角、花椒、小茴香、丁香、草果、砂仁焙干研成粉末。

2. 工艺流程

原料处理→腌制→卤制→成品

3. 操作要点

（1）原料处理　选用优质、无病的新鲜牛肉，如是冻牛肉，则应先用清水浸泡，解冻一昼夜。卤制前将肉洗净剔除骨、皮、脂肪及筋腱等，然后按不同部位切割成重约1kg左右肉块。按肉质老嫩分别存放备用。

（2）腌制　将肉切成350g左右的块，用竹签扎孔，将白糖、食盐、八角面掺匀撒在肉面上，逐块排放缸内，葱、姜拍烂放入，上压竹算子，每天翻动一次。腌制10天后将肉取出放清水内洗净，再用清水浸泡2h，捞出沥干水分。

（3）卤制　锅内加入植物油，待油热后将甜面酱用温水化开倒入，用勺翻炒至呈红黄色时兑入开水，加料酒和酱油。汤沸时将牛肉块放入开水锅内，开水与肉等量，用急火煮沸，并按一定比例放入辅料，先用大火烧开，改用小火焖煮，肉块与辅料下锅后隔30min翻动1次，煮2h左右待肉块煮烂，肉呈棕红色和有特殊香味时捞放在算子上，晾凉后便为成品。

二十六、糟卤香型即食牛肉

1. 配方

（1）腌制料配方（按100kg原料计）　精盐 2.2kg，复合磷酸盐 300g，小苏打 100g，白糖 1.5kg，玉米淀粉 1kg，葱姜汁 300g，亚硝酸钠 10g，异抗坏血酸 50g，冰水 15kg。

（2）白卤配方　水 50kg，精盐 1kg，白豆蔻 300g，葱 500g，白糖 0.6kg，砂仁 150g，姜 250 克，鸡骨架 5kg，八角 50g，桂皮 50g，月桂叶 50g，丁香 20g。

（3）糟卤配方　澄清白卤原汤 6kg，香糟卤 6.6kg，黄酒 3kg，曲酒 200g，唲汁 600g。

（4）糟卤胶冻配方　上制糟卤 10kg，鸡精 100g，卡拉胶 200g，乙基麦芽酚 2g，保色剂 30g。

2. 工艺流程

选料、解冻→修整→漂洗→调配腌制辅料→腌制滚揉→预煮→白卤→预冷→配制糟卤→浸糟卤→配制糟卤胶冻→定量装袋→真空封口→检验→高温灭菌→保温→检验包装→入库或销售。

3. 操作要点

（1）选料、解冻　牛肉选料标准以经卫生检疫，符合食用标准的牛前腿、牛后腿、西冷牛排等。原料解冻温度控制在 0～5℃，解冻间温度控制在 20℃ 以下，注意防止肉中心尚未解冻而肉表面出现变质。

（2）修整、漂洗　原料解冻后修去脂肪、软骨、淋巴、淤血、污物等，改切成 250g 左右的小块，用清水冲漂去肉表面血污，沥干水分后，计量倒入滚揉机。

（3）腌制滚揉　按投料重量配制腌制料并混合均匀，然后倒入滚揉桶。腌制肉的初始温度控制在 8℃ 以下，滚揉间温度控制在 0～4℃。根据企业生产设备条件，采用腌制液注射、真空滚揉效果最好。如条件不足，一般卧式滚揉机、立式按摩机乃至拌料机均可利用，但设备不同，滚揉时间应酌情掌握，腌制总时间应不少于 36h。

（4）预煮　原料肉腌制成熟后，即可出料预煮。预煮量多少可根据夹层锅大小酌情掌握，应保证水温 100℃ 下锅，肉表面提取蛋白或辅加蛋白能快速凝固封闭，减少肉内水分流失，一般预煮时间 15～20min，预煮时不断撇去表面浮沫及污物。

（5）白卤　白卤所用的香辛料装入布袋扎口。鸡骨架洗净入锅加水熬制 2h 左右后，捞出鸡骨架，滤去沉渣及浮沫，加入剩余辅料，放入预煮后的牛肉，小火浸煮 40min 左右，然后出锅装盘，自然冷却至 25℃ 以下备用。

（6）浸糟卤　选择合适的容器，将糟卤料按配方混合均匀，然后倒入已预冷的白卤牛肉，一般要求糟卤应能将肉块全部浸没。因糟卤不易储存，如不能连续生产，配制糟卤太多会造成不必要的浪费，所以在小批量生产时，只按所需制胶冻的量来配制。肉块需经常翻拌，以保证浸卤均匀。浸卤时间为 3h 左右，浸渍温度控制在 20℃ 以下，最好在预冷间操作。

（7）配制糟卤胶冻　根据配制糟卤胶冻的配方，将所需辅料混合均匀，倒入夹层锅烧开，然后装盘预冷成胶冻备用。

（8）定量装袋　用聚偏二氯乙烯高阻隔材料为阻隔层的耐高温透明复合膜袋包

装，装袋规格为：牛肉 180g，糟卤胶冻 20g，牛肉要求每袋装 1～2 块，允许有调整重量的小块 1 块，每袋重量误差不得超过±3g。

（9）真空封口及检验　封口前应检查，调整真空包装机的真空时间、封口时间及温度，试封检查真空度及封口质量，然后进行正常操作。封口后的包装袋要专人检验，主要检验包装袋真空质量，防止袋口假封、漏封、封口皱折等，尽量防止在杀菌后造成不必要的损失。

（10）高温灭菌及保温　高温杀菌公式：15min—20min—15min/121℃反压冷却 0.2MPa。灭菌后的产品一般需经（37±1）℃保温 5～7 天，进行细菌培养检验，以确保制品的出厂质量。

（11）检验包装入库　保温结束后的制品，经检验无胀袋、稀软袋（平酸袋）即可加贴不干胶标签，打印生产日期，装箱入库或市销。

（12）贮存　糟卤牛肉由于引入了高温灭菌软包装生产工艺，其在避光、25℃以下保质期可达 3 个月以上。

二十七、广州卤牛肾

1. 配方

牛肾 100kg，丁香 0.05kg，八角 0.50kg，酱油 4.40kg，甘草 0.60kg，陈皮 0.60kg，花椒 0.50kg，白糖 2.20kg，桂皮 0.50kg，食盐 2.10kg，草果 0.50kg。

2. 工艺流程

原料整理→焯水→卤制→成品

3. 操作要点

（1）原料整理　选用新鲜牛肾，撕去外表的一层膜，剔除全部结缔组织，略为切开一部分，再用清水洗净。

（2）焯水　清洗好的牛肾放入 100℃的开水锅中，浸烫 20min，再放入清水中浸泡 10min，以进一步除腥臊味，捞出沥干水分。

（3）卤制　按配方将各种原料放入锅内，其中香辛料用纱布袋装好，待汤沸后撇去浮沫，卤制 40min 左右后，牛肾继续浸于汤汁中晾凉即可。食用时切片装盘，浇上少许卤汁，涂上麻油即成。

第四节　其他制品

一、南京盐水鸭

1. 配方

干腌：光鸭 100kg，食盐 6.25kg，八角 150g，花椒 100g，香叶 100g，五香

粉，生姜、葱各适量50g。

2. 工艺流程

原料鸭选择→宰杀→浸泡→晾干→腌制→冲烫或烘烤→煮制→出锅→成品

3. 操作要点

（1）原料鸭选择　选用当年成长、活重1.5～2.0kg的鸭，较肥者为宜，若偏瘦可进行短期催肥。

（2）宰杀　制作盐水鸭，宰杀要求比较特殊，宰前断食18h，采用口腔内放血刺杀，放净血（6～8min），趁鸭体温还没有散失时，用热水（61～63℃）浸烫（45s左右）煺毛。切去翅膀的第二关节和脚爪，右翅下开膛（用刀先开一小口，再向上划至翅根中部，向下划至腰窝，呈一月牙形刀口，长6～8cm，刀口与鸭体平行），取出内脏、食管、气管。在鸭的下腭正中处用刀尖刺一小口，以便晾挂。若是雄鸭，则用手指在肛门处挤出生殖器并割去。

（3）浸泡　将除去内脏的鸭坯，用清水洗净体腔内的淤血和残物。然后放在清水池中浸泡约2h，中途至少换水一次（气温高时需加冰块），拔出血水，使肌肉洁白。取出挂在晾架上沥干水分。

（4）腌制　先干腌，后湿腌。

① 干腌　先将食盐炒热，放入八角、花椒、香叶、五香粉等香辛料同炒，炒出香味后离火稍微冷却。用炒热的盐在鸭体内外进行搓擦，每只鸭炒盐用量约占光鸭重量的1/16。搓擦方法：将炒过待用的盐的3/4放入翅下的刀口内，然后把鸭放在案板上，将盐布满体腔并前后翻、揉搓；其余1/4均匀抹擦在鸭体表面，特别注意大腿根部、颈部、口腔内也要抹擦盐。盐擦好后，放入腌制缸内干腌2～3h。干腌后的鸭子鸭体中有血水渗出，此时提起鸭子，用手指插入鸭子的肛门，使血卤水排出。

② 湿腌　又称复卤，复卤的盐卤有新卤和老卤之分。新卤是用浸泡鸭体的血水加清水和盐配制而成。每100kg水加食盐25～30kg，葱75g，生姜50g，八角15g。入锅煮沸后，冷却至室温即成新卤。100kg盐卤可每次复卤约35只鸭，每复卤一次要补加适量食盐，使盐浓度始终保持饱和状态。新卤使用过程中经煮沸2～3次即为老卤，老卤愈老愈好。复卤时，用手将鸭右腋下切口撑开，使卤液灌满体腔，然后抓住双腿提起，头向下尾向上，使卤液灌入食管通道。再次把鸭浸入卤液中并使卤液灌满体腔。最后，用竹算子压住鸭体，使鸭体浸没在液面以下，不得浮出水面。复卤2～4h即可出缸挂起。

（5）冲烫　用开水冲烫腌后的鸭坯，使皮肤收缩，肌肉丰满。

（6）烘烤　将冲烫后的鸭坯挂在烘房内（温度40～50℃，通风）的架子上，烘20～30min。

（7）煮制　先在清水锅中放入生姜、葱、八角等煮开。将一根6～8cm两头通的竹管或芦苇管插入鸭的肛门，在鸭体腔内放少许生姜片、葱及八角。提住左腿，将鸭头朝下，放入沸水中，当热水从右翅下开口处灌满体腔时，提起鸭左腿，倒出体腔内汤水；再放入锅中，当热水灌满体腔时，再次提鸭倒汤。然后在锅中加入占总水量 1/6 的冷水，使鸭体内外的水温达到一致，盖锅用大火煮至锅边出现连珠小泡，水温约 90℃ 时，加入曲酒，再次提鸭倒汤，再补加入少量冷水，焖 15～20min，改用大火煮至锅边出现连珠小泡时停火。停火焖煮 10～15min，出锅冷却即为成品。

4. 注意事项

（1）宰杀要注意以切断三管（食管、气管、血管）为度，刀口过深容易掉头和出次品。

（2）烫毛时温度过高，制成的成品皮色不好，易出次品；水温过低，脚爪不易脱皮，大毛不易拔除，且皮易撕破。此外，浸烫时间过长，则毛孔收缩，鸭体发硬，煺毛困难。

（3）开刀口时注意一定要围绕核桃肉与鸭体平行，防止刀口偏大。因为鸭子食道偏右，为了便于拉出食道，刀口在右翅下。

（4）盐卤用 5～6 次必须煮沸一次，撇除浮沫、杂物等，同时加盐或水调整浓度，加入香辛料。

（5）烘坯时注意烘炉内要通风，温度也不宜高，否则将影响盐水鸭品质。

（6）在煮制过程中，火候的控制对盐水鸭的鲜嫩口味可以说相当重要，这是制作盐水鸭好坏的关键，水温始终维持在 85℃ 左右，否则水开会导致肉中脂肪熔化，肉质变老，失去鲜嫩特色。

二、酱汁野味鸭

1. 配方

八角 50g，小茴香 25g，丁香 50g，山奈 40g，桂皮 60g，草果 60g，白豆蔻 60g，砂仁 30g，甜酱 2kg，酱油 2kg，白糖 2kg，甘草 10g，老姜 3kg，花椒 100g，大葱 3kg，饴糖 2kg。

2. 工艺流程

原料选择→宰杀→腌制→预煮→烘烤→修整、装袋→杀菌→成品

3. 操作要点

（1）原料选择　选择健康的绿头野鸭作原料，每只重 1～1.25kg。活鸭躯体无损伤，未出新毛。

（2）宰杀　野鸭宰杀前需喂清洁卫生盐水，断食。宰杀时将鸭颈部刺一小口，但必须刺断血管放血，待血流尽后，置于水温 80℃ 左右的锅中浸烫，能拔掉毛时，迅速捞起将毛去掉再入清水池中。去绒毛时，将其置于松香锅中滚动，使其全身粘

满松香置冷水池，冷却后剥去松香置于清水池中浸洗。开膛破腹时，先去除食管和胃，然后在鸭腹部开一条小口将肠等拔出。放入盐水池（清水加盐1%～5%）浸漂40～50min。

（3）腌制　将香辛料制成香料包后，置于100kg水中熬煮50～80min。取香料水，加少量胭脂红色素，冷却后加入食盐、硝酸钠等进行腌制，每50kg香料水加入食盐5～9kg。腌制时间为24h，冬季36h。硝酸钠按干品腌制计算为25g左右。

（4）预煮　将腌制好的野鸭置于香料水中煮沸后，采用95℃的温度慢煮30～40min，然后取出、晾干，涂抹上糖色液（糖色液制备：5kg白砂糖置于锅内煎炒，熔化后加入清水1kg左右即成）。

（5）烘烤　在80～85℃烤烘2h。

（6）修整、装袋　去除露出肉面的骨，以防刺破包装袋，然后进行装袋。

（7）杀菌　按肉食罐头杀菌公式进行，去污后包装。包装按合同要求进行，无合同按企业技术质量内控标准进行。

三、小来大酱板鸭

1. 配方

瘦肉型樱桃谷白鸭100kg。

（1）腌制料　酱油20kg，白糖5kg，精盐2kg，味精0.5kg，白酒0.5kg，五香粉0.05kg，红曲红0.015kg，亚硝酸钠0.015kg。

（2）煮制料　白砂糖4kg，酱油4kg，食盐3kg，味精0.5kg，白酒0.5kg，生姜0.5kg，香葱0.5kg，红曲红0.02kg，山梨酸钾0.0075kg。

2. 工艺流程

鲜（冻）鸭→（解冻）→分割、清洗、沥干→配料、腌制→挂架→烘干→煮制→冷却→修剪→真空包装→杀菌→冷却、检验→外包装→成品入库

3. 操作要点

（1）解冻　如是冻鸭，则在常温条件下解冻，解冻后在20℃下存放不超过2h。如是鲜鸭，则不需解冻。

（2）分割、清洗、沥干　修割尾脂腺，用刀切开鸭腹部，去除明显脂肪、淤血、肺、肾、小毛、黄皮等杂质，翻卷颈部皮肤，清理残留的气管、食道、食物和砂粒等，用流动的自来水冲洗干净，逐只挂在流水生产线上，沥干水分。

（3）配料、腌制　按配方规定要求，用天平和电子秤配制各种香辛料和调料及食品添加剂。香辛料放入5kg清水中浸泡10min，然后用文火加热到95℃后焖煮30min自然冷却。沥干后的原料鸭进入0～4℃腌制间预冷1h左右，使鸭体的温度达8℃以下。桶中放入香辛料水和调味料及食品添加剂搅拌均匀后，逐只放入鸭，反复翻动，使辅料全部溶解，每个6h上下翻动一次，腌制72h后出料。

（4）挂架　把腌制好的鸭子用不锈钢钩子钩住，整形呈平板状，排列整齐挂在竹竿上，放在不锈钢车上。

（5）烘干　冬季在阳光下晾晒5天左右，或进入烘房用60℃左右的温度经20h左右烘干，自然冷却。

（6）煮制　按规定配方比例配制调味料，在120kg清水中放入调味料，调整为3～4°Bé，待水温达95℃时放入鸭坯，保持温度为85～90℃，时间10min，即可捞出沥卤。然后把老汤重新煮沸，冷却后用双层纱布过滤，用专用容器盛装并盖上桶盖，留下次卤制时使用。

（7）冷却　卤煮好的产品摊放在不锈钢工作台上进行冷却。

（8）修剪　用不锈钢剪刀去除鸭表面明显的骨刺。

（9）真空包装　将酱鸭装袋，注意袋口油污，影响封口，装袋平整。真空机调整真空度为0.09MPa左右，时间不少于30s，热封时间为3s左右，热封温度为180～200℃。开始先预热机器，否则袋口出现假封口的现象。

（10）杀菌　按压力容器操作要求和工艺规范进行，升温时必须保证有3min以上的排气时间，排净冷空气。采用高温杀菌，杀菌式：10min—20min—10min（升温—恒温—降温）/121℃，反压冷却。

（11）冷却　排尽锅内水，剔除破包，出锅后应迅速转入流动自来水冷却池中强制冷却1h左右，上架，平摊，沥干水分。

（12）检验　检查杀菌记录表和冷却是否彻底凉透，送样到质检部门按国家相关标准要求进行检验。

四、苏州酱鸭

1. 配方

按50只一级鸭计，配酱油2.5kg，食盐3.75kg，白糖2.5kg，桂皮150g，八角150g，陈皮350g，丁香15g，砂仁10g，红曲米375g，葱1.5kg，姜150g，硝酸钠30g（用水溶化成1kg），黄酒2.5kg。

2. 工艺流程

选料→制卤汁→宰杀、腌制→煮鸭→成品

3. 操作要点

（1）选料　选用1.75kg以上的娄门鸭或太湖鸭为酱鸭原料。

（2）制卤汁　取25kg老汁（酱头肉卤），以微火加热溶化，加火烧沸，放入红曲米1.5kg、白糖20kg、黄酒0.75kg、姜200g，用铁铲在锅内不断搅动，防止粘锅结巴。熬汁的时间随老汁的浓度而定，一般烧到卤汁发稠时即可。这些卤汁可供400只鸭子连续使用。

（3）宰杀、腌制　将鸭宰杀、放血、煺毛、腹下开膛，洗净血污，晾干水分。

用食盐擦遍鸭身，腹腔内撒盐少许，置桶或缸内腌制。腌制时间夏季为 1～2h，冬季为 48～72h。

（4）煮鸭　下锅前，先将老汤熬沸，把配料倒入锅内，立即把全部鸭子放入沸汤中烧煮，并加入黄酒。待汤煮沸后，改用微火煮 40～60min。当鸭子两翅"小开花"时即可起锅，盛放于盘中冷却 20min，接着把红色卤汁均匀地涂抹在鸭体上便为成品。

五、香酥鸭

1. 配方

全净膛白条鸭 100kg。

腌制料：八角 0.1kg，花椒 0.1kg，玉果 0.1kg，砂仁 0.1kg，荜拨 0.06kg，陈皮 0.06kg，千里香 0.05kg，白芷 0.05kg，食盐 4kg，白糖 2kg，味精 0.5kg，亚硝酸钠 0.015kg。

煮制料：白糖 4kg，食盐 3kg，味精 0.5kg，生姜 0.5kg，香葱 0.5kg，白酒 0.5kg，鸭肉浸膏 0.5kg，乙基麦芽酚 0.1kg。

上色料：清水 7.5kg，饴糖 5kg，大红浙醋 2.5kg。

2. 工艺流程

原料鸭选择→解冻→清洗、沥干→配料、腌制→上色、油炸→煮制→冷却、称重→真空包装→杀菌→冷却→成品

3. 操作要点

（1）原料选择　选用经兽医检验合格的白条鸭为原料。

（2）解冻　去除外包装，入池加满自来水，用流动自来水进行解冻，夏季解冻时间为 1～2h，春、秋季解冻时间为 3～4h，冬季解冻时间为 6～8h。

（3）清洗、沥干　解冻后沥干水分，放在不锈钢工作台上用刀逐只进行整理清洗，去除明显脂肪和食管、气管、肺、肾等物质。

（4）配料、腌制　按原料计算所需的各自不同的配方，用天平和电子秤配制香辛料和调味料（香辛料用文火煮 30～60min），60kg 清水中加入上述香辛料水和辅料混合均匀，放入鸭腌制 24h，中途每 6h 翻动一次，使料液浸透鸭体。

（5）上色、油炸　上色料加清水 7.5kg 搅拌均匀，把沥干水分的鸭在料液中浸一下，挂起风干 1～2h，油锅（油水分离油炸机）温度上升到 170℃时，鸭在里面微炸 1～2min，外表色泽呈均匀一致的红褐色时起锅沥油。

（6）煮制　按规定配方比例配制香辛料（重复使用 2 次，第一次腌制，第二次煮制）和辅料，添加 120kg 清水，调整为 2～3°Bé。待水温 100℃时放入原料，保持温度在 90～95℃，时间 20min，即可捞出沥卤。

（7）冷却、称重　卤煮的产品摊放在不锈钢工作台上冷却（夏季用空调），修剪掉明显的骨刺，按不同规格要求准确称重。

（8）真空包装　袋口用专用消毒的毛巾擦干（防止袋口有油渍）后封口，结束后逐袋检查封口是否完好，轻拿轻放摆放在杀菌专用周转筐中。

（9）杀菌　杀菌式：10min—20min—10min（升温—恒温—降温）/121℃，反压冷却。

（10）冷却　出锅后应迅速转入流动自来水池中，强制冷却1h左右，上架、平摊、沥干水分。

六、广州卤鸭

1. 配方

鸭1kg，食盐、白糖各20g，陈皮、甘草、花椒、八角、桂皮、草果各5g，酱油40g，丁香1g。

2. 工艺流程

活鸭→宰杀、煺毛→取内脏→卤煮→成品

3. 操作要点

（1）宰杀、煺毛　把活鸭宰杀放血后，放进64℃的热水里均匀透毛。烫半分钟左右，用手试拔，如能轻轻拔下毛来，说明已经烫好。随即捞出，投入凉水里趁温迅速拔毛。

（2）取内脏　将去毛净光鸭放在案板上，用刀在右翅底下剖开一个口，取出内脏和嗉囊，用清水洗刷，重点洗肛门、腹腔、胸腔、嗉囊等处。然后将鸭双脚弯曲上背部。

（3）卤煮　将洗干净整理好的净膛鸭放进烧开的汤锅里，同时加入食盐、陈皮、甘草、花椒、八角、桂皮、草果、白糖、酱油、丁香等材料，煮10min捞出，倒尽腹内汤水，再放入汤锅里煮。如此反复数次，直至用手捏鸭大腿肉变得松软时即熟（这样反复操作，可使全鸭熟匀、熟透，达到质量标准）。

七、合肥糟板鸭

1. 配方

白条鸭100kg，食盐5kg，白酒15kg，酒曲5kg，味精1kg，糯米500kg，高粱酒7.5kg，姜、葱适量。

2. 工艺流程

原料处理→煮制→制糟卤→糟制→成品

3. 操作要点

（1）原料处理　选用新鲜当年的肥嫩活母鸭作为原料，按常规方法对鸭进行宰杀放血，拔净光鸭身上的绒毛，用清水洗净，再在鸭肛门下方处竖着开一约 3.3cm 的小口，掏出内脏、气管、食管和鸭腹部脂肪，斩去鸭掌、鸭翅，然后用清水洗净血水和污物，沥干水分待用。

（2）煮制　煮制前先把鸭体置于案子上，用力向下压，将胸骨、肋骨和三叉骨压脱位，将胸部压扁。此时鸭体呈扁而长的形状，外观显得肥大而美观，并能够节省腌制空间。然后放进锅中，添足清水，用大火煮制 30min 左右，随后改用中火煮制，至七成熟时捞出。

（3）制糟卤　首先把米粒饱满、颜色洁白、无异味、杂质少的糯米进行淘洗，放在缸内用清水浸泡 24h。将浸好的糯米捞出后，用清水冲洗干净，倒入蒸桶内摊平，倒入沸水进行蒸煮，等到蒸汽从米层上升时再加桶盖。蒸煮 10min 后，在饭面上洒一次热水，使米饭蒸胀均匀。再加盖蒸煮 15min，使饭熟透。然后将蒸桶放到淋饭架上，用冷水冲淋 2～3min，使米饭温度降至 30℃ 左右，使米粒松散。再将酒曲放入（曲要捣成碎末）米粒中，搅拌均匀，拍平米面，并在中间挖一个上大下小的圆洞（上面直径约 30cm），将容器密封好，缸口加盖保温材料（可用清洁干燥的草盖或草席）。经过 22～30h，洞内酒汁有 3～4cm 深时，可除去保温材料，每隔 6h 把酒汁用小勺舀泼在糟面上，使其充分酿制。夏天 2～3 天即可成糟；冬天则需 5～7 天才能成糟（如制甜酒，则不加盐）。再取煮鸭的汤，加入辅料，煮沸熬制 15min 左右进行冷却，冷却后加入白酒和味精，混匀，再缓缓加入制好的糟中，制成糟卤。

（4）糟制　把煮制七成熟并沥干水分的鸭一层压一层叠入容器中，倒入制好的糟卤，糟卤要以能浸没鸭坯为度，并在鸭腹内放糟，糟制 25～30 天后即成糟板鸭。

此产品可存放在密闭容器内，让糟卤淹没鸭体，密封容器口，可保存 1 年以上。

八、香糟肥嫩鸭

1. 配方

光肥嫩鸭 100kg，葱段 1kg，味精 0.33kg，香糟 33.33kg，白糖 1.67kg，黄酒 16.67kg，食盐 1.33kg，冷开水 66.67kg，姜片 1kg，花椒适量。

2. 工艺流程

原料处理→煮制→糟制→成品

3. 操作要点

（1）原料处理　最好选用当年肥嫩鸭作为原料，按常规方法对肥嫩鸭进行宰杀放血，拔净光鸭身上的绒毛，制成白条鸭。在鸭肛门处用尖刀开一个小洞，挖出内脏、气管、食管和腹脂，斩去鸭掌、鸭翅，洗净血水和污物，然后进行煮制。

（2）煮制　煮制时把鸭体放进锅中，添足清水，用大火煮制 30min 左右，随后改用中火煮制，至鸭体九成熟时捞出。

（3）糟制　把香糟放在一只盛器里，倒入冷开水将其化开，过滤得香糟卤。然后在澄清的香糟卤中加入黄酒、食盐、白糖、味精、花椒、葱段、姜片等制成香糟卤水。最后把鸭体浸入香糟卤水中，糟制 4h 左右，待糟味渗入鸭体后，即可结束糟制。糟制结束，将鸭体斩成块即可食用。

九、蜜汁鸭肥肝

1. 配方

（1）煮制卤　鸭肝 10kg，食盐 4kg，白砂糖 3kg，白酒 0.5kg，生姜 0.5kg，大葱 0.5kg，味精 0.5kg，葡萄糖酸内酯 0.15kg，复合磷酸盐 0.3kg。

（2）浸泡料　食盐 4kg，冰糖 4kg，麦芽糖 2kg，味精 0.5kg，生姜汁 0.5kg，白酒 0.5kg，牛肉浸膏 3kg，猪肉浸膏 3kg，鸡肉浸膏 2kg，β-环状糊精 0.5kg，双乙酸钠 0.3kg，乳酸链球菌素 0.05kg，山梨酸钾 0.0075kg。

2. 工艺流程

原料肝选择→解冻→清洗→焯水→煮制→浸泡→沥卤、称重

3. 操作要点

（1）原料肝选择　选择经兽医检验合格的鲜（冻）鸭肝为原料。

（2）解冻　去除外包装，入池加满自来水，用流动自来水进行解冻。

（3）清洗　去除杂质，用流动水浸泡 1h，沥干水分。

（4）焯水　用 100℃沸水，把鸭肝放入锅内不停搅动，使肝受热均匀 3～5min，取出浸泡在流动自来水中，冷却 15min 左右。

（5）煮制　用天平和电子秤按比例配制辅料，放入 120kg 水中，加温至 95℃时投入鸭肝，保持水温在 85℃，时间 45min，中途每 5min 上下提取一次，使鸭肝在卤液中保持里外温度一致。

（6）浸泡　用天平和电子秤配制所需的辅料和食品添加剂，搅拌均匀后放入 100kg 开水中，搅拌均匀，放在 0～4℃冷藏库中冷却。把煮熟的鸭肝在卤液中浸泡 3h 左右。

（7）沥卤、称重　用不锈钢周转箱把浸泡后的鸭肝沥卤 30min 左右，取出按不同规格要求进行称重、包装。

十、酱汁鸭翅

1. 配方

（1）腌制料　鸭翅 100kg，食盐 3kg，D-异抗坏血酸钠 0.1kg，亚硝酸钠 0.015kg。

（2）煮制料

① 香辛料　八角 0.1kg，花椒 0.03kg，玉果 0.05kg，白芷 0.05kg，千里香 0.03kg，香叶 0.03kg，砂仁 0.03kg，良姜 0.05kg。

② 辅料　白砂糖 5kg，酱油 4kg，食盐 1.5kg，味精 0.5kg，白酒 0.5kg，生姜 0.5kg，香葱 0.5kg，乙基麦芽酚 0.1kg，山梨酸钾 0.075kg。

2. 工艺流程

原料选择→解东→清洗→配料、腌制→煮制

3. 操作要点

（1）原料选择　选用经检验合格的优质大鸭的鸭翅为原料。

（2）解冻　去除外包装，入池加满自来水，用流动自来水进行解冻。

（3）清洗　解冻后沥干水分，放在不锈钢工作台上用刀逐只进行整理清洗，去除明显的杂质。

（4）配料、腌制　用天平按配方要求配制各种辅料，混合均匀后在鸭翅上，反复搅拌，腌制 2h 出料。

（5）煮制　按规定配方比例配制香辛料（重复使用 2 次，第一次腌制，第二次煮制）和辅料，添加 120kg 清水，调整为 2°Bé，待水温 100℃时放入原料，保持温度在 90～95℃，时间 20min，即可捞出沥卤。然后把老汤重新烧开，冷却后用双层纱布过滤，用专用容器盛装并盖上桶盖，留待下次使用。

十一、醉香鸭肠

1. 配方

熟鸭肠 100kg，小米辣椒 10kg，白醋 5kg，食用盐 4kg，白糖 1kg，白酒 1kg，味精 1kg，双乙酸钠 0.3kg，脱氢乙酸钠 0.05kg，乳酸链球菌素 0.05kg。

2. 工艺流程

原料解冻→清洗→煮制→浸泡→沥卤、称重→真空包装→检验→成品

3. 操作要点

（1）原料解冻　去除外包装，入池加满自来水，用流动自来水进行解冻。

（2）清洗　清洗去除杂质，用 1% 的食用盐、0.1% 的白醋反复搅拌，然后用 40℃的温水冲洗两遍。

（3）煮制　在 100℃的沸水中浸泡 2～3min 取出，放入泡制卤中。

（4）浸泡　用 80kg 冷开水依次放入食盐、小米辣椒、白醋、白砂糖、白酒、味精及食品添加剂（双乙酸钠、脱氢乙酸钠、乳酸链球菌素）搅拌均匀，放入煮制后的熟鸭肠，浸泡 6h 左右。

（5）沥卤、称重　从浸泡卤中取出鸭肠，沥干卤汁，倒入不锈钢盘中，按不同规格要求进行包装。

十二、酱鹅

1. 配方

鹅 50 只，食盐 3.75kg，酱油 2.5kg，黄酒 2.5kg，白糖 2.5kg，葱 1.5kg，红曲米 375g，八角 150g，桂皮 150g，生姜 150g，陈皮 50g，丁香 150g，砂仁 100g，亚硝酸钠 3g。

2. 工艺流程

选鹅、宰杀→擦盐、腌制→卤煮→冷却、上色

3. 操作要点

（1）选鹅、宰杀 选用质量在 2.1kg 以上的肉用鹅只为原料，经宰杀、放血、煺毛后，置于清水中浸泡 30min，再开腔取出全部内脏，冲洗干净，沥干水分备用。

（2）擦盐、腌制 将光鹅放入腌制用容器中，撒些盐水或盐硝水，每只鹅擦上少许盐，腔内也抹上少许盐（盐总量为鹅坯重的 3% 左右）。根据不同季节掌握腌制时间，夏季一般为 1~2h，冬季可腌 2~3h。

（3）卤煮 预先按配方进行老汤调配。在卤煮前，先将老汤烧开，同时将各种香辛料加入锅内。先在每只鹅腔体内放 2~3 粒丁香，少许砂仁，再放入 20g 的葱结 1 个、生姜 2 片，随即将全部鹅压放入沸汤内用旺火烧煮，同时加入黄酒。煮沸后，用微火煮 40~60min，当鹅的两翅"开小花"时即可出锅。

（4）冷却、上色 将出锅的鹅只盛放在盘中冷却 20min 后，在整只鹅上均匀涂抹特制的红色卤汁即为成品。

（5）卤汁制作方法 取用 25kg 老汤以微火加热熔化，再加火并在锅中放入红曲米（粉碎）1.5kg、白糖 20kg、黄酒 0.75kg、姜 200g，用锅铲在锅内不断搅动，防止锅底焦煳。熬汁的时间随老汁的浓度而定，一般烧到卤汁发稠时即可。以上配制的卤汁连续可供 400 只鹅使用。

十三、潮汕卤水鹅

1. 配方

配制 25kg 卤水：清水 25kg，生抽 3kg，老抽 3kg，食盐 1kg，猪肥肉 1kg，鱼露 1kg，生姜 500g，青蒜 500g，香菜 500g，猪油 500g，绍酒 500g，八角 300g，大蒜头 300g，冰糖 300g，花椒 200g，桂皮 200g，五香盐 200g，丁香 100g，红曲米 50g。

2. 工艺流程

选鹅、宰杀→焯水→卤水制作→卤鹅→斩鹅→淋卤或作料

3. 操作要点

（1）选鹅、宰杀　选用体格健壮的当年龄仔鹅为原料，鹅只经充分停食供水后待宰。先用细绳捆住鹅脚，倒吊起，用手执紧颈后皮毛，使喉头凸起向刀口处，然后下刀三管齐断，宰杀放血。把血水放净后，投进预先调好温度的热水中搅拌，烫水拔毛，热水的温度约70℃。先去脚膜，再从头向背、翅、腹尾顺序拔毛。洗净鹅只后开肚，取出全部内脏，洗净腔内血污。

（2）焯水　锅内加入清水烧开，投入洗净的鹅体焯水处理，要及时用流动自来水冷却，并洗净表面血沫，沥水待用。

（3）卤水制作　将香辛料装入香料袋。肥肉切片，炸出猪油后弃渣留油，取大的不锈钢锅（工厂化生产一般用蒸煮夹层锅），倒入清水25kg、老抽、生抽、鱼露、冰糖、食盐，用旺火烧开后，放入猪油、生姜、青蒜、大蒜头、香菜和绍酒，放入香料袋煮开20min，便成卤水。卤水存放时间愈长则愈香。其保存方法：每天早、晚要烧沸一次（15℃以下的低温天气则每天只需烧开一次），烧开后，放在凉爽、通风、无尘的地方。香料袋一般15天换一次，每天还要根据用量的损耗，适当按比例加入生抽、鱼露、老抽、食盐、冰糖、绍酒，每天卤制后，需将姜、大蒜头、青蒜、香菜捞起，清除泡沫杂质。不能有生水混入，防止卤水变质。卤水上面的鹅油要保留。

（4）卤鹅　用五香盐抹匀鹅身内外，并用竹筷一段横撑在腹腔内，腌制10min，待卤水烧开，放入焯水后的光鹅，烧沸后，改用中火。在卤制过程要将卤鹅吊起，离汤后，再放下，反复3次。卤制时间要看光鹅的老、嫩程度而定，大约煮1.5h。并注意把鹅身翻转数次，使其入味。然后捞起，吊挂起来，待凉。

（5）斩鹅　先将鹅颈连头斩去，鹅头对开斩成6块，鹅颈斩成每段约5cm长，再斩成4瓣。取下鹅翅、鹅脚（即鹅掌），鹅翅斩成5cm长段，在骨与骨之间切成二段，鹅掌从爪缝隙间用刀连筒骨斩成两瓣，筒骨与爪之间再斩段。斩鹅身，腹朝上从腹肚下刀，斩成两瓣后去胸骨、脊骨，按横纹斩件。腿肉去两大骨，按直纹斩件。

（6）淋卤或作料　将卤水表面鹅油捞起，放入锅中加热去水分，盛起。取清水加入卤汤（因高汤偏咸），放入蒜头、香菜、花椒、生姜片煮5min。捞去各料，过滤后，加入鹅油、麻油，即成淋卤，淋在鹅肉上面。也可用小碗盛装配上香菜，蒜头剁成泥，加入白醋、红辣椒末及少许白糖，即成作料，俗称蒜泥醋。

十四、苏州糟鹅

1. 配方

光鹅50kg（约25只），陈年香糟1.25kg，大曲酒125g，黄酒1.5kg，葱750g，姜500g，食盐1kg，酱油400g，花椒15g。

2. 工艺流程

原料选择与宰杀→煮制→备糟→拌糟→糟制→成品

3. 操作要点

（1）原料选择与宰杀　选用每只重 2.0kg 以上的太湖鹅，宰杀开膛，清洗。

（2）煮制　锅内放入光鹅，加水以淹没鹅体为宜。用大火煮开，撇去血污后加葱、姜、黄酒，中火煮 40～50min 后起锅。起锅后先在每只鹅上撒一些食盐，然后将鹅斩劈，分成头、脚、翅膀和两片鹅身，一起放入干净的容器内冷却 1h。将煮汤盛到另外一个干净容器内，撇净浮油、杂质，加入酱油、花椒、葱花、姜末、食盐，放置冷却待用。

（3）备糟　香糟 50kg，加 1.5～2kg 炒过的花椒，再加食盐拌和后，置入缸内，用泥封口，待第二年使用，称为陈年香糟。

（4）拌糟　每 50kg 糟鹅用陈年香糟 1.25kg、食盐 250g，放入缸内。先放入少许上等大曲酒，用手边浇边拌，再徐徐加入黄酒 100g，直至拌匀至没有结块时为止，称为糟酒混合物。

（5）糟制　将已冷却的熟鹅平放装入糟缸，每放一只要洒适量大曲酒。装好后再倒入 0.5kg 左右的冷却汤，然后盖上双层细纱布，将缸口或桶口扎紧，将剩余的冷却汤、糟酒混合物拌好后倒于纱布上，使汤液徐徐流入糟缸，渗入鹅肉中。待糟汤全部滤完，即将糟缸盖紧，鹅块在缸内糟制 4～5h 即为成品。食用时可将缸内之糟汤浇在糟好的鹅块上。

十五、北京酱羊肉

1. 配方

羊肉 10kg，八角 10g，丁香 5g，食盐 300g，黄酱 1kg，桂皮 10g，砂仁 5g。

2. 工艺流程

原料的选择和整理→煮制

3. 操作要点

（1）原料的选择和整理　选择符合卫生检验要求的鲜羊肉，将羊肉洗净，切成重 1kg 的肉块。

（2）煮制　将肉块放入锅里煮 2h，翻锅 1 次，以便熟得均匀，撇净浮沫，待锅内不再产生泡沫时放入黄酱、八角、桂皮、丁香、砂仁、食盐等佐料，用微火焖 2h 即为成品。

十六、浙江酱羊肉

1. 配方

鲜肉 100kg，老姜（捣碎）3kg，绍酒 2kg，胡椒 90g，酱油 12kg（根据色泽浓度可以加减）。

2. 工艺流程

原料的选择→配料→煮制

3. 操作要点

（1）原料的选择　选浙江一带所产的湖羊，经屠宰后的鲜羊肉，切成长方形肉块，每块重约 250g。

（2）煮制　将切好洗净的羊肉入锅，根据肉质老嫩，先下老肉，后入嫩肉。水沸以后撇去汤面浮沫，然后控制汤量，放入调味的配料，将锅内羊肉进行翻动，铺上网油，塞紧压实，再用旺火煮沸，然后退火焖煮约 2h 可以成熟。

十七、北京酱羊下水

1. 配方

羊下水 100kg，酱油 6.00kg，丁香 0.20kg，桂皮 0.30kg，砂仁 0.20kg，盐粒 5.00kg，八角 0.30kg，花椒 0.30kg。

2. 工艺流程

原料选择→原料整理→原料分割→煮制→成品

3. 操作要点

（1）原料选择　选用经兽医卫生检验合格的羊下水作原料。羊心要求表面有光泽，按压时有汁液渗出，无异味；羊肝应呈赤褐或黄褐色，不发黏；羊肺应表面光滑，呈淡红色，指压柔软而有弹性，切面淡红色，可压出气泡；羊肚、羊肠应呈白色，无臭味，有拉力和坚实感；羊肾应肉质细密，富有弹性。

（2）原料整理　羊肚内壁生长一层黏膜，整理时要刮掉。方法是把羊肚放在 60℃ 以上的热水中浸烫，烫到能用手抹下肚毛时即可，取出铺在操作台上，用钝刀将肚毛刮掉，再用清水洗干净，最后把肚面的脂肪用刀割掉或用手撕下。也可用烧碱处理，然后放在洗百叶机里洗打，待毛打净后取出修割冲洗干净。

羊百叶层多容易带粪，应先放入洗百叶机洗干净，也可用手翻洗。洗净后用手把百叶表层的油和污染了的表膜撕下，撕时横向找出欠茬，再顺向将表膜撕下。撕净后，用刀把四边修割干净。

整理羊三袋葫芦时，先要把羊三袋葫芦从里往外用刀割开，刮去壁上的黏膜，用水冲洗干净，然后用刀刮净表面的污物和脂肪。羊三袋葫芦的小头有一小段肠子应去掉。

整理羊肺时要把气管从中割开，用水洗干净，用刀修割掉和心脏连接处的污染物。

（3）原料分割　把经过整理的羊下水分割成各种规格的条块。羊肚又薄又小，不再分割。羊心、羊肺、羊肝要从中破一刀，可以整个下锅。羊肺膨大分成 3～4 瓣。羊下水多时，肚子、肺、心、肝可以分别单煮。

（4）煮制　先把老汤放在锅里兑上清水，用旺火烧开。放好箅子，然后依次放入肺、心、肝、肚子等，用旺火煮 30min，把所有辅料一同下锅，放在开锅头上用旺火再煮 30min，将锅压好，老汤要没过下水 6.5cm 以上，然后改用文火焖煮。在焖煮过程中每隔 60min 左右翻锅一次，共翻锅 2～3 次。翻锅时注意垫锅箅子不要挪开，防止下水贴底糊锅。羊下水一般煮 3～4h，吃火大的，煮的时间要适当长些。出锅前先用筷子或铁钩试探成熟的程度，一触可透过时，说明熟烂，应及时捞出。先在锅里把下水上的辅料渣去干净，尤其是肚板、百叶和三袋葫芦容易粘辅料渣，要格外小心，在热锅里多涮几遍。捞出的下水控净汤后进行冷却，凉透即为成品。

十八、北京酱羊头和羊蹄

1. 配方

羊头、羊蹄共 100kg，酱油 6.00kg，丁香 0.20kg，桂皮 0.30kg，砂仁 0.20kg，盐粒 5.00kg，八角 0.30kg，花椒 0.30kg。

2. 工艺流程

原料选择→原料修整→煮制→成品

3. 操作要点

（1）原料选择　选用经兽医卫生检验合格的带骨羊头、羊蹄，要求个体完整，表面光洁，无毛，无病变，无异味，表面干燥有薄膜，不黏，有弹性。

（2）原料修整　羊头、羊蹄应用烧碱煺毛法将毛去净，脱去羊蹄蹄壳。绵羊蹄的蹄甲两趾之间在皮层内有一小撮毛（俗称小耗子），要用刀修割掉。要将羊头的羊舌掏出，用刀将两腮和喉头挑豁，然后用清水将羊头口腔涮净。

（3）煮制　羊头、羊蹄在下锅之前要先检查是否符合质量要求，不符合标准的要重新进行整理。在煮锅内放入老汤，放足水，用旺火将老汤烧开，垫好箅子，把羊头放入锅内（先放老的，后放嫩的），用旺火煮 30min 后，将所有辅料一同下锅，再煮 30min，改用文火煮。煮制过程中每隔 60min 翻锅一次，共翻 2～3 次。翻锅时用小铁钩钩住羊头的鼻子嘴（即羊头与脖子骨相交的关节处或羊眼眶），把较硬的、老的放在开锅头上，从上边逐个翻到下边。老嫩程度不同的羊头煮熟所需时间相差很大，不可能同时出锅，要随熟随出。熟羊头表面有光泽，柔软略有弹性。不熟的羊头，羊耳较硬直。有的老羊头要煮 4h，与嫩羊头相差 1h。熟透的羊头容易散碎，肉容易脱骨，所以必须轻拿轻放，保持羊头的完整。

十九、北京酱羊腔骨

1. 配方

羊腔骨 100kg，酱油 6.00kg，花椒 0.15kg，八角 0.20kg，肉料面 0.30kg，盐粒 6.00kg，桂皮 0.20kg。

2. 工艺流程

原料选择与修整→煮制→成品

3. 操作要点

(1) 原料选择与修整　截取羊腔骨后段尾巴桩前后为腔骨，在剔肉时这部位的肉生剔不易剔干净，常留一些肉在骨头上作酱腔骨用。截取羊腔骨的前一段即羊脖子，这一段肉多，不易剔干净，所以有意留下作酱羊脖子用。将杂质、血脖、皮爪，用清水洗净，以备煮制。

(2) 煮制　放老汤兑足清水，旺火烧开后，放入羊腔骨，再放入辅料，旺火煮 30min 后改用文火焖煮 3h。中间翻锅 1～2 次，若稍用力能将羊腔骨和羊脖子折断，表明已经煮熟，可以出锅用手掰时脖子或腔骨不易折断，或断后肉有红色，骨有白色为不熟，要继续煮。但千万不能煮过火，过火会使肉脱骨，也叫落锅。

二十、天津酱羊杂碎

1. 配方

羊杂碎 100kg，酱油 6.00kg，盐粒 6.00kg，山奈 0.50kg，八角 0.30kg，草果 0.50kg，花椒 0.50kg，白芷 0.50kg，丁香 0.30kg。

2. 工艺流程

原料选择与整理→酱制→成品

3. 操作要点

(1) 原料选择与整理　选用经卫生检验合格的羊杂碎。主要包括：羊肚、肺、三袋葫芦、肥肠、心肺管、食道、腕口（直肠）、罗圈皮（膈肌）、沙肝（脾脏）和头肉等，有时也把羊舌、羊尾、羊蹄、羊脑、羊心、羊肝、羊肾等放在一起酱制。把整理过的羊杂碎在酱制前再整理一次。修净污物杂质，把羊肚两面刮净，用水漂洗 2～3 次。把洗净的各脏器，根据体积大小分割成 1～1.5kg 的条快，对体积小的脏器，如羊心肝、羊三袋葫芦、羊脑等不再分割分割后的杂碎，再用清水浸泡 1～2h。

(2) 酱制　羊杂碎要分开酱制，专汤专用，专锅专用，不然会影响味道和质量。先把老汤烧开，撇净浮沫后投放原料。投料时要把羊肺放在底层，其他的放在上面，加上竹算用重物压住，使老汤没过原料。

煮制时用旺火煮 30min 后投放辅料，再煮 30min 后放酱油，随后改为文火，盖严锅盖焖煮 2h 后投放盐粒。30min 左右翻锅 1 次，即把底层的肺翻到上面。在酱制过程中，共翻锅 3～4 次，肺和沙肝容易粘锅，要避免粘连锅底。羊杂碎需要酱制 3～4h，出锅时个体小而吃火又较浅的脏器，如脑、蹄、尾、心、肝等先熟，先出锅。出锅时将不同的品种分开放置，不要掺杂乱放。控净汤汁后，即可销售。

二十一、洛阳卤驴肉

1. 配方

驴肉 100kg，花椒 0.20kg，白芷 0.10kg，良姜 0.20kg，荜拔 0.10kg，八角 0.10kg，老汤适量，食盐 6.0kg，桂子 0.05kg，硝酸钾 0.05kg，丁香 0.05kg，小茴香 0.10kg，陈皮 0.10kg，草果 0.10kg，肉桂 0.10kg。

2. 工艺流程

选料和处理→卤制→成品

3. 操作要点

（1）选料和处理　选择新鲜剔骨驴肉，将其切成 2kg 左右的肉块，放入清水中浸泡 13～24h（夏季时间要短些，冬季时间可长些）。浸泡过程中要翻搅，换水 3～6 次，以去血去腥，然后捞出晾至肉块无水即可。

（2）卤制　在老汤中加入清水烧沸，撇去浮沫，将肉坯下锅，煮沸再撇去浮沫，即可将辅料下锅，用大火煮 2h 后，改用小火再煮 4h。卤熟后，撇去锅内浮油，捞出肉块凉透即为成品。

二十二、河北晋州咸驴肉

1. 配方

驴肉 100kg，食盐 15.00kg，白芷 0.50kg，山奈 0.40kg，八角 0.40kg，桂皮 1.00kg，花椒 0.40kg，大葱 2.00kg，鲜姜 1.00kg，小茴香 0.20kg，亚硝酸钠 0.015kg。

2. 工艺流程

选料与处理→卤制→成品

3. 操作要点

（1）选料与处理　选用符合卫生要求的鲜嫩肥驴肉作为加工原料，用清水浸泡 1h 左右，洗涤干净，捞出沥去水分，切成 200～300g 的肉块。

（2）卤制　将驴肉块放入锅中，加清水淹没，撇去浮沫，加辅料包，用旺火烧开 40min，加入亚硝酸钠，将其溶解到汤中，翻锅 1 次。用铁算子压在肉上，用小火煮 30min，停火，撇去浮油，再焖煮 6～8h 至肉熟透出锅，即为成品。

二十三、河南周口五香驴肉

1. 配方

驴肉 100kg，食盐 4～10kg，豆蔻 0.50kg，花椒 0.30kg，硝酸钾 0.02～0.03kg，料酒 0.50kg，良姜 0.70kg，甘草 0.20kg，八角 0.50kg，山楂 0.40kg，丁香 0.20kg，陈皮 0.50kg，草果 0.20kg，肉桂 0.30kg。

2. 工艺流程

腌制→焖煮→成品

3. 操作要点

(1) 腌制　将驴肉剔去骨、筋、膜，并分割成 1kg 左右的肉块进行腌制。夏季采用快腌，即 100kg 驴肉用食盐 10kg、硝酸钾 0.30kg、料酒 0.50kg，将肉料揉搓均匀后，放在腌肉池或缸内．每隔 10h 翻 1 次，腌制 3 天即成。春、秋、冬季主要采用慢腌，每 100kg 驴肉用食盐 4kg、硝酸钾 0.20kg、料酒 0.50kg，腌制 5～7天，每天翻肉 1 次。

(2) 焖煮　将腌制好的驴肉放在清水中浸泡 1h，洗净，捞出放在案板上沥去水分。将驴肉、辅料放进老汤锅内，用大火煮沸 2h 后改用小火焖煮 8～10h，出锅即为成品。

二十四、扒兔

1. 配方

兔肉 100kg，食盐 2kg，高汤 6kg，焦磷酸盐 0.05kg，三聚磷酸盐 0.2kg，蜂蜜、复合香料、植物油各适量。

2. 工艺流程

备料→腌制→煮制→包装

3. 操作要点

(1) 备料　选用健康肉兔屠宰后，扒去毛皮，剪去脚爪，开膛去内脏及脂肪，然后去除眼帘、兔嘴等处残余兔毛，洗净晾干备用。

(2) 腌制　按食盐 2kg、焦磷酸盐 0.05kg、三聚磷酸盐 0.2kg、高汤 6kg，配制盐水。等盐水温度降至 5℃ 以下时，用注射器对腿、背等处肌肉进行注射，盐水注射量要来达到兔体重量的 6 倍以上。将注射盐水的兔坯用滚揉机进行间歇式滚揉，有效滚揉时间为半个小时，然后静置腌制，腌制时间为 2～3 天。要求整个腌制过程，温度不都过 5℃。

(3) 煮制　把腌制好的兔坯用蜂蜜水浸泡片刻，下油锅，高温油炸上色，然后煮锅放入复合香料包，加水烧开锅达 10min，把油炸好的兔坯放入煮锅内，大火煮开 10min，然后小火炖煮至兔肉熟烂，时间为 4～6h。

（4）包装　将煮好的扒兔冷却，修边整形，用铝塑包装材料真空定量包装，进行高压蒸汽或高压水杀菌。经检验合格出厂。

二十五、盐水兔

1. 配方

兔肉 100kg，食盐 4kg，花椒 3kg，硝酸钠 6g，白糖 3kg，料酒 5kg，姜、葱各 1kg，复合香料 0.64g。

2. 工艺流程

整理→腌制→整形→包装

3. 操作要点

（1）整理　选择丰满、健康，体重 2kg 以上的肉兔，常规屠宰，充分放血，剥皮去爪尾，剖腹开膛，摘去内脏，擦净残血，剔去浮脂、结缔组织网膜。

（2）腌制　取一半食盐和花椒混合炒热，把热椒盐先从刀口处塞入兔体腔，擦涂体腔、口腔和颈部，然后擦遍兔坯，腌制 1 天。剩余的食盐和其他辅料混合均匀，加水煮沸，调制成卤汁备用。经盐腌制的兔坯叠入缸中，上压重物，倒入卤汁淹没兔坯，再腌制 2 天。

（3）整形　兔坯出缸，清除附着杂物，放在操作台上，腹朝下，向下折服前腿，按平背和腿，悬挂沥干卤汁及水分即可。

（4）包装　质量合格的进行真空包装，经常规杀菌后，即可出售。

二十六、五香卤兔

1. 配方

净肉 100kg，丁香 100g，乳香 100g，桂皮 100g，八角 100g，陈皮 100g，硝水 100g，食盐 100g，麻油 3kg，黄酒 5kg，白糖 6kg，酱油 5kg，葱、姜各适量。

2. 工艺流程

选料→配料→浸卤

3. 操作要点

（1）选料　选用 1.5～2kg 的活兔宰杀后剥皮，除去内脏淤血、污物和毛，用清水洗净，分为头、颈 2 块，前后腿 4 块，中部 1 块，然后入锅加水，用旺火煮沸 5min，倒掉水去腥，然后用凉水漂洗肉，冷却备用。

（2）配料　将香料研碎，装袋扎口，放入锅内，再加清水适量，放入黄酒、白糖和食盐，在旺火上煮成卤水。

（3）浸卤　将肉块放入卤锅，以旺火煮透后捞出，抹去浮沫。晾凉后，再用清水漂洗 1h，取出沥干，用硝水、葱花、姜汁配成汤汁，放入肉块浸泡 30min 左右，取出沥干。用熟麻油涂抹肉表面即为成品。

二十七、糟兔

1. 配方

肉兔 50 只，陈年香糟 2.5kg，黄酒 3kg，酱油 750g，大曲酒 250g，炒过的花椒 25g，葱 1.5kg，生姜 200g，食盐、味精、五香粉各少许。

2. 工艺流程

选料→烧煮→起锅→糟浸

3. 操作要点

（1）选料　选择 2～2.5kg 的健康肉兔。

（2）烧煮　将整理后的兔坯放入锅内用旺火煮沸，除去浮沫，随即加葱 500g、生姜 50g、黄酒 3kg，再用中火煮 40～50min。

（3）起锅　在每只兔身上撒些食盐，然后从正中剥开成 2 片，头、爪斩去，一起放经过消毒的容器中约 1h，使其冷却。锅内的原汤，先将浮油撇去，再加酱油 750g、食盐 1.5kg、葱 1kg、生姜 150g、花椒 25g，倒入另一容器，待其冷却。

（4）糟浸　用大糟缸 1 只，将冷却的原汤放入缸中，然后将兔块放入，每放 2 层加些大曲酒，放完后所配的大曲酒正好用光，并在缸口盖上放有 1 只盛有带汁香糟的双层袋布，袋口比缸口略大一些，以便将布袋口捆扎在缸口。袋内汤汁滤入糟缸内，浸卤兔体。待糟液滤完，立即将糟缸盖紧，焖 4～5h，即为成品。

二十八、北京王厢房五香兔肉

1. 配方

活兔 1 只（约重 2.5kg），姜、葱、蒜、精盐、桂皮、八角、小茴香、五香粉、红曲、白糖、料酒、花椒、味精、老汤、糖色、香油各适量。

2. 工艺流程

选料→原料整理→煮制、浸泡→成品

3. 操作要点

（1）选料　以 2～2.5kg 的健康肉兔为宜。

（2）原料整理　将活兔宰杀，放血，剥皮，去脏，去杂，剁成 5 块，洗净，晾干水，放入盆内，表面撒上一层精盐，在 10℃ 左右条件下，腌渍 1 夜。

（3）煮制、浸泡　锅坐火上，放入老汤、桂皮、八角、小茴香、花椒、葱、姜、蒜、精盐、五香粉、兔肉块在旺火上烧开，撇净浮沫，改用小火煮至汤略干时，加入红曲、料酒，煮 30min，再加白糖煮 15～30min，离火加入味精少许，让肉在原汤中再浸泡 10h。捞出，抹糖色，淋上香油即成。

二十九、挂脓雪兔

1. 配方

净兔肉 500g，鲜猪肉皮 500g，精盐、味精、花椒、八角、葱、生姜、大蒜、鲜汤各适量。

2. 工艺流程

原料准备→原料整理→煮制→成品

3. 操作要点

（1）原料选择　2～2.5kg 的健康肉兔宰杀取肉。

（2）原理整理　将猪肉皮洗干净，放入沸水锅内，焯一下，捞出，刮净油脂，切成粗条，用温水洗净；兔肉洗净，沥干水。

（3）煮制　汤锅坐火上，放入鲜汤、兔肉、花椒、八角、葱、姜、蒜、精盐在旺火上烧开，撇净浮沫，改用小火将兔肉煮熟，捞出，控净汤，晾凉，切成小薄片，摆入碗内。汤锅再坐火上，放入清水、猪皮条、精盐在旺火上烧开，撇净浮沫，改用小火慢熬成脓汁，捞净猪皮条，脓汁稍晾后，浇入摆好的兔肉片碗内，凝固后，取出，改刀装盘即可。

第四章
腌腊制品加工

第一节　鸡肉制品

一、长沙风鸡

1. 配方

带毛肥鸡 10kg，白糖 100g，精盐 150g，硝酸钠 5g。

2. 工艺流程

选料→腌制→风干→成品

3. 操作要点

（1）选料　选择当年肥鸡。鸡被宰杀前应停食 12h，使鸡排净肠里的粪便，宰杀后不要去毛，只在肛门处开一小口，取出内脏，用清水洗净腹腔。

（2）腌制　将精盐、白糖、硝酸钠混合均匀，涂抹鸡腹腔，腌制 1 天。

（3）风干　腌制好的鸡再用黄泥连皮带毛紧紧裹住，悬挂在干燥通风处，任其自然风干 20～30 天，即为成品。

二、成都风鸡

1. 配方

白条鸡 10kg，五香粉 10g，花椒 20～30g，白糖 100g，食盐 0.6～0.7kg。

2. 工艺流程

选鸡→宰杀→腌制→成品

3. 操作要点

（1）选鸡　挑选羽毛鲜艳，有长尾毛的阉鸡或肥壮健美的公鸡。

（2）宰杀　在鸡的颈部宰杀，不去毛，腹下开膛取出内脏。为了防止腐败变质，要挖尽肺叶和软硬喉管，并把腹膛揩擦干净，同时注意不把羽毛弄湿弄脏。

（3）腌制　先用少量辅料腌擦。切口，塞进喉部和口腔，顺颈轻轻向下理，再用小刀从腹腔内侧伸进，把鸡腿开一小口（注意不要划透，以免伤皮），用一小撮辅料擦入开口中。然后用手将辅料在腹腔内抹擦均匀，并用干燥杠炭1～2节放入腹内吸收水分。把鸡脚倒挂或平放在案板上腌制3～4天，然后用绳穿鼻，挂在阴凉通风处，半个月后即为成品。在腌制时不能堆码，以免盐水污染羽毛。

三、姚安风鸡

1. 配方

带毛鸡1000g，白胡椒1.5g，精盐120g，八角3g，草果3g。

2. 工艺流程

选料→宰杀→腌制→风干→成品

3. 操作要点

（1）选料　选用符合卫生检验要求的健壮肥嫩的活鸡，作为加工的原料。

（2）宰杀　活鸡经宰杀，放血。不煺毛，从后下腹部中间开一小口，取出内脏。

（3）腌制　全部辅料炒干，磨成粉，混拌均匀，再均匀地抹擦在鸡的腹腔、放血的开口及鸡嘴里，再将毛鸡腹部朝上，平放在容器内腌制2h左右。

（4）风干　腌好的毛鸡用针线将刀口缝合起来挂在通风处风干，待鸡体表面肌肉吹至略干即成。

四、金毛风鸡

1. 配方

空腹毛鸡10kg，花椒20g，食盐600～700g，五香粉10g，白糖100～150g，硝酸钠5g。

2. 工艺流程

选料→宰杀→修整→充填→腌制→风干→成品

3. 操作要点

（1）选料　选用健康雄壮，羽毛绚丽，尾长，躯体肥大，体态高，只重1500g以上的公鸡或阉鸡为加工原料。

（2）宰杀　选好的活鸡在颈部割断动脉，放净血，保留羽毛。

（3）修整　放净血的鸡，在其颈基部左侧或右侧用刀开一小孔，取出软硬喉管、气管；然后在肛门附近旋割创口，割去肛门，扯出直肠及全部内脏。

（4）充填　辅料拌匀，取少量先腌擦切口，并塞入喉部、口腔，顺颈向下理；再用小刀从腹内伸进，在鸡腿部开个小口，用一小撮辅料擦入开口中，再用手在体腔内反复抹擦均匀，同时用1～2块木炭放在体腔内吸收水分。

（5）腌制　把鸡脚倒挂或平放在案板上，腌制 3～4 天。

（6）风干　腌好后再用绳穿鼻孔，挂在阴凉通风处，经 15 天风干即成。

五、扬州风鸡

1. 配方

新公鸡（1 只）1.5kg，精盐 100g，黄酒 15g，葱结 2 只，鲜姜 5 片，花椒 30 粒。

2. 制作方法

（1）选用肥壮新的公鸡，进行宰杀，放尽血，不煺毛。

（2）宰杀好的鸡从颈根起剖开，取出鸡嗉、食管、气管。再从翅腋下开口，取出内脏。

（3）锅中加精盐、花椒，用小火炒至干而发松，倒出，趁热粉碎成花椒盐。整理好的鸡体用花椒盐擦遍，抹透，从鸡嘴边塞入少许花椒盐，再将头颈从腋下剖开塞入鸡体内。然后用草绳将鸡翅、脚连鸡身一起捆紧。

（4）捆紧的鸡剖口朝上，挂在阴凉通风处。经过 7 天左右，将鸡身翻向，再过 20 天左右，花椒盐入骨，鸡身完全干燥，即成风鸡。

六、泥风鸡

1. 配方

整鸡共 50kg，精盐 3kg，花椒粉 50g，白糖 1.5kg，硝酸钠 50g。

2. 工艺流程

选料→宰剖→腌制→裹泥→晾挂

3. 操作要点

（1）选料　必须选用只重在 1.5kg 以上的肥鸡。否则，一经风干即成"皮包骨"，风味大减。

（2）宰剖　鸡在宰前 12h 应停食，使鸡排净腹内粪便。宰杀后放净血，在肛门处开 1 个小口，取出内脏及喉管等，用清水冲洗鸡腔或用干净布擦净。

（3）腌制　将调料按比例混合均匀，涂抹在鸡腔各处及鸡嘴和放血口内，再将鸡头挽于鸡翅下，腌制 2 天，加盐不宜多，否则干咸味重，影响风味。

（4）裹泥　将黄土加开水和成泥糊，先用泥糊涂擦翻开鸡毛露出的鸡皮，使之粘住毛根，然后再用泥糊在羽毛外涂裹，至不露出羽毛为止。

（5）晾挂　将裹好黄泥的鸡坯悬挂在通风处风干，约 1 个月后即可食用。

七、湖南南风鸡（鸭）

1. 配方

鸡（鸭）肉坯 100kg，精盐 8kg，白糖 2.5kg，硝酸钠 50g，花椒 200g。

2. 工艺流程

选料→原料整理→腌制→成品

3. 操作要点

（1）选料　选择 1.5kg 左右肥壮、膘满的健康鸡或鸭。

（2）原料整理　宰前停食 18～24h，刺杀部位准，放血净。用 62℃ 左右的热水烫毛，把毛拔净。用清水洗净后，平放案板上，用小刀从肛门至颈部，逢中骨引破胸皮，再用菜刀逢中骨左边至颈部全部开刀，取出内坯，漂洗血污，用刀背将鸡（鸭）胸背骨打平，从二关节处切去足、翅（鸡不去翅，将翅窝在背上）。

（3）腌制　按比例配好辅料，拌匀，涂擦鸡（鸭）腹腔和颈部。尤其是腿内脂肪厚，又有一层薄膜，辅料难以渗入，必须用手指将薄膜抵破，纳入辅料。一只只平放桶（缸）内，用石头压上。腌制 2 天后翻缸，将上面的转换到另一缸的下面，下面的转换到上面。用凉开水浸泡 1 天后（盐水比例是 100kg 水放盐 2kg），出缸整形。即将鸡（鸭）颈向左弯，窝成圆形，并用小麻绳穿入鸡的鼻孔，扎在鸡身右侧边缘（鸭不穿鼻，把腿插入鸭头下腭），用小刀在鸡（鸭）左边胸骨处穿透，用小麻绳扎好，悬挂于通风下燥处，并多次取下整形，10 天后即为成品。

八、成都元宝鸡

1. 工艺流程

原料选择→宰杀→腌制→整形、晾挂→成品

2. 操作要点

（1）原料选择　选择一岁龄，体重 1.5～2kg，膘肥肉满的健康母鸡为好。

（2）宰杀　颈部宰杀放血、浸烫脱毛。从腹部或颈部一侧开 4.5～5cm 口子，取出全部内脏，再从背部开一个 4.5cm 长的小口，去掉脚爪和翅尖。

（3）腌制　每只鸡胴体用料为食盐 70～80g、硝酸钠 0.2～0.5g、白糖 8～10g、白酒 5g，花椒粉 25g，五香粉依消费者习惯使用。将辅料混合均匀，擦匀于体腔内外和口腔，入缸腌 3～6 天，中间翻缸 1～2 次。

（4）整形、晾挂　出缸后用水清洗干净鸡胴体内外的辅料渣。折断腿骨，双腿交叉用麻绳捆起，麻绳从腹下开口处拉入腹内，双翅反扭于背上，再用一竹节将背上小口撑开，使鸡呈元宝状。在烧开的水中把成形的鸡坯浸烫几次，使皮收缩伸展定型为止。用细绳拴鸡颈，挂于阴凉通风处晾干即为成品，一般晾挂 7～10 天。

九、板鸡

1. 工艺流程

原料选择→宰杀→腌制→整形、晾挂→成品

2. 操作要点

(1) 原料选择及宰杀   一般选择 3 月龄左右，体重为 1~1.5kg 的地方鸡。采用颈部宰杀放血，热烫脱毛后再将双脚从跗关节处去掉，双翅从腕关节去掉。用刀沿腹中线开膛取出全部内脏，用水洗净。

(2) 腌制   将食盐炒干，冷却，然后按鸡重 2% 的食盐揉擦鸡全身，尤其是胸部和大腿。擦好后一层一层平叠入缸中（皮朝下，最上一层皮肤向上）腌制 6~8h。再按水 100kg、食盐 3kg、白糖 2kg、料酒 1kg、生姜 200g、葱 300g、八角 300g、桂皮 50g、花椒 200g、胡椒 100g、丁香 50g、甘草 500g、硝酸钠 100g 的配方，煮沸、冷却制成腌制液。干腌后，鸡用 40℃ 的温水浸洗，沥干水分，投入腌制液中在室温下腌制 24h。

(3) 整形、晾挂   取出腌制好的鸡，平放在板上（皮朝上），用手压断锁骨，使其成平板状。再将鸡挂起，腹腔朝南露晒 4~5 天，至鸡的含水量为 20% 左右即可。

(4) 包装、杀菌   经露晒后的半成品可直接上市，也可加工成方便即食食品。将半成品用复合铝箔袋进行真空包装，真空度为 0.09MPa，然后进行高压杀菌。杀菌条件为：$15'—90'—10'/121℃$，经检验合格后上市。

十、河南腌鸡

1. 配方

白条鸡 50kg，食盐 4kg，花椒 200g，硝酸钠少许。

2. 工艺流程

选料→宰剖→腌制→晾挂

3. 操作要点

(1) 选料   选择健康无病鸡，以当年鸡为佳，个体不择大小，宰杀前 12h 应停食。

(2) 宰剖   将活鸡宰杀，放净血，即放入 70℃ 左右的热水中浸烫、煺毛，然后用半开膛法取出内脏，冲洗干净，沥干水分。

(3) 腌制   先将花椒和食盐入热锅内炒干、碾碎，冷却后与硝酸钠混合均匀，逐只涂抹鸡身内外、放血口及口腔。然后鸡腹向上放入缸内，腌制 5 天，中间要翻缸 2 次。

(4) 晾挂   将腌好的鸡取出，用麻绳系住鸡脚，悬挂在阴凉通风处晾干水分（最好放在室内），需半个月左右即为成品。

十一、五香腌鸡

1. 配方

草鸡 100kg。

腌料配方：蒜末 2kg，生姜 3kg，葱段 4kg，小茴香 4kg，黄酒 5kg，鸡精 2kg，老抽 10kg，食盐 5kg，水 65kg，食品添加剂 0.1kg，蜂蜜适量。

食品添加剂配方：葡萄糖 35g，次磷酸钠 8g，酒石酸 1g，碳酸钠 1g。

2. 制作方法

（1）鸡预处理　选择卫生检疫合格的新鲜草鸡，按标准宰杀，去杂和清洗后，放入蒸屉蒸 30～45min 后，冷却至室温。

（2）腌料配制　按照腌料配比，将蒜末、生姜、葱段、小茴香、黄酒、鸡精、老抽、食盐与水混合，在 50～60℃的条件下熬制 10～15min，过滤冷却，在滤液中加入食品添加剂，制得腌汁。

（3）浸泡鸡肉　将蒸熟的鸡肉浸入腌汁中，浸泡 1～2h 后，表面反复涂擦蜂蜜 2～3 次。

（4）烘干包装　将上述浸泡抹蜜的鸡肉在 70℃环境下，烘至水分含量为 40%～49%，用锡纸包好，装入杀菌过的真空蒸煮袋中，并密封压口，得到真空包装的五香腌鸡。

十二、香辣腌鸡

1. 配方

白条净鸡 1.5～1.9kg，辣椒 140～160g，八角 140～160g，陈皮 60～80g，肉桂 40～60g，白芷 20～30g，草果 15～25g，小茴香 10～20g，砂仁 5～15g，花椒 3～7g，丁香 1～4g，盐 4000g，生姜 100g，葱 100g，白酒 200g，白糖 250g。

2. 制作方法

（1）整理　将白条净鸡在水中浸泡，洗净口腔及内腔，除尽血水。

（2）制卤　把辣椒、八角、陈皮、肉桂、白芷、草果、小茴香、砂仁、花椒、丁香用纱布包扎好，用浸泡鸡的水 25000g（除去污物）倒入锅内加盐，煮沸后用文火烧 0.5h，撇去浮浊物和血沫后加白糖，然后滤入浸泡缸中，待稍冷后在卤中加入拍扁的生姜、葱、白酒，冷却后使用。

（3）浸卤、腌制　先将洗泡后鸡体腔内灌满卤，然后叠放于浸泡缸内，上面覆压重物；夏季为 2～3h，春、秋季为 3～5h，冬季为 5～7h。

（4）速冻　将腌制好的鸡取出，摆放在放有塑料薄膜不锈钢盘中，速冻至中心温度～20℃即可。

十三、腌制蒜香鸡

1. 配方

鸡 10～20 只，大蒜 2000～3000g，食盐 800～1000g，味精 800～1000g，水 250g。

2. 制作方法

（1）初加工　将10~20只鸡去爪、净膛，并将颈部残留的油、气管去净，洗净、沥干待用。

（2）腌制　将大蒜去皮后放入粉碎机中粉碎成粗粒，待用。称取食盐、味精与大蒜粗粒混合，再加入清水，搅拌均匀成腌制料。在腌制桶底部摆放一层鸡，加入适量腌制料后，再放入一层鸡，再加一层腌制料，依此类推进行摆放，最后将鸡全部浸没于腌制料中腌制。

（3）包装　包装前去除鸡表面的残留腌料，然后采用37cm×24cm的塑料袋包装，以1只/包为规格单位真空包装；并贴上标签。

（4）储藏　腌制鸡存放于0~4℃的冷藏库中。

十四、生酱鸡

1. 配方

白条鸡（每只重1kg左右）100只，五香粉50g，食盐5kg，酱油（可连续使用3次）60kg，白糖500g，硝酸钠40g。

2. 工艺流程

选料→宰剖→腌制→浸烫→晾晒→成品

3. 操作要点

（1）选料　选择健康无病的鲜活子鸡，要求个体大小一致。

（2）宰剖　将鸡宰杀，放净血，入热水内浸烫、煺毛，去除内脏，冲洗干净，悬挂沥干水分。

（3）腌制　将食盐、五香粉、硝酸钠混合均匀后涂抹在鸡体内外，腌制36h后，将鸡坯取出，沥去盐水后放入另一干净缸内，加入50kg酱油，上压石块。1天后，将鸡坯连同酱油倒入另一缸中，上压重物。以后每天翻缸1次，倒2次后，再腌制3天即可出缸。

（4）浸烫　将10kg酱油、500g白糖放锅内烧沸，将腌渍过的鸡坯入锅内稍加浸烫即可取出（剩下的酱油可待下次使用）。

（5）晾晒　将用酱油浸烫过的鸡坯放到日光下晾晒2天后即为成品。

十五、醋鸡

1. 配方

白条鸡1kg，食盐125g，芝麻油100g，米酒150g，八角1.5g，桂皮1.5g，糯米粉200g，酱油100g，辣椒粉2.5g，胡椒粉1g，米醋150g。

2. 工艺流程

宰杀→干腌→湿腌→贮藏

3. 操作要点

（1）宰杀　鸡宰杀后，用 64℃ 左右的热水浸烫，拔干净毛后，剖腹去除内脏，洗净肚内积血，晾干。

（2）干腌　用食盐 75g 抹擦在鸡体内外，用手由内向外轻擦均匀，然后放缸内腌制 2 天，取出用冷水冲洗后晒 1 天。

（3）湿腌　将已干腌过的鸡用刀切成宽约 1.7cm、长 5～6.7cm 的条块状，放在搪瓷盆内，将芝麻油、米酒、八角、桂皮掺入糯米粉倒入盆内，加食盐 50g、酱油 100g 搅拌均匀。然后将辣椒粉、胡椒粉边撒擦边搅拌，搅拌均匀后把鸡装进小口径罐内，倒入米醋搅拌均匀，最后用笋壳或牛皮纸包扎罐口，密封 15～20 天即可食用。

十六、湖北腊鸡

1. 配方

光鸡（整只）2kg，硝酸钠 1g，精盐 100g，白糖 0.35kg。

2. 工艺流程

原料整理→腌制→烘制→成品

3. 操作要点

（1）原料整理　宰杀前应停食 1h，能提高腊鸡的产品质量和延长储存时间。宰杀后用 70℃ 左右的热水煺去粗毛，然后于温水内用夹子夹除细毛，再用清水冲洗干净并除去内脏、脚爪、翅膀。

（2）腌制　将以上配料充分混合，用手均匀地涂擦于鸡体上，尤其注意体腔内要充分擦匀，在鸡嘴内和颈部放血口内可多撒些配料。然后平铺于缸内腌制 32h，中间翻缸两次，以使鸡体充分腌透。

（3）烘制　将腌好后的鸡体用麻绳系好，准备烘制。从腹腔开膛的，麻绳可系在腿上，从尾端开膛的，麻绳可系在头上，这样有利于腔内积水流出。然后把已系好绳的鸡体挂于院内晾干水汽，以便于烘制。最后移入 55℃ 左右的烘房连续烘制 16～18h，待鸡体表面烘至用手触之有干硬感，并呈金黄色时取出，即为成品。

十七、广州腊鸡片

1. 配方

鸡胸部肉及大腿肉 50kg，精盐 1.25kg，酱油 2.5kg，白糖 1.9kg，硝酸钠 0.1kg，黄酒 0.65kg。

2. 工艺流程

原料整理→腌制→烘制→成品

3. 操作要点

（1）原料整理　将毛鸡屠宰和修整干净后，分左右两侧，带皮剖下鸡胸脯肌肉、大腿部肌肉及尾部肌肉。根据肌肉的部位和大小，下刀制时应分别割成椭圆片或圆片。

（2）腌制　将割好的片肉放入已经混匀的上述配料中腌制4h，每小时应翻缸一次。

（3）烘制　将已腌制好的片肉平铺在能沥水的竹筐上，直接送入55℃左右的烘房中连续烘制16h，待鸡片肉的表面略干硬并呈金黄色时即成。也可白天放在太阳下暴晒，晚上转入50℃的烘房内，连续3天即成。

十八、江西琵琶腊鸡

1. 配方

光鸡、新卤各50kg，香盐3.5kg，大曲酒2.5kg。

香盐配方：粗盐3.5kg，八角7g。

新卤配方：鸡血水50kg，粗盐5kg，白糖1～2.5kg，葡萄糖0.6～1kg，八角粉350～700g，桂皮粉250～500g，花椒粉200～400g，小茴香粉、白胡椒粉各100～200g，生姜、香葱各500g。

2. 工艺流程

选料→炒香盐→制作盐卤→擦盐→抠卤→复卤→叠坯→晾挂

3. 操作要点

（1）选料　选择体大丰满，胸腿肌肉发达，肉质细嫩的肉用仔鸡。

（2）炒香盐　腌制腊鸡宜用粗盐。粗盐按每500g加八角1g比例，入锅炒至无蒸气，盐变黄色时，晾凉、磨细。

（3）制作盐卤　盐卤是用鸡血水加盐和香料配制成的一种腌鸡料液，有新卤、老卤之分。新卤是将鸡血水2.5kg，加粗盐250g，入锅煮沸，撇去血沫和污物，待盐熬化后，用多层纱布滤去杂质，放白糖50～125g、葡萄糖30～50g、混合香料（八角粉35%、桂皮粉25%、花椒粉20%、小茴香粉10%、白胡椒粉10%配成）50～100g、生姜25g、香葱25g。老卤愈陈愈好。每次烧卤均应撇去浮沫，适当补充盐、糖及香料，并用多层纱布滤去杂质，保持卤汁澄清。

（4）擦盐　先用大曲酒在清膛鸡的皮、腔内外涂擦，除去腥秽，然后用香盐遍擦全身（用盐量为光鸡净重的6%），尤其是鸡的背部、胸腔和腹腔处要反复擦盐，揉搓。特别是鸡大腿，由下往上擦揉，使肌肉受压，以利肌肉与骨骼脱离，香盐容易渗透。

（5）抠卤　将擦好香盐的光鸡，背部朝上，放入盆中，上撒香盐覆盖表面，并压上重物，使鸡体呈平板状，腌24h，使鸡肉紧缩，肌肉内的血水被挤出。

（6）复卤　将老卤加入大曲酒（用量为老卤的 5%）拌匀，倒入腌缸内，放入鸡坯，盖上竹箅，用石轻压（卤汁应高出竹箅约 10cm，使鸡坯完全浸入卤汁中），复卤 24h 后翻动鸡身，使之吸卤均匀，再盐腌 45h，可取出、挂起，沥干卤汁。

（7）叠坯　将腌好的鸡按琵琶腊鸡的造型叠好，使鸡颈拉直放置，双翅扣好，两腿缩回，上压重物，使鸡坯保持琵琶状，重压 4 天左右即成。

（8）晾挂　将成型的鸡放入清水里反复漂洗，除去杂质，沥干水分，晾挂在干燥通风处，风干 20～30 天，待腊鸡表面光滑平整，周身干燥，颈骨露出时即成。

十九、广州腊鸡

1. 配方

小鸡（每只 250g）50kg，食盐 2kg，花椒 200g。

2. 工艺流程

宰杀、煺毛→取内脏→腌制→煮制→晒制

3. 操作要点

（1）宰杀、煺毛　左手握住活鸡双翅，小拇指勾住鸡的右腿，右手持刀，在鸡的咽喉部位割断血管、食管、气管。待鸡血流尽后，放进 60℃ 热水里烫毛，翻动几下，使鸡全身各部位受热均匀，烫半分钟左右，用手试拔毛，如能轻轻拔掉，即将鸡捞出，投入凉水里趁热迅速拔毛。

（2）取内脏　将拔净毛的光鸡放在案板上，用刀先在鸡右翅前的颈侧割开 1 个小口，取出嗉囊。再在鸡腹部靠近肛门处横割 1 个小口，伸进手指，慢慢掏出内脏，小心不要掏碎鸡肝及苦胆。然后把鸡放进清水中洗，重点洗肛门、腹腔、嗉囊等处。

（3）腌制　将净膛鸡放在案板上，手抓盐往鸡体内外搓擦。擦盐要普遍，不能留下空白点，特别是胸膛里要多擦些。将擦过盐的鸡，放进容器里，腌 24h。

（4）煮制　将腌好的鸡，放进开水锅里，同时加入花椒，煮 25min。

（5）晒制　将煮好的鸡捞出，放在案板上，将鸡腿和脖子摆好，用重物将鸡压平，放在阳光下晒 3 天，即为成品。如遇阴雨天，可用小火烤干。贮存时间为 1～2 个月。

二十、腊沙鸡

1. 配方

沙鸡（1 只）250g，精盐、鲜姜、鲜葱各少许。

2. 工艺流程

宰杀→腌制→暴晒→蒸制

3. 操作要点

（1）宰杀　将沙鸡宰杀煺毛，挖去内脏。

（2）腌制　用精盐搓擦，腌 7～8h。

（3）暴晒　取出沙鸡，用清水浸透洗净，再用木板将沙鸡压平，在阳光下暴晒（也可用火焙干），3 天即成。

二十一、弋阳醋鸡

1. 配方

鸡 1 只，精盐 75g，糯米粉 200g，芝麻油或花生油 100g，糯米酒原汁 150g，八角 1.5g，桂皮 1.5g，辣椒粉 2.5g，胡椒粉 1g，米醋 150g，酱油 100g。

2. 工艺流程

宰杀→腌制→成品

3. 操作要点

（1）宰杀　鸡宰杀后，用 65～70℃ 的热水烫泡，拔干净毛后，剖出内脏，洗净肚内积血。晾干，每只鸡用精盐 75g 撒在鸡体内外，用手由内向外轻擦均匀，然后放缸内腌制 2 天，取出用冷水冲洗后晒 1 天。

（2）腌制和贮藏

① 将已腌制过的鸡用刀切成宽 1.7cm、长 5～6.7cm 条块状，放在钵头内或搪瓷盆内，将芝麻油、糯米酒、八角、桂皮掺入糯米粉，倒入盆内，再加入精盐（40～50g）、酱油后，搅拌均匀。

② 辣椒粉、胡椒粉边撒边搅拌，然后把鸡装进小口径罐内，倒入米醋、糯米酒搅拌均匀，再将芝麻油或花生油倒入拌匀。最后用笋壳或牛皮纸包扎罐口密封 15～20 天，即可食用。醋鸡腌制完毕密封贮藏，存放时间可长达 1 年以上。

二十二、家制腊鸡

1. 配方

肥母鸡（1 只）2～2.5kg，食盐 65～70g。

2. 制作方法

（1）将大肥母鸡宰杀后煺毛、开膛，取出内脏，洗净，控干水分；用食盐揉搓鸡的全身及腹内，放入容器腌渍 1 天左右，取出放入凉水中浸泡透，使鸡的咸味减轻；放在木案上，用物将鸡压平，放在阳光下暴晒 2 天，或用小火烘烤 2 晚上，即成腊鸡的半成品。

（2）将腊好的鸡用温水泡洗干净，上屉用旺火沸水蒸熟，取下晾凉，切片装盘食用。

二十三、鸡肉腊肠

1. 配方

鸡胸肉 75kg，冰 24kg，猪肥膘 15kg，淀粉 10kg，鸡皮 10kg，蛋乳 3kg，食盐 2.7kg，白糖 2kg，腌制剂（亚硝酸钠、维生素 C 等）1.2kg，胡椒粉 0.24kg，砂仁粉 0.12kg，玉果粉 0.1kg。

2. 工艺流程

原料准备→原料解冻→腌制→制馅→充填→烘烤→蒸煮→冷却→包装入库

3. 操作要点

（1）原料准备　选用经检疫合格的鸡胸肉、猪肥膘和鸡皮，鸡肉质构应结实。

（2）原料解冻　将合格的冷冻原料于解冻间自然解冻，至肉表层发软，中间稍有硬心（中心 0℃，表层 3～5℃），即为解冻结束。不可解冻过头，否则温度过高微生物易于污染；若解冻不完全则肉块过硬不利于修整等操作。

（3）腌制　原料肉经绞碎后加入食盐和腌制剂搅拌均匀，在 0～4℃条件下腌制 16～24h。

（4）制馅　将腌制好的肉和蛋乳、白糖、香辛料、淀粉及冰放入斩拌机中斩拌，斩拌过程应控制温度小于 10℃，这样使产品能最大限度地与水分、脂肪结合，减少蒸煮和冷却过程中水分的损失，使产品获得最佳组织状态。

（5）充填　羊肠衣预浸漂洗备用，将肉馅充填于肠衣中，扎成 9～12cm 的小段，横杆吊挂。充填时间应尽量短，应随时排除肠中的空气，保持肠体粗细均匀。灌肠温度应控制在 10℃ 以下。

（6）烘烤　将充填好的肠放在烘烤架上，采用 70～80℃ 的温度进行烘烤，烘烤时间 50～60min，中心温度达到 40～50℃。烘烤过程由于温度升高加速了理化反应的过程，使肉馅表面硬化具有独特的风味。

（7）蒸煮　烤好的灌肠于 75～80℃ 下煮或蒸 15～20min。蒸煮时由于凝结作用，馅的强度显著增强，馅的容积增大紧贴在肠衣上，肠表面变得光滑、有光泽，蒸煮使肠熟化，抑制微生物的生长。

（8）冷却　灌肠蒸煮后用冷水冷却 6～10min，使中心温度迅速降低到 15℃ 以下，冷却速度越快，卫生状况越好。

（9）包装入库　采用塑料袋包装经检验合格可入库贮藏。

二十四、腊香鸡腿（翅）软罐头

1. 配方

（1）干腌配方（占原料质量百分比）：食盐 3%，硝酸盐 0.025%，亚硝酸盐 0.005%。

（2）腌制汤的配方（以 100kg 原料计）：白糖 3500g，花椒 100g，味精 500g，丁香 50g，黄酒 2000g，砂仁 50g，八角 100g，小茴香 50g，良姜 100g，白胡椒 150g，生姜 500g，草果 150g，肉豆蔻 50g，葱 200g，桂皮 100g。

2. 工艺流程

原料选择→整形、修割→清洗→腌制→吊挂→晾干→烘焙→包装→杀菌→冷却→成品

3. 操作要点

（1）原料选择　选用从跗关节处斩去脚爪的新鲜鸡腿和肉质丰满的鸡翅为原料，要求鸡肉丰满结实，外形完整、无碎皮及杂毛。若采用冻鸡原料则必须是近期的以快速冷冻法冻结的鸡腿，使用前应将其自然缓慢解冻，至原料中心温度达到 4～6℃为宜。鸡腿、鸡翅必须经卫生检验，确认合格方可使用。剔除有伤痕、伤斑、淤血以及皮肤残缺不全的鸡腿和鸡翅，对其大小也要严格筛选，避免过大或过小。

（2）整形与修割　用刀割去鸡原料上的碎油、碎肉及边缘的浮皮，再用锋锐刀片在鸡腿或鸡翅肉面沿骨骼纵向将鸡肉割开，剖口深度为 2～3cm，其目的是促进腌料迅速渗透至肌肉深层，以缩短腌制时间，并确保成品内外咸度均匀一致。在割剖时要特别注意下刀深度，太深会影响成品外观，太浅会因原料深层腌制不足而影响口感。

（3）清洗　为使成品的色泽鲜艳美观，保证质量稳定可靠，鲜鸡原料或冻鸡原料解冻后都必须进行清洗，并用流水浸漂 20min，至原料鸡内外干净洁白后取出沥干水分。

（4）腌制　采取先干腌再湿腌的混合腌制法，可增加贮藏时的稳定性，防止产品过多脱水，免于营养物质的过分损失。腌制时先称取原料质量 3％的食用盐与 0.025％的硝酸盐及 0.005％的亚硝酸盐混合均匀，均匀涂抹于鸡腿、鸡翅上，然后在腌制缸中压实并腌制 6～8h，温度控制在 4～10℃。干腌结束后取出鸡腿、鸡翅，用清水清洗干净，沥干后投入腌制缸，将事先准备好的腌制汤加入缸中，并进行 12h 的湿腌，温度控制在 4～10℃。腌制汤的配制：将香辛料按配方准确称量，用纱布包好，投入与原料成 1：1 比例的水中共煮。加热至沸后保持沸腾状态 5min。用双层纱布过滤煮沸的汤液，在滤液中加入白糖，搅拌待汤液冷却后加入黄酒、味精待用。

（5）吊挂、晾干　把用于吊挂的蜡线（或细塑料绳）剪成长约 25cm 的小段，将鸡腿、鸡翅用清水冲洗后，逐一用蜡线套扎，然后按顺序串挂在晾杆上，保证原料间相互间隔 15cm，以避免鸡腿、鸡翅粘连。吊挂期间保持空气流通、清新，不能夹带粉尘，避免蚊虫污染。

（6）烘烤　烘烤前用蜂蜜与黄酒按 2：5 的比例混合涂抹于鸡腿、鸡翅表面，以改善成品的色泽。烘烤采用分段焙烤，具体分三个阶段，第一阶段：100℃，

20min；第二阶段：180℃，15min；第三阶段：150℃，10min。

（7）包装　将出炉的鸡腿、鸡翅趁热装入铝箔袋。真空封口时防止汤汁粘袋，真空度为 0.08MPa，热封时间为 5s。

（8）杀菌、冷却　采取 121℃，15min 蒸汽杀菌，以 90MPa 反压冷却至 38～40℃。

第二节　猪肉制品

一、浙江咸肉

1. 配方

主料：猪肉 50kg。配料：精盐 7～8kg，硝酸钠 25g。

为了延长成肉的保存时间，或在气温稍高的春、秋季节腌制时，可加大盐和硝酸钠的用量，但盐量最多不得超过 10kg，硝酸钠最多不得超过 150g。

2. 工艺流程

原料整理→腌制→复盐→第三次上盐→成品

3. 操作要点

（1）原料整理　加工咸肉的原料肉必须来自健康无病的猪。屠宰时严禁打气、吹气和放血不净（否则腌制后的制品肉质容易发黑和变质），修去周围的油脂和碎肉，表面应完整和无刀痕。

（2）腌制　先把精盐（最好事先炒一下）与硝酸钠充分混匀，用手均匀地涂擦在肉的内外层，然后将肉放在干净的竹席和木板上。第一次用盐量是 1～2kg，目的是使肉中水分和血液被盐渍出来。

（3）复盐　将盐渍出来的血水倒去，并用手用力挤压出肉内剩余的血水。按上述方法继续用盐 3～4kg。用盐后把肉堆在池内或缸内，也可继续放在竹席或木板上（但不如在池或缸中的质量好），必须堆叠整齐，一块紧挨一块，一层紧压一层，中间不得突出和凹入，使每两层肉的中间都存有盐卤。

（4）第三次上盐　第三次复盐是在第二次复盐后的第八天，用盐量 2～3kg，方法同上。再经 15 天即成。本方法是在春秋季节用大块、中块肉干腌的方法。如果气温在 2～3℃左右的冬季或用小块肉进行腌制，可一次上足盐、硝酸钠，每 5 天翻垛一次，共腌制 20 天即成。

二、金华火腿

1. 配方

鲜猪后腿 5～6kg，食盐、硝酸钠适量。

2.工艺流程

原料选择→修割腿坯→腌制→洗腿→晒腿→发酵→落架、堆叠、分等级→成品

3.操作要点

(1) 原料选择　原料是决定成品质量的重要因素,金华地区猪的品种有两头乌、花猪、白猪、小溪乌、东阳猪、龙游乌、江山乌等,其中两头乌最好,其特点是头小、脚细、皮肉多、脂肪少、肉质细嫩。一般饲养6～8个月,猪的质量即达60～65kg,不盲目追求养过大、过肥的猪。

原料腿的选择:一般选每只重5～6kg的鲜猪后腿(指修成火腿形状后的净肉重)。要求屠宰时放血完全,不带毛,不吹气的健康猪。对个过小,腿心扁薄、肉少,饲养时间长的,病、伤、黄膘等猪的腿一律不用,选料时划分等级标准如下。

一等:肉要新鲜,要求皮肉无损伤,无斑痕,皮薄爪细,腿心丰满。

二等:新鲜,无腐败气味,皮脚稍粗厚。

三等:粗皮大脚,皮肉无损伤。

(2) 修割腿坯

① 整理　刮净腿皮上的细毛、黑皮等。

② 削骨　把整理后的鲜腿斜放在肉案上,左手握住腿爪,右手持削骨刀,削平腿部耻骨(俗称眉毛骨),修整股关节(俗称龙眼骨),并除去尾骨,斩去背脊骨,做到使龙眼骨不露眼。

③ 开面　把鲜腿腿爪向右,腿头向左平放在案上,削去腿面皮层,在胫骨节上面皮层处割成半月形。开面后将油膜割去。操作时刀面紧贴肉皮,刀口向上,慢慢割去,防止硬割。

④ 修理腿皮　先在臀部修腿皮,然后将鲜腿摆正,脚朝外,腿头向内,右手拿刀,左手揉平后腿肉,随手拉起肉皮,割去腿皮。割后将腿调头,左手掀出膝盖骨、股骨、坐骨(俗称三签头)和血管中的淤血,鲜腿雏形即已形成。

(3) 腌制　修整腿坯后,即转入腌制过程。金华火腿腌制系采用腌堆叠法,就是多次把盐、硝酸钠混合料撒布在腿上,将腿堆叠在"腿床"上,使腌料慢慢浸透,需30天左右,一般腌制6次。

第一次用盐(俗称出血水盐):腌制时两手平拿鲜腿,轻放在盐笋上,腿的脚向外,脚头向内,在腿面上撒布一薄层盐,5kg鲜腿用盐约62g,敷盐时要均匀,第二天翻堆时腿上应有少许余盐,防止脱盐。敷盐后堆叠时,必须层层平整,上下对齐,堆的高度应视气候而定。在正常气温下以12～14层为宜。堆叠方法有直脚和交叉两种。直腿堆叠,在撒盐时应抹脚,腿皮可不抹盐;交叉堆叠时,如腿脚不干燥,也可不抹盐。

第二次用盐(又称上大盐):鲜腿自第一次抹盐后至第二天需进行第二次抹盐。从腿床上(即竹制的堆叠架)将鲜腿轻放在盐板上,在三签头上略用少许硝酸钠,

然后把盐从腿头撒至腿心（腿的中心），在腿的下部凹陷处用手指轻轻抹盐，5kg重的腿用盐190g左右。遇天气寒冷，腿皮干燥时，应在胫关部位稍微抹上些盐，脚与表面不必抹盐。用盐后仍按顺序轻放堆叠。

第三次用盐（又称复三盐）：经二次用盐后，过6天左右，即进行第三次用盐。先把盐板刮干净，将腿轻轻放在板上，用手轻抹腿面和三签头余盐，根据腿的大小，观察三签头的余盐情况，同时用手指测度腿面的软硬度，以便挂盐或减盐，用盐量以5kg腿约用95g计算。

第四次用盐（复四盐）：在第三次用盐后隔7天左右，再进行第四次用盐。目的是经上下翻堆后，借此检查腿质及三签头盐溶化程度，如不够量要再补盐。并抹去黏附在腿皮上的盐，以防腿的皮色不光亮。这次用盐量为5kg腿用盐63g左右。

第五次用盐（复五盐）：又经过7天左右，检查三签头上是否有盐，如无再补一些，通常是6kg以下的腿可不再补盐。

第六次用盐（复六盐）：与复五盐完全相同。主要是检查腿上盐分是否全部渗透。

在整个腌制过程中，须按批次用标签标明先后顺序，每批按大、中、小三等分别排列、堆叠，便于在翻堆用盐时不致错乱、遗漏，并掌握完成日期，严防乱堆乱放。4kg以下的小只鲜腿，从开始腌制到成熟期，须另行堆叠，不可与大、中腿混杂，用盐时避免多少不一，影响质量。上述翻堆用盐次数和间隙天数，是指在0～10℃气温下，如温度过高、过低、暴冷、暴热、雷雨等情况，则应及时翻堆和掌握盐度。气候乍热时，可把腿摊放开，并将腿上陈盐全部刷去，重上新盐。过冷的腿上的盐不会溶化，可适当加温，以保持在0℃以上。抹盐腌腿时，要用力均匀，腿皮上切忌用盐，以防发白和失去光泽。每次翻堆，注意轻拿轻放，堆叠应上下整齐；不可随意挪动，避免脱盐。腌制时间一般大腿40天，中腿35天，小腿33天。

（4）洗腿 鲜腿腌制结束后，腿面上油腻污物及盐粒，要经过清洗，以保持腿的清洁，有助于腿的色、香、味。洗腿的水须是洁净的清水。一般要浸泡15～18h。经初步洗刷后，刮去腿上的残毛和污秽杂物，刮时不可伤皮。将腿再次浸泡在水中，仔细洗刷，然后用草绳把腿拴住吊起，挂上晒架。洗腿批次分批在腿杆上标明，便于掌握。

（5）晒腿 洗过的腿挂上晒架后，再用刀刮去腿脚和表面皮层上的残余细毛和油污杂质。

（6）发酵 火腿经腌制、洗晒后，内部大部分水分虽外泄，但肌肉深处还没有足够的干燥，因此必须经过发酵过程，一方面使水分继续蒸发，另一方面使肌肉中的蛋白质、脂肪等发酵分解，使肉色、肉味、香气更好。

（7）落架、堆叠、分等级 火腿挂至7月初（夏季初伏后）根据洗晒、发酵先后批次、重量、干燥度依次陆续从架上取下，这叫落架，并刷去腿上的糠灰。分别按大、中、小火腿堆叠在腿床上，每堆高度不超过15只，腿肉向上，腿皮向下，这个过程叫堆叠。然后每隔 5～7 天上下翻堆，检查有无毛虫，并轮换堆叠，使腿肉和腿皮都经过向上向下堆叠过程，并利用翻堆时将火腿滴下的油涂抹在腿上，使腿质保持滋润而光亮。

三、剑门火腿

1. 配方

鲜猪腿 5kg，食盐 400g 以上。

2. 工艺流程

选料→修整→腌制→洗晒→整形→发酵→成品

3. 操作要点

（1）选料　选用符合卫生检验要求的瘦肉型猪，皮薄脚细，瘦肉多肥肉少，腿心丰满，血清毛净，无伤残，每只重 4.5～8.5kg 的猪后腿，作为加工原料。

（2）修整　选好的猪腿，刮净细毛，去净血污，挖去蹄壳，削平腿部趾骨，修正骨节斩去背脊骨，不塌"鼻"，不脱白，脚爪向右，腿头向左，削去腿皮表层。在骱骨节上面皮层处割成半月形，开面后割去油膜，修整脚皮，割去肚皮，取出血管中的血污。

（3）腌制　在常温下，分 6 次用盐，第 1 天上出水盐，第 2 天上大盐，隔 4 天上三盐，隔 5 天上四盐，隔 6 天上五盐，隔 7 天上六盐。每次上盐后，必须按顺序堆码，其用量依次为总盐量的 15%、35%、15%、30%，余下之盐供两次适量补充。

（4）洗晒　腌好的火腿要及时洗晒，水要干净，一般是头天午后 4h 浸至第 2 天上午 7h，即可开始洗腿，洗净后，再浸泡 3h，捞起，晒制 4～6 天。

（5）整形　晒好的腿立即进行整形，绞直腿骨，弯足爪，再将腿肉修成竹叶形。

（6）发酵　整好形的腿立即挂入室内进行发酵。发酵室要透风，光线充足，门窗齐备，不漏雨。将腿坯悬挂在架上，抹上谷糠灰，入伏后，气温高，为防止走油过多，取下火腿，顺序叠在楼板上，按每一层 4 只腿叠堆，每堆高 6～8 层，并经常翻堆，2～3 个月即好。

四、天津卷火腿

1. 配方

猪后腿 10kg，香叶 20g，桂皮 10g，精盐 1.4kg，白糖 50g，胡椒 10g，硝酸钠 4g，丁香 10g，肉豆蔻 5g。

2. 工艺流程

选料→腌制→熟制→成品

3. 操作要点

（1）选料　选择皮薄肉厚的猪后腿，剔去骨头，修整，捆扎成卷形，即为卷火腿坯。

（2）腌制　捆扎好的腿坯用精盐和硝酸钠腌制 24h，然后取出洗净，再放入煮过胡椒、丁香、桂皮、肉豆蔻、香叶、白糖等调味料的腌制液中腌制 15 天，即为半成品。

（3）熟制　将半成品在 75～80℃水中煮 4h，使瘦肉变为红色，然后在 2～3℃下冷却 6～8h，即为成品。

五、沈阳大火腿

1. 配方

猪前后腿 100kg，食盐 7kg，硝酸钠 50g。

2. 工艺流程

剔切、腌制→浸泡、整形→捆扣、烤制→煮制→熏制

3. 操作要点

（1）剔切、腌制　用猪腿作原料（前后腿均可），剔骨留皮，用食盐、硝酸钠进行腌制。腌制 12～14 天，温度在 5℃左右，每天翻 1 次缸。

（2）浸泡、整形　腌制完后放入清水中浸泡 6h，以减轻咸度，然后洗净、刮毛，并加以整形。

（3）捆扣、烤制　整理完毕用麻绳捆扣，捆后将腿料挂入烤炉烘烤，烤炉中的温度为 50℃，烤 2.5h。

（4）煮制　烤完的火腿放入水温为 85℃的锅中煮 3～4h，基本煮熟，用针扎孔放出水分，再用木板，上压石头，压在火腿上排除水分，约压 6h。

（5）熏制　压完后用热水洗去表皮的油腻，进行熏制。熏制时将火腿挂入熏炉，用柞木柴，上盖锯末，烟熏 2.5h 即制作完成。

六、上海圆火腿

1. 配方

猪前腿 100kg，食盐 8kg，硝酸钠 200g。

2. 工艺流程

选料、修整→腌制→剔骨、卷捆→烧煮

3. 操作要点

（1）选料、修整　取猪的前腿，去毛去污，切除猪脚爪，修整皮边，膘厚处要加以修除，以 1cm 为度。

（2）腌制　生坯制成后每 100kg 腿料用盐 6kg、硝酸钠 180g，经常保持在 3℃ 冷库中上盐揉搓，要求上盐均匀，然后摊放 24h。第二天将盐坯放入每 100kg 坯用盐 2kg、硝酸钠 20g 的盐卤中（加在原有的盐卤中）。前 5 天每天翻缸 1 次，然后每隔 5 天翻 1 次。25 天左右，肉色红透时便可取出。

（3）剔骨、卷捆　腌制完后用清水洗一下，将所有骨头剔除，整理干净整齐，开始扎腿。将生坯卷成实心圆卷，皮向外，接缝处用纱线缝合，并在腰部捆十几道，使之紧实。完成后即行烧煮。

（4）烧煮　先将水烧至 85℃，然后使水保持在 75℃，4～5h 后煮熟出锅，放入冷库中冷却后即为成品。

七、湖南腊肉

1. 配方

腊肉加工的原材料为原料（猪肉）、辅料、熏料 3 种。

（1）原料　湖南腊肉原料是猪肉（以 10kg 猪肉计）。原料的好坏与腊肉的质量紧密相关，对原材料的质量要求是：选自健康肉，肉质要新鲜而良好，肥瘦要适度，过肥或过瘦的猪肉都不适合加工腊肉。

（2）辅料　食盐 630g，花椒 10g，硝酸钠 5g。此外可以加少许优质酱油、白酒（含乙醇 45%～60%）、白糖（白砂糖或绵白糖）、桂皮、八角、小茴香、胡椒等。

（3）熏料　腊肉在加工熏制中，熏料的好坏直接影响腊肉的质量，熏制湖南腊肉常用的熏料有杉木、梨木和不含树脂的阔叶树类的锯屑，还可混合枫球（枫树的果实）、柏枝、瓜子壳、花生壳、玉米芯等。

选用熏料时应注意：熏料应熏味芳香、浓厚，无不良气味，干燥，含水量在 20% 以下。熏料应是烟浓，火小，能在温度不高时发挥渗透作用，并能从表面渗入到深部。

2. 工艺流程

修肉切条→配制辅料→腌制→洗肉坯→晾制→熏制→成品

3. 操作要点

（1）修肉切条　选择符合要求的原料肉，刮去表皮上的污垢（冻肉在解冻后修刮）及盖在肉上的印章，割去头、尾和四肢的下端，剔去肩胛骨等，按质量 0.8～1kg，厚 4～5cm 的标准分割，切成带皮无骨的肉条。无骨腊肉条的标准：长 33～35cm，宽 3～3.5cm，重 500g 左右。家庭制作的腊肉肉条，大都超过上述标准而且大都是带骨的。

肉条切好后，用尖刀在肉条上端 3～4cm 处穿一小孔，便于腌渍后穿绳吊挂。这一过程应在猪屠宰后 4h 或冻肉解冻后 3h 内操作完毕，在气温高的季节，更应迅速进行，以防肉质腐败。

（2）配制调料　腊肉的调料标准随季节的不同而变化，原则是气温高，湿度大，用料要多一些；气温低，湿度小，调料要少用一些。

（3）腌制　腌制方法可分干腌、湿腌和混合腌制3种。

① 干腌　取肉条与干腌料在案上擦抹，或将肉条放在盛腌料的盆内搓擦都可。搓擦时通常是左手拿肉，右手抓着干腌料在肉条的肉面上反复搓擦，对肉条皮面适当擦，搓擦时不可损伤肌肉和脂肪，擦料要求均匀擦遍。擦好后按皮面向下、肉面向上的次序，放入腌肉缸（或池）中，顶上一层则皮面朝上。剩余的干腌料可撒布在肉条的上层。腌制3h左右应翻缸一次，翻缸时也就是把肉条从上到下，依次转移到另一个缸（或池）内，翻缸后再腌3～4h，共6～7h，腌制全过程即完成，转入下一工序。

② 湿腌　是腌渍去骨腊肉的常用方法，取切好后的肉条逐条放入配制好的腌渍液中，腌渍时应使肉条完全浸泡到腌液中，腌渍时间为15～18h，中间要翻缸2次。

③ 混合腌制　混合腌制就是干腌后的肉条再充分利用陈的腌制液，以节约调料，加快腌制过程，并使肉条腌制更加均匀。混合腌制时食盐用量不超过6%，使用陈的腌制液时，要先清除杂质，并在80℃煮30min，然后过滤，冷凉后备用。

家庭采取混合腌制时是先将肉条放在白酒中浸泡片刻，或在肉条上喷洒白酒，然后搓擦干腌料，擦好后放入容器内腌制20天左右。

腌制腊肉无论采用哪种方法，都应充分搓擦，仔细翻缸，腌制室温度保持在0～5℃，这些是腌制的关键环节。

（4）洗肉坯　腌制好的肉条叫做肉坯。肉坯表面和里层所含的调料量常有差别，往往是表面多于内部，尤其是春秋季的制品，这种现象较多，表层过多的调料和杂质，易使制品产生白斑（盐霜）和一些有碍美观的色调。所以在肉坯熏制时要进行漂洗，这一过程叫做洗肉坯，是生产带骨腊肉的一个主要环节。去骨腊肉含盐量低，腌渍时间短，调料中有较多的糖和酱油，一般不用漂洗。家庭制作的腊肉，数量少、腌制的时间较长，肉皮内外调料含量大体上一致，所以不用漂洗。洗肉坯时用铁钩把肉坯吊起，或穿上长约25cm的线绳，在清洁的冷水中摆荡漂洗。

（5）晾制　肉坯经过洗涤后，表层附有水滴。在熏制前应把水晾干，这个工序叫做晾水。晾水是将漂洗干净的坯连钩或绳挂在晾肉间的晾架上，没有专门晾肉间的，可挂在空气流通而清洁的场所。晾水的时间一般为0.5～1天。但应视晾肉时的温度和空气流通情况适当掌握，温度高，空气流通快，晾水时间可短一些，反之则长一些。这些肉坯晾水时间还根据用盐量来决定。一般是带骨肉不超过0.5天，去骨腊肉在1天以上。

肉坯在晾水时如果风速大（五级风以上），时间太长其外皮易形成干皮，在熏烟时带来不良影响。如果时间太短，表层附着的水分没有蒸发，就会延长熏制时间，影响成品质量。晾水时如遇阴雨，可用干净纱布抹干肉坯表层的水分后，再悬挂起来晾干，以免延长晾水时间或发霉。

（6）熏制　熏制又称熏烤，是腊肉加工的最后一个工序。通常是熏制100kg肉块用木炭8～9kg，锯末12～14kg。熏制时把晾干水的肉坯悬挂在熏房内，悬挂的肉块之间应留出一定距离，使烟熏均匀。然后按用量点燃木炭和锯末，紧闭熏房门。熏房内的温度在熏制开始时控制在70℃，待3～4h后，熏房温度逐步下降到50～55℃，在这样的温度下保持30h左右，锯末应拌和均匀，分次添加，使烟浓度均匀。熏房内的横梁如系多层，应把腊肉按上下次序调换，使各层腊肉色泽均匀。

家庭熏制的腊肉更为简单，一般都是把肉坯悬挂在距灶台1.7～1.8cm的木杆上，利用烹调时炊烟熏制。这种方法烟淡、温低，且常间歇，所以熏制缓慢，通常要熏15～20天。

八、四川腊肉

1. 配方

带皮猪肉10kg，白酒16g，精盐700～800g，五香粉16g，白糖100g，硝酸钠5g。

2. 工艺流程

选料→腌制→清洗→晾晒→成品

3. 操作要点

（1）选料　选用前夹（主要是前腿）、后腿、宝肋等部位的鲜肉，剔去骨头，整修成形，再切成长35cm宽约6cm的肉条。

（2）腌制　将精盐、白酒、白糖、五香粉、硝酸钠混匀，再均匀搓抹在肉块上，肉面向上，皮向下，平放在瓷盆中，腌制3～4天，翻倒一次，再腌3～4天。

（3）清洗　腌好的肉条用温水洗刷干净，穿绳，挂在通风处，晾干水分。

（4）晾晒　将晾干水分的猪肉条挂在日光下暴晒，至肥肉色泽金黄，瘦肉酱红为止。再挂在干燥、阴凉处储存。

九、广东腊肉

1. 配方

去骨猪肋条肉100kg，大曲酒1.6kg，白糖3.7kg，酱油6.3kg，硝酸盐50g，香油1.5kg，精盐1.9kg。

2. 工艺流程

原料选择→剔骨、切条→腌制→烘烤→包装→成品

3. 操作要点

（1）原料选择　选择新鲜猪肉，要求是符合卫生标准的无伤疤、不带奶脯的肋

条肉。

(2) 剔骨、切条　刮去净皮上的残皮及污垢，剔去全部肋条骨、椎骨、软骨，修割整齐后，切成长 35~50cm，每条重 180~200g 的薄条肉，并在肉的上端用尖刀穿一个小孔，系上 15cm 长的麻绳，以便于悬挂。把切条后的肋肉浸泡在 30℃左右的清水中，漂洗 1~2min，以除去肉条表面的浮油，然后取出、沥干水分。

(3) 腌制　按上述配料标准先把白糖、硝酸盐和精盐倒入容器混合均匀并完全溶化后，把切好的肉条放入腌肉缸或盆中，随时翻动，使每根肉条都与腌制液接触。如此腌渍 8~12h（每 3h 时翻一次缸），使配料完全被吸收后，取出挂在竹竿上，等待烘烤，如有没腌着的，需要入缸重新再腌。

(4) 烘烤　挂竿后可放在阳光充足的地方晾晒 3~4h，也可不晒，只要沥干后直接进入烘房。晾晒的目的是为了节约能源。但是要看气象条件。

烘房系三层式。肉在进入前，先在烘房内放火盆，使烘房温度出升到 50℃，这时用炭把火压住，然后把腌制好的肉条悬挂在烘房的横竿上，再将火盆中压火的炭拨开，使其燃烧，进行烘制。烘烤时温度不能太高，也不能太低，底层温度控制在 80℃左右，温度太高会将肉烤焦，太低则使肉的水分蒸发不足。烘房内的温度求均一，如不均匀可移动火盆，或将悬挂的肉条交换位置。如果是连续烘制，则下层应悬挂当天进烘房的肉条，中层系前一天进烘房的，上层则是前两天腌制的，也就是烘房内悬挂的肉条每 24h 往上高一层，最上层经 72h 烘烤，表皮干燥，并有出油现象，即可出烘房。烘烤后的肉条送入通风干燥的晾挂室中晾挂冷却，待肉温降到室温即可。如果遇到雨天，应将门窗紧闭，以免吸潮。

(5) 包装　晾凉后的肉条用竹筐或者麻板纸箱盛装，箱底应用竹叶垫底，腊肉则用防潮蜡纸包装。应尽量避免在雨天包装，以保证产品质量。腊肉最好的生产季节是农历每年 11 月至第二年 2 月间，气温在 5℃以下最为适宜。如高于这个温度则不能保证质量。

十、江西腊猪肉

1. 配方

猪肉（以猪的肋条肉为 50kg 最好，前、后腿肉也可），硝酸钠 25g，五香粉 150g，酱油 1kg，味精 150g，精盐 2kg，60 度高粱酒 750g，白糖 2.5kg。

以上配料用量应视气候情况而增减，一般春、冬季用量酌减，夏、秋季用量酌增。

2. 工艺流程

原料整理→腌制→晾干→烘干→成品

3. 操作要点

(1) 原料整理　腊猪肉的原料要求不严，但必须剔除所有骨头，将皮面上的残血刮净，然后切成长约 45cm、宽约 5cm，肥瘦兼有的肉条。

（2）腌制　将拌匀的上述各配料用手逐条擦于肉内面及肉皮上，然后一层一层整齐地平铺在池中或缸内，将剩余配料全撒在池或缸的上层进行腌制。腌制 12h 后即行翻缸，翻缸后再腌 12h 即可出缸。

（3）晾干　肉条出缸后需用干净的湿毛巾擦净肉条上的白沫和污物（脏毛巾易造成污染），再用铁针或尖刀在肉条的上端刺一小洞，穿上麻绳挂在竹竿上，放于干燥通风的地方，让其表面水分自然晾干。

（4）烘干　待表面晾干后即可转入烘房烘制。烘房可分上、中下三层，挂竹竿，竿和竿、肉和肉之间均需保持一定的距离，以相互不挤压为度。烘房内的下面一层最好挂当天新腌制好的肉条。如烘房肉系同一天的肉条，每隔 2～3h 应上下调换位置，以防烤焦和流油。

烘房内多以木柴和煤作热源，温度应控制在 50～55℃，一般开始时温度低（不超过 50℃），中间温度高（55℃），最后阶段的温度低（50℃）。从肉条进烘房开始计算，一般烘烤 35h 左右，待肉条的肉皮发硬并呈金黄色，瘦肉切面呈深红色，肉的表面水分全干即为成品。如果天晴太阳好，也可在太阳下暴晒，晚上移入室内，连续 3 天直至表面出油为止。

十一、武汉腊肉

1. 配方

猪肋条肉 100kg，精盐 3kg，硝酸钠 50g，白糖 6kg，无色酱油 2.5kg，汾酒 1.5kg，白胡椒粉 200g，咖喱粉 50g。

2. 工艺流程

原料的选择与修整→腌制→烘制→成品

3. 操作要点

（1）原料的选择与修整　选择新鲜的猪肋条肉，去骨后，切成长约 45cm、宽约 4cm 的肉条。

（2）腌制　将肉条按实际重量称取食盐和硝酸盐，腌制 12～14h，起缸后用 40～45℃温水洗去表面淤血等污物，然后将其余配料混合均匀，再腌制 2～3h。

（3）烘制　腌制后穿上麻绳，挂于竹竿上，送入烘房用木炭烘制（温度控制在 50～55℃），36h 即为成品。

十二、贵州小腊肉

1. 配方

猪五花肉 50kg，食盐 3100g，白糖 250g，酱油 1000g，硝酸钠 25g。

2. 工艺流程

原料选择与修整→腌制→烘烤→成品

3. 操作要点

（1）原料选择与修整　选用经卫生检验合格的猪五花肉或前后腿肉，修整洗净后，切成每块长 22～24cm、宽 3～3.5cm、厚约 4.5cm，去净骨头。

（2）腌制　将食盐用火炒过，晾凉后与硝酸钠拌和均匀，将肉条放在食盐、硝酸钠混合物内擦搓均匀后，放入容器内腌制 2～3 天（冬季 3～4 天），取出用温开水洗净，再加入白糖、酱油复腌 1～2 天，即可进行烘烤。

（3）烘烤　将腌好的肉用麻绳结扣串于肉条首端，挂在竹竿上即入炉烘烤。初始温度不能超过 40℃，烤 4～5h 后，火力可升至 50℃左右，烤 12h 左右即熄火降温，将上层肉条移下，下层肉条移上，再升温烤 12h，肉皮已干，瘦肉已呈紫红色即可出炉。

十三、陕北缸腌腊猪肉

1. 工艺流程

选料、切块→炒盐→上盐→腌晒→搓盐→复腌→半熟加工及腌制

2. 操作要点

（1）选料、切块　选用健康、卫生的猪肉。除净残留毛，刮洗净血污脏垢，去骨（肋肉可带骨），去蹄髈，然后按要求切成宽 10～12cm、厚 5～7cm 的方块备用。

（2）炒盐　将所需要的盐（陕西定边产的大青盐）放入铁锅内炒，炒至微黄时为宜。炒盐对产品质量影响很大，是"缸腌腊肉"成败的关键。

（3）上盐　将炒好的盐放于盆内，在盐未凉时，把肉块放进盐中滚几下，使肉块表面粘上较厚的一层盐，提起肉块轻抖几下，以不掉下盐粒为度。

（4）腌晒　将上好盐的坯块摆放在干净的盖片（用高粱秆的盖子）上，放在太阳下腌晒。腌晒时间，夏、秋季大约为 1 天，冬、春季约为 3 天，以晒至表面渗出水分为好。

（5）搓盐　将晒好的肉块坯，再拿盐搓上 1 次，其目的是搓出多余的水分，补些盐分。

（6）复腌　将搓好的坯肉块，抖擦去多余的盐粒和水分，使表面相对干燥，再进行复腌。

（7）半熟加工及腌制　有咸味较浓的盐埋法与盐味较淡的油封法两种。

① 盐埋法

a. 笼蒸　将腌好晾凉的肉块，皮面向上摆放在笼里蒸 10～15min 后，取出晾凉。

b. 入缸　先将炒好的盐进行压底，其厚度约 5cm，然后将肉块肥瘦搭配，排列整齐，稍留空隙，皮面向上，放入缸内一层，然后撒上一层盐，盖没肉面，轻压一下，接着装第二层肉，直至装完为止。最后一层盐应撒 5～8cm 厚，稍压实即可。

c. 加盖封口　装完肉后，用石板盖将缸口盖严，然后用绳在缸口中间扎几圈固定，以防缸体裂炸。整个加工过程完毕。

② 油封法

a. 油浸　将猪的板油、五花油等油脂炸炼，除去油渣后，加油加热，控制在六至七成热，将腌好晾凉的肉块逐块放入油锅内浸泡，炸至肉边起色时为度，捞出晾凉，直至炸完。

b. 净油　将泡炸过的油，继续加温炼至水分耗净后，澄清，除去渣质，待用。

c. 入缸　将油浸过的肉块逐块放入缸内，要求皮面向上，排列整齐，肥瘦相间，上层与下层肉块错位，左右留有空隙，层层装进，装至离缸口以 25～30cm 时为宜。

d. 油封　将除干水分的澄清油，油温降至 40～50℃ 时，徐徐倒入缸内，淹过肉面 5～10cm 时为止。

e. 加盖封口　先将石板盖盖好，一边隔起空隙，待油冷却后盖严。即腌制加工完毕。

十四、北风肉

1. 工艺流程

原料选择→修整→腌制→拆桩、堆桩→洗晒→发酵

2. 操作要点

(1) 原料选择　选用经卫生检验合格的皮薄骨细的瘦肉型猪作原料，脂肪厚度在 1.5～2.5cm 之间，每块肉坯重 13～16kg，前爪中的蹄筋不能抽去。

(2) 修整　剥去板油和腰子，在第二腰椎处割下后腿，沿枕骨割平槽头，修净颈项处的血刀肉、护心油、腹膜和腰肌的碎油，劈平凸出的胸骨，剔去第 1～4 根胸椎骨，剔去第一根肋骨，割平软肋处奶脯即成风肉坯。

(3) 腌制　每 100kg 鲜肉用盐 14kg 左右，分五次上盐。

① 第一次上盐（俗称小盐）　把整理好的肉放在盐板上用盐擦蹄髈皮，然后肉面朝上，撒上薄盐。每 100kg 用盐 2.5kg 左右。

② 第二次上盐（俗称大盐）　在小盐后的第 2 天早晨上大盐，肉厚部位多撒些，肋骨及背脊骨凹进处要完全抹到盐，肋条上少撒些，奶脯处更少些。每 100kg 肉用盐 4.5kg 左右。

③ 第三次上盐（俗称复盐）　上大盐后 3 天上复盐，方法同前。每 100kg 肉用

盐 3kg 左右。

④ 第四次上盐（俗称 2 次复盐） 第三次上盐后 5 天，上第四次盐，主要是在失盐处添些盐。每 100kg 肉用盐 2kg 左右。

⑤ 第五次上盐（俗称 3 次复盐） 在第四次上盐后 7 天进行。每 100kg 用盐 2kg。经过这样反复上盐腌制，盐汁基本渗进肉里，所以，这次主要是检查盐的溶解程度和腌渍面是否均匀，尤其是夹心和背脊骨处有无脱盐现象。如发现脱盐或少盐，要适当补上，盐多处要拨开，要保证主要部位不脱盐，腌足 35 天。

（4）拆桩、堆桩 在加工风肉时，每上一次盐都要进行 1 次拆桩、堆桩。

① 拆桩 双手捧肉，让猪背脊向外，肚膛向内，稍微倾斜，使血卤从软膛处顺利流出而肉上的盐不掉落，然后将肉轻轻放上台板。

② 堆桩 桩脚呈长方形，一般桩脚为紧四块，先堆中间，后堆四周，夹心低，软膛高，使盐卤蓄积于胸膛内。四周刀口向外，使桩脚平稳整齐。在每次翻桩时需上、下互换，以便使肉同时成熟。

（5）洗晒

① 初洗 腌好的肉需及时洗晒，先除掉肉上的余盐，再将肉面朝下浸入缸内，皮不要露出水面。先刷皮面，再刷爪背、爪缝、爪尖、腿腋，然后洗夹心。将余盐和污物洗刷干净，洗刷时勿忘四边刀口处，在软肋处要顺着肉纹洗，用力不能猛，以防刷破精肉。

② 复洗 初洗完毕还要换清水再次进行洗刷。复洗顺序与初洗相同，洗净后用尖刀在距脑顶骨 6cm 处的皮上斜戳一洞，穿入麻绳打上死结，选择大小相仿、雌雄配对的两块肉，将绳相互扣紧，一起挂在长木头上。

③ 晾晒 肉面向阳光，上下交叉，每档距离 40cm 左右，刮去皮上的余水，用布揩去肉面上的水滴，上架晾晒 4h 后将上下肉坯互换，并将前爪弯成上跷姿势，盖上皮印。在晾晒过程中如此反复 3 次，以便使每块肉都晾透晒匀，雨天或晚上需将晒木并拢，盖上芦席或油布，白天仍需揭盖摊开晾晒。晾晒 6～7 天后，肉皮转黄，发硬滴油，表示外部已干，可落架堆叠，将肉压平。第 3 天修去肉身上的碎油、碎膘及骨头，整修好猪皮，然后再上架晾晒 1 天。

（6）发酵 风肉晾晒完毕需及时进库发酵。发酵库房必须通风干燥，清洁卫生。架子要整齐坚固。风肉上架应肉面朝外，上下交叉，每档间距 20cm。发酵期间要随时注意天气变化，晴天开窗，雨天关窗；天热时，白天关窗，晚上开启，以调节室内温度。风肉发酵时，在脂肪和蛋白质分解酶的作用下，发生一系列的生物和化学反应，使肉质成熟并产生香味。风肉从腌制至成品，一般需 5 个月，成品率为 68％左右，端午节前后可上市销售。南风肉的加工方法与北风肉大部分相同，只是在原料修割上有些差别。南风肉是用猪前腿做的，要求将腿修成长方形，两边相等，肉面宽度以 18cm 左右为宜，将冲背线刀口连膘带皮割下，修去血刀肉、护心油，抽出脊髓，修平腿部夹档上的边肉和凸出的胸椎骨，切面平整美观。

十五、如皋风肉

1. 配方

按 50kg 猪肉计算，食盐 8.75kg（第 1 次 1.5kg，第 2 次 3.5kg，第 3 次 2.75kg，第 4 次 1kg），硝酸钠 25g。

2. 工艺流程

腌制→洗晒→晾挂

3. 操作要点

（1）腌制　选择经卫生检验合格的猪肉，割去后腿的 17.5～20kg 重的肉片，经检斤过磅后，用盐擦皮抹脚爪及刀口处，并将胸骨处血管中的血挤出。先上小盐，用盐较少，每 50kg 肉坯用盐 1.5kg，盐上好后即堆缸（堆成长方形肉堆），第 2 天上午再从堆上拿下来，倒去血卤，再挤胸骨处血管，将血挤净。上大盐，每 50kg 肉坯用盐 3.5kg，另外在前夹心、背脊、胸骨等处酌量点食盐和硝酸钠混合物，使盐易于渗透。在以上三处的盐要多一点。到第 8 天翻缸，倒去肉片上的卤，并将未溶化的盐刷掉后，再上新盐，每 50kg 肉坯用食盐及硝酸钠 2.75kg，再堆缸。堆缸时将肉面朝上平放，不使盐卤流失。复盐后第 20 天再翻缸，这次翻缸用盐较少，只要将肉片上缺盐的地方补一补就可以，50kg 肉坯只需盐 1kg。翻缸 7 天后将肉片上的盐弄匀，准备洗晒，一般都是在腌制 35～40 天后洗晒。

（2）洗晒　风肉洗晒是先将肉片放在水池中用硬刷洗刷，洗好后用清水重洗，要将肉片上的浮油、灰尘、盐脚全部洗刷干净。然后放在清水中浸泡 16h 左右，再换清水洗刷，洗到水清为止。完全洗好后在潮头处开一刀口，用麻绳串扣，每扣两片挂上晒架。随即用刮刀刮净皮面，同时用毛巾擦净肉面上的水珠，这样肉片易干，且肉内的咸质不外吐。次日将前脚爪攀弯成跪下时的姿势，晒 6～7 个晴天，肉片发硬，在傍晚下架，打堆将肉片压平，次日整理修刮再上架晒 1 天，争取当日进入仓库上架。不能堆积，因内部尚未全干，否则就会发热变质。在洗晒过程中注意不使肉片受潮及苍蝇落上。

（3）晾挂　仓库内必须干燥通风透气，回潮天气紧闭窗户，防止潮气侵入。发现肉片上有毛虫产生时可用菜油涂搽，毛虫自会消灭。风肉是当年吃的肉食，摆放久了肉膘就干枯，肉质发老变哈。风肉适合夏季煮食，因此都在夏季以前售尽。出品率为 68％左右。

十六、腊乳猪

1. 配方

乳猪 1 头，精盐 200g，白酒 150g，白糖 300g，硝酸钠 3g，酱油 150g。

2. 工艺流程

原料整理→腌制→烘制→成品

3. 操作要点

（1）原料整理　将 6.5kg 左右的乳猪屠宰，煺净身上所有的猪毛及污物，开腔摘去所有的内脏并剔去颈背骨、胸骨及腿骨（剔骨时切勿划破表面）。然后用小竹棒将猪体撑开并铺成平面状（使猪体呈平卧姿势）。

（2）腌制　将已经混匀的所有配料均匀地涂擦猪身内外，腌制 5~6h。每隔 1h 应把从猪身上流下的配料往猪身上和内腔里再涂擦一次，使配料能充分渗入肉内。

（3）烘制　将经过腌制好的乳猪直接送入 50℃ 的烘房进行烘制，烘制中应不断地调整和改变乳猪的位置和方向，以使猪体周围能烘制均匀。约烘制 48h，待手触猪皮有干硬感，猪表面呈鲜艳的赭色时即为成品。如天气很好，也可白天在阳光下晾晒，晚上转入烘房，连续 3 天即成。

十七、腊香猪

1. 配方

香猪 1 头，酱油、白糖、三花酒、食盐和猪肉的质量比为 10:5:4:3:100。

2. 工艺流程

选料→原料整理→修理→腌制→烘制→成品

3. 操作要点

（1）选料　选用健康无病的香猪，作为加工的原料。

（2）原料整理　选好的香猪经宰杀、放血，60℃ 热水烫毛，刮洗干净（不可破皮）成光猪。

（3）修理　光猪开膛，取内脏，剔去猪骨，保留猪脚和猪尾。

（4）腌制　辅料在一起混拌均匀，再均匀地涂抹在修理好猪的瘦肉部位上，腌制 1 夜，然后用竹片将猪的腹部撑开。

（5）烘制　最后将猪吊起，放在阳光下晾晒或送入烤房焙烤，约需 3 天，猪体达到干身即可。

十八、上海腊猪头

1. 配方

净猪头肉 100kg，精盐 6kg，60 度大曲酒 1200g，酱油 3kg，红曲米 1000g，白糖 3.8kg，硝酸钠 50g。

2. 工艺流程

猪头拆骨→腌制→烘烤→成品

3. 操作要点

（1）猪头拆骨

① 将卫生检验合格的新鲜猪头从嘴角到耳朵间先用刀划一条深约 2cm 的痕，再用砍刀劈开，分为上下面，上面为马面，下面为下颌（连猪舌）。

② 将猪头脑顶骨敲开，取出猪脑，挖出眼睛，再把马面上骨头全部取净。

③ 马面上的残毛用刀刮净再用清水洗净。

④ 在下颌上先把猪舌割下，再把所有骨头全部剔净。

⑤ 割下猪舌时必须把喉管上的污物全部去净，再用刀把舌苔皮刮净，最后用清水洗净。

⑥ 原条猪舌厚度较厚，可用刀从侧面斜剖，使猪舌外形扩大。

猪头经拆骨后分为马面、下颌、舌头三部分。

（2）腌制

① 经拆骨后的净猪头肉先用精盐和硝酸钠腌制 18h 后用开水洗净，晾干。

② 将除精盐及硝酸钠外的调味辅料放在容器内，用力拌匀后将晾干的净猪头肉放入浸腌 2h。

③ 捞出腌好的猪头肉，把马面、下颌、舌头各自分开，平放在竹筛上。

（3）烘烤

① 烘烤间的两旁置有铁架，地上置有燃青炭的火盆，把马面、下颌、舌头的竹筛按次序平放在铁架上进行烘烤。

② 竹筛上的马面、下颌、舌头送入烘房经炭火烘制时经常翻动，上下面互相翻转，使其各部烘烤均匀，经 24h 烘制后，必须依次移到较高架上继续火烘。至水分烘干后，用麻绳将马面、下颌、舌头各自穿起。

③ 把穿上绳后的马面、下颌、舌头依次挂到竹竿上，再把竹竿送入烘房继续烘制 4～5 天，待水分全部烘烤净，即为腊猪头成品。

如遇天晴可利用日晒夜烘的办法。

十九、平顶山蝴蝶腊猪头

1. 配方

去骨后的生猪头肉 100kg，八角 300g，硝酸钾 50g，白酒 2kg，白糖 3kg，食盐 4kg，酱油 5kg。

2. 工艺流程

原料整理→腌制→烘烤→成品

3. 操作要点

（1）原料整理　选用三道纹的短嘴猪头，经过刮毛、剔骨（保持猪头完整有猪舌），放在清水中浸泡 12h。

（2）腌制　去尽淤血，捞出，控去水分，然后加入辅料放进缸内腌制5天。腌制时要一层一层摆好，一层肉，一层辅料，最后用石头将肉压紧。前3天，每天翻一次肉，以便腌制匀透。

（3）烘烤　肉腌好后出缸整理成蝴蝶形状，放入恒温烘房烘烤3天（温度第一天为60℃；第二天50℃；第三天40℃），待外皮干硬、瘦肉呈酱红色时，即为成品。

二十、四川腊猪头肉

1. 配方

鲜猪头50kg，食盐4500g，硝酸钠25g，花椒50g，糖色（蔗糖5kg，炒煳后加水7.5kg左右熬煮）。

2. 工艺流程

原料选择与修整→腌制→烘烤→成品

3. 操作要点

（1）原料选择与修整　选用经卫生检验合格的鲜猪头，拔净猪毛，剔去骨头，整理头面成圆形边面。但头部的核桃肉、瘦肉、两个眼睛必须附在猪头肉上。

（2）腌制　先将精盐用火炒热，放凉后加入硝酸钠等辅料拌匀，一次擦于头肉及头肉皮上，并打竹签，以使香辛料、食盐渗入。将猪头放入缸内或池内，放时皮面向下，肉面向上，但最后一层皮面向上，肉面向下，整齐平放，以装满为止。腌制2天后进行翻缸，翻缸后再腌3天即可出缸。用温热水将猪头洗净，用刀将附在猪头上的辅料渣刮净，用竹片横插在猪头的肉面部位，支撑为蝴蝶形状，再用麻绳穿入猪头的鼻孔扎好，用竹竿穿起晾干。

（3）烘烤　将晾干的猪头连竹竿放入烘房内层层放好，即可生火用杠炭烘烤。烘烤时间约32h，待皮已干硬，瘦肉呈酱红色，表明肉的表面水分已烤干，即可出炕。出炕待放凉后将竹片取下，即为成品。出品率为75%左右。

二十一、广州腊猪头肉

1. 配方

猪头肉5kg，食盐170g，生抽酱油170g，黄酒100g，硝酸钠2.5g，白糖220g。

2. 制作方法

（1）原料整理　将经卫生检验合格的鲜猪头去净毛及不洁物，剔去骨头，清洗干净。从猪头下颌处切开，铺成块状，用小竹片撑开。

（2）加工　方法有两种，一种是用略粗于精盐的食盐及硝酸钠将猪头擦遍，使盐味渗入肉内。经过一夜腌制后取出，将盐洗净，用蔗糖、酱油等进行腌制。约45min后取出，放在疏眼竹席上置阳光下暴晒，晚上放烘房烘烤一夜，第2天再晒。经过 4 天即可制成腊猪头。这种成品味道较浓，肉质爽脆，但工艺较繁琐。另一种是不用食盐及硝酸钠擦，而是将猪头肉直接放入酱油、蔗糖、硝酸钠中腌制 5～6h 后，取出暴晒，其余加工方法与上法相同，这种方法比较简单。

二十二、岳阳蝶式腊猪头

1. 配方

剔骨修整后的鲜猪头肉 100kg，食盐 9kg，硝酸钠 50g，八角 60g，白糖 1kg，白酒 800g，原汁酱油 2kg，糖色、甜酱适量。

2. 工艺流程

选料、修整→腌制、上色→整形、晾干→成品

3. 操作要点

(1) 选料、修整　选用符合卫生标准的新鲜猪头，去骨净毛。在下料时要在向颈部延伸 4cm 处下刀，割至左右嘴角处 4cm，左右眼处 4cm，直至左右耳根为止，成一弧线。割至脑顶时，将脑顶肉留在猪头上，头部的核桃肉、瘦肉也留在头上。

(2) 腌制、上色　将上述配料混合成糊状，抹在猪头上，置于腌缸中腌制 9 天。每 3 天翻缸 1 次，翻第 2 次缸时，将糖色、甜酱均匀地刷在猪头皮上。

(3) 整形、晾干　起缸后用竹扦把头皮撑成蝴蝶状，穿杆整形晾干。成品率 75％～78％。

二十三、腊猪嘴

1. 配方

猪嘴肉 10kg，精盐 300g，白酒 80g，白糖 60g，一级生抽 500g，麻油 60g，硝酸钠 2g。

2. 工艺流程

选料→腌制→晾晒→成品

3. 操作要点

(1) 选料　将选择好的新鲜猪嘴肉切开两边，清洗干净。

(2) 腌制　整理好的猪嘴肉先用硝酸钠擦匀表皮，再加精盐、白酒、白糖、一级生抽，搅拌均匀，再放置腌制 4～5h，待入味后再加麻油拌匀，使其色泽鲜明。

(3) 晾晒　将腌好的猪嘴肉用细麻绳穿上，挂在阳光下暴晒 6 天，即为成品。

二十四、广式腊猪舌

1. 配方

猪舌 50kg，酱油 1kg，精盐 1～2kg，硝酸钠 25g，白糖 3～4kg。

2. 工艺流程

原料选择与修整→腌制→烘焙→成品

3. 操作要点

（1）原料选择与修整　选用洁净的猪舌（鲜、冻均可），把喉管、淋巴除去，在舌底开一刀，撕开，修成桃状。

（2）腌制　将调好的辅料放入猪舌中，搅拌均匀腌3～4天。把猪舌捞起，沥干后在猪舌上面戳一个洞，穿上细麻绳，挂在竹竿上，送烘房烘焙。

（3）烘焙　烘房温度控制在50℃左右，烘焙1～5天，在烘焙过程中需翻动猪舌，使其受热均匀。烘干后即为成品。

二十五、四川腊猪舌

1. 配方

鲜猪舌50kg，食盐4500g，花椒70g，白酒500g，硝酸钠25g，白糖500g。

2. 工艺流程

修整→腌制→烘烤→成品

3. 操作要点

（1）修整　先将经卫生检验合格的鲜猪舌接近喉管处破开，喉头处打眼，并把鲜猪舌用刀割一道口，以使盐料等易于腌透。

（2）腌制　先将食盐、硝酸钠和花椒等混合拌匀，用手一次擦于鲜猪舌上，并将擦好的猪舌放入缸或池内腌制，3天后进行翻缸，再腌3天后即可出缸，出缸后用麻绳将猪舌喉管的一端串好，挂于竹竿上，晾干后即可进行烘烤。

（3）烘烤　将晾干的猪舌连竹竿进入烘房烘烤32h。待猪舌干硬时即可出炉，晾凉即为成品。出品率为55%左右。

二十六、广州腊猪腰

1. 配方

猪腰100kg，白糖3.8kg，食盐2.5kg，硝酸钠50g，酱油5kg，黄酒1.3kg。

2. 工艺流程

原料修整→腌制→烘烤→成品

3. 操作要点

（1）原料修整　先把经卫生检验合格的鲜猪腰上的脂肪割净，并把腰面的一层油质薄膜剥除，用刀从一端侧面切入，但不全部切开，使腰肉成链条形，洗净血污、油脂即为腰坯。

（2）腌制　将配料均匀布于猪腰坯上，腌制18h，其间翻动1次使之充分腌透。

（3）烘烤　猪腰坯腌透后，用麻绳两个一串地串连起来，串在竹竿上送入烘炉大火烘烤 16h 即为成品。

二十七、四川腊猪腰

1. 配方

鲜猪腰 50kg，食盐 4kg，硝酸钠 25g，花椒 50g。其余香料按照销售地区口味特点和需要添加。

2. 工艺流程

修整→腌制→烘烤→成品

3. 操作要点

（1）修整　先将经卫生检验合格的鲜猪腰面皮上的一层膜剥去，再取下腰心处的腰臊腺。

（2）腌制　先将食盐、硝酸钠和香料拌匀，再将鲜猪腰盛于盆内，加入拌匀的香料，用手进行揉搓，要使每个猪腰都要附有食盐和香料。将猪腰放入缸内腌制 4 天后，即可出缸，用麻绳穿好，用竹筛装好即可进行烘烤。

（3）烘烤　将猪腰送入烘炉摆放好后，即用木炭火烘烤。烘烤时间为 28～32h。待猪腰子硬时即可出炉，晾凉后即为成品。

二十八、湖南腊猪肚

1. 配方

猪肚 100kg，白糖 3.8kg，食盐 2.5kg，硝酸钠 50g，生抽酱油 5kg，黄酒 1.3kg。

2. 工艺流程

选料→修整→烫煮→清洗→腌制→烘制→成品

3. 操作要点

（1）选料　选用符合卫生检验要求的新鲜猪肚，冲洗干净，作为加工的原料。

（2）修整　选好的猪肚冲洗干净，剪去油脂，边缘修整齐，再冲洗干净，再将猪肚顺外圆切开 1/3，用清水冲洗。

（3）烫煮　洗净的猪肚放入沸水中烫煮 5min，使其收缩变硬，成形。

（4）清洗　烫煮好的猪肚先用刀刮去肚内外一切污物，再反复搓揉，直至肚内外一切污物刮净，再冲洗干净，将肚的切口处向下，沥水。

（5）腌制　沥干的猪肚用精盐和硝酸钠的均匀混合料涂擦于其内外壁，涂匀，放置于干净的容器内，腌制24h。

（6）烘制　腌好的猪肚切口朝下，挂在竹竿上，再送入烘房，房温55℃，烘制24h，烘至猪肚表面呈浅黄色，即为成品。

二十九、腊猪肝

1. 配方

鲜猪肝100kg。川式：食盐6.5～7kg，干酒0.5～2kg，生姜（或粉）100～300g，花椒10～15g，硝酸钠50g。其余香料按地区消费习惯加减。广式：减盐加糖，食盐3.5kg，白糖6kg，酱油4kg，白胡椒200g，曲酒2kg，姜汁水50g，香料适量。

2. 工艺流程

修整→腌制→挂晾→烘烤→成品

3. 操作要点

（1）修整　完好无破损地摘除苦胆，割去筋油，划成4块，并在较大那块肝上用刀割一道口，使其进盐，还需打针眼，以排除空气。

（2）腌制　将辅料拌匀，肝放盆内，倒入辅料，用手混合敷料，务使吃料均匀，再入缸腌制。1～2天翻缸，再腌2天即可出缸。

（3）挂晾　出缸后的肝用清温水漂洗干净，拴绳穿于竹竿上挂晾，等水汽略干后，即可进房。

（4）烘烤　烤28～32h（室温40～50℃时，约72h）。烘烤时可挂在竹竿上，也可放在竹筛上，用木炭烘烤。视其干硬，就可出炕，冷透后包装。成品出率30%～40%，如不需存很久，不宜太干。

三十、枫蹄

1. 配方

猪前蹄10kg，硝酸钠3g，精盐1.5kg，酱油6kg。

2. 工艺流程

选→腌制→晾晒→成品

3. 操作要点

（1）选料　选择符合卫生检验要求的猪前蹄，刮净残毛，冲洗干净。

（2）腌制　将猪蹄洒上硝酸钠水，放入盐卤中腌制20天，再晾干，5～6天后，放入酱油中浸泡12h。

（3）晾晒　腌制好的猪蹄置于阳光下晒4天，待猪蹄干透发硬，用线绳捆扎挂起来，挂在干燥通风处，将盐水出净，即成枫蹄。

三十一、广东腊肠

1. 配方

猪瘦肉 3500g，肥肉 1500g，精盐 100g，白糖 250g，酱油 250g，汾酒 150g，硝酸盐 1.5g，清水 750g。

2. 工艺流程

原料选择与修整→天然肠衣准备→腌制、拌馅→灌制→晾晒→烘烤→成品

3. 操作要点

(1) 原料选择与修整　腊肠的原料肉以猪肉为主，要求新鲜。瘦肉以腿臀肉为最好，肥膘以背部硬膘为好，腿膘次之。原料肉经过修整后，去掉筋、腱、骨头和皮。

(2) 天然肠衣准备　用干或盐渍肠衣，在清水中浸泡柔软，洗去盐分后备用。

(3) 腌制、拌馅　首先是将肥肉放入开水之中浸熟，拌上少量汾酒，埋入白糖之中（此法称作"冰肉"，原因是肥肉腌透煮熟后呈透明，有如冰块而得名，可令肥肉不肥不腻）。腌约 1 天后，用刀切成 1.0cm 大小的肉丁。然后将瘦肉用绞肉机以 0.4～1.0cm 的筛板绞碎，放入精盐、白糖、生抽、汾酒和硝酸盐拌匀，腌制至少 8h。

(4) 灌制　用灌肠机将肉馅均匀地灌入肠衣中。要掌握松紧程度，不能过紧或过松。然后将两端肠衣打结，用针在肉肠上密插，以利疏气，再用麻绳每隔 30cm 分为一段绑上，中段绑上水草，将湿肠用清水漂洗一次，除去表面污物，然后依次分别挂在竹竿上，以便晾晒、烘烤。

(5) 晾晒、烘烤　将香肠放入通风处晾晒 7 天左右，然后送入烘房烘烤，温度控制在 45℃左右。

三十二、武汉腊肠

1. 配方

猪瘦肉 35kg，脊膘 15kg，白糖 3kg，精盐、汾酒各 1.25kg，味精、生姜粉各 150g，白胡椒粉 100g，硝酸钠 15g。

2. 工艺流程

选料及处理→腌制→拌料→灌肠→挂晾→烘制→成品

3. 操作要点

(1) 选料及处理　选用新鲜猪后腿及前夹纯瘦肉和色白质硬的脊膘。瘦肉去骨，剔去淋巴、膜和出血管等，切成 200～300g 小块；肥膘去掉皮、瘦肉、软脂肪，切成 1cm 见方的小丁。

（2）腌制和拌料　将切成小块的瘦肉加入精钠及硝酸钠拌匀进行腌制，温度在30℃左右时腌制24h。腌好的瘦肉呈鲜红色。将腌好的瘦肉放在30℃以下的温水中清洗后沥干水，投入绞肉机内绞碎，然后按瘦肥比例投入拌馅机内搅拌3～5min。把除酒以外的配料加适量热水化匀，倒入装肉馅的容器内，再搅拌2～3min，最后加酒搅拌均匀即可灌制。

（3）灌肠、挂晾和烘制　将肠衣洗净泡胀，进行灌肠，灌后每隔15cm用麻绳和草绳各扎一道。扎好的肠要排气，然后用40℃温水洗净后上杆，挂晾滴干水后推入烘房。烘房温度要保持在45～50℃，历时约15h，以烘干缩身为适度。把扎肠的草结剪去，使其成为对形。

三十三、川式腊肠

1. 配方

猪瘦肉80kg，猪肥膘20kg，精盐3kg，白糖1kg，酱油3kg，曲酒1kg，花椒100g，硝酸钠5g，混合香料150g（八角、山柰各1份，桂皮3份，甘草2份，荜拨3份研磨成粉，过筛，混合均匀即成）。

2. 工艺流程

原料选择与修整→配料→拌馅→腌制→灌制→漂洗→晾晒、烘烤→成品

3. 操作要点

（1）原料选择与修整　以猪肉为主，要求新鲜。瘦肉以腿臀肉为最好，肥膘以背部硬膘为好，腿膘次之。加工其他肉制品切割下来的碎肉亦可作为原料。原料肉经过修整，去掉筋腱、骨头和皮。瘦肉先切成小块，再用绞肉机以0.8～1.0cm的筛板绞碎。肥肉切成0.8cm见方大小的肉丁，用温水清洗1次，以除去浮油及杂质，沥干水分待用。肥瘦肉要分别存放。

（2）配料　按配方称取各种辅料，混合均匀，加入6%～10%的温水，搅拌，使辅料充分溶解。

（3）拌馅、腌制　把瘦肉丁、肥肉丁和辅料混合均匀，腌制数分钟，即可灌制。

（4）灌制　将肠衣套在灌嘴上，使肉馅均匀地灌入准备好的猪肠衣中。每隔10～20cm用细线结扎一道，不同品种、规格要求的长度也不同。用针排出肠内空气和多余的水分。

（5）漂洗　将湿肠用35℃左右的清水漂洗1次，除去表面污物，然后依次挂在竹竿上，以便晾晒、烘烤。

（6）晾晒和烘烤　将悬挂好的肠放在日光下晾晒2～3天，阳光强时每隔2～3h转动竹竿一次，阳光不强时每隔4～5h转一次。在日晒过程中，肠体胀气处应针刺排气。晚间送入烘房内烘烤，温度保持在40～60℃。一般要经过3昼夜的烘

晒。然后再晾挂到通风良好的场所风干 10～15 天即为成品。

（7）成品　在 10℃ 以下可保存 1 个月以上，也可挂在通风干燥处保存，还可进行真空包装。

三十四、无硝小排腊肠

1. 配方

猪肉 50kg，50～60 度优质曲酒 250g，白糖、酱油、精盐各 1.5kg，味精 50g，五香粉 75g，葡萄糖 100g，异抗坏血酸钠 40g。

2. 工艺流程

原料整理→腌制→灌肠→风干→成品

3. 操作要点

（1）原料整理　选用符合无公害带肉的猪肋排，分别切开骨肉重量比 1∶3，斩成长 3～4cm 的肉块，用温水洗净血污，沥干。

（2）腌制　将洗净沥干的小排，与上述各种配料混匀，置于缸内腌制。腌制时间，夏季 4h，春秋季 8h，冬季 10～24h。期间上下翻动 1～2 次，使其入味均匀。

（3）灌肠　将小排灌入洗净的新鲜猪小肠，肠衣直径 3～3.2cm。也可用猪干肠衣，色泽以乳白色、无异味、细薄坚韧、均匀透明为上品。肠衣直径 2.8～3cm，用清水浸泡柔软，备用。每小块小排为 1 节，每灌制 1 节，用针刺孔以排出内部空气，棉绳结扎。在 60～70℃ 热水中漂洗。

（4）风干　将小排腊肠挂在干燥通风处晾晒 20 天。用剪刀剪去棉绳，在腊肠上涂芝麻油，塑料袋密封包装。

三十五、猪肝腊肠

1. 配方

猪修整碎肉 50kg，猪背部脂肪 30kg，猪肝 20kg，食盐 2.5kg，白糖 1kg，酱油 250g，肉桂 62g，硝酸钠 16g。

2. 工艺流程

原料选择→肥肉切丁→绞肉（粗斩）→拌馅→充填→熏烤→成熟→成品

3. 操作要点

（1）原料选择　选择经兽医卫生检验合格的原料肉。

（2）绞肉　猪修整肉通过粗斩或绞肉机（12mm 孔板）绞碎，将冷却过的背部脂肪切成 6mm 大小的丁。将猪肝通过绞肉机（3mm 孔板）绞碎。

（3）充填、熏烤、成熟　在搅拌机内，将原料和辅料充分混合，然后充填入 20mm 左右的天然肠衣或者纤维素肠衣。每根香肠长 10.2cm，在温度为 49℃ 的烟熏室内加热 48h，再在 15～18℃下成熟 24～48h，包装后就是成品。

三十六、即食腊肠

1. 配方

猪肉 100kg，冰水 15～25kg，白糖 10kg，白酒 4.5～5kg，食盐 4～4.5kg，味精 0.4kg，三聚磷酸盐 0.4kg，五香粉 0.3～0.4kg，D-异抗坏血酸钠 0.2kg，硝酸钠 50g，变性淀粉适量。

2. 工艺流程

肥膘解冻→切丁→漂洗→冷却

↓

瘦肉解冻→选修→绞肉→搅拌→腌制→二次搅拌→灌肠→干燥→蒸煮→真空包装→高温灭菌→冷却入库

3. 操作要点

（1）解冻　猪胴体自然解冻，选用猪 2、4 号肉及背脊肥膘。

（2）切丁、漂洗、冷却　肥膘用切丁机切成 4～5mm 的丁，并用 42～45℃的温水洗去浮油然后送入腌制间备用。

（3）绞肉、搅拌、腌制　猪 2、4 号肉用直径 10mm 孔板的绞肉机绞碎后备用。将绞制好的猪 2、4 号肉放入搅拌机，按配方比例加入辅料，搅拌 15～20min 至肉馅黏稠均匀，冰水完全吸收即可进行腌制。腌制温度 0～4℃，时间大约 24h，至肉馅发色均匀。腌制后肉馅温度应控制在 5～8℃之间。

（4）二次搅拌　取腌制好的猪肉糜放入搅拌机中，加入冷却的肥膘丁及变性淀粉 4～6kg，搅拌 15～20min 至均匀一致为止。

（5）灌肠　将制好的肉糜灌入 5～6 路肠衣，按每段 15cm 左右打结挂杆。肠衣应预先用清水浸漂，灌装时应注意随时排除气泡，肠体粗细要均匀。

（6）干燥　灌装好的产品应及时送入干燥炉进行干燥，干燥温度 50～55℃，时间大约 24h。通过长时间干燥使产品充分发色、水分蒸发，从而形成特有的腌腊味，且水分活度降低有利于制品保藏。

（7）蒸煮　干燥后的产品及时送入蒸煮箱进行蒸煮，蒸煮温度为 82℃，蒸煮时间 30min，也可在杀菌锅中进行。

（8）真空包装　将蒸煮后的腊肠冷却至室温并晾干表面水分，然后用复合高温蒸煮袋进行真空定量包装。

（9）高温灭菌　真空包装后的产品在高压杀菌锅中进行杀菌，杀菌条件为 105℃，保温 35min，反压 0.12MPa 冷却，冷却至 40℃以下可减压出锅。通过二次灭菌、水分蒸发产生的低水分活度及真空从而达到了产品常温保藏的目的。

（10）包装入库　产品灭菌、冷却后，经检验合格可包装入库。检验时应剔除漏气产品，必要时应做保温实验，剔除胀包产品。

第三节　牛肉制品

一、牛干巴

1. 配方

鲜牛肉 100kg，食盐 4～6kg，白糖 1kg，硝酸钠 40g，辣椒粉 50g，花椒粉 50g，五香粉 50g。

2. 工艺流程

选料→修整→腌制→烘烤→冷却→包装、保藏→成品

3. 操作要点

（1）选料　选择新鲜健康的优质牛肉。以肌肉丰满、腱膜较少的大块牛肉为宜。

（2）修整　将牛肉切分成长方形肉块，每块重 500～800g，去掉骨骼和腱膜等结缔组织。

（3）腌制　采用干腌方法腌制。加入牛肉块及全部调料，混合均匀，逐块涂抹，反复揉搓，直到肉表面湿润，然后置于腌制容器中，在表面再敷一些腌制剂，密封容器，腌制 7～15 天。

（4）烘烤　将腌好的牛肉块置于不锈钢网盘中或吊挂于烘烤推车上，然后推进烘箱或烘房烘烤，温度为 45～60℃，烘烤 24～48h，即为牛干巴成品。

（5）冷却、包装与保藏　牛干巴的成品率一般为 55％～60％。冷却后可用真空包装，于 10～15℃下可长期保存。

二、速制腊香牛肉

1. 配方

鲜牛肉 100kg，食盐 4kg，白糖 3.5kg，味精 0.1kg，黄酒 2kg，蜂蜜 20g，亚硝酸钠 5g，抗坏血酸 25g，硝酸钠 25g，砂仁 50g，肉豆蔻 0.1kg，草果 0.15kg，姜、葱各 0.5kg，八角 0.2kg，花椒 0.3kg，胡椒 0.3kg，小茴香 0.1kg，桂皮 50g。

2. 工艺流程

原料选择及预处理→腌制→成熟→烘烤→真空包装→杀菌、冷却→成品

3. 操作要点

（1）原料选择及预处理　选择符合卫生标准的新鲜牛肉，以后腿肉为佳。将瘦

牛肉剔除脂肪油膜、肌腱、血块及碎骨等。清洗干净后在操作台上根据肉块形状，用刀切成 Z 形，长约 20cm、宽约 14cm 的形状，沥去水后备用。

（2）腌制　采用先干腌后湿腌的混合腌制法。首先称取原料质量 3% 的食盐在炒锅中培炒至无水蒸气，色泽微黄，冷却后与亚硝酸钠、硝酸钠、抗坏血酸混合，混合均匀后擦在牛肉表面，整齐摆放于腌缸中压实，腌制 8～9h，保持温度为 8～10℃。腌制过程中上翻动 2～3 次。

按配料称取适当比例香辛料，于盛有清水的夹层锅中加热至沸，加水量与肉重之比为 1:1，用微火熬制 30～40min。将熬好的腌制液用双层纱布过滤到腌制缸中，再将剩余食盐、味精、白糖等加入搅匀，冷却后加入黄酒搅匀后备用。将干腌后的牛肉浸没到腌制液中继续腌制 12h，保持温度 8～10℃。

（3）成熟　将腌牛肉表面沥干，于 55℃ 烘箱中烘 5～6h，使牛肉含水量降至 55%～60%。

（4）烘烤　将 20g 蜂蜜与 50g 黄酒调匀后刷在腌制好的牛肉坯表面，晾干后置于烘箱中，逐渐升温至 150℃ 烤制 20min，待温度降至 100℃ 左右将腊牛肉取出。

（5）真空包装　将烤制好的腊牛肉趁热装入铝箔包装袋，防止肉汁或油污沾在袋口上而影响密封性。装袋时按每袋 500g 分装，然后真空封口，真空度为 0.08MPa。

（6）杀菌、冷却　采用高温高压杀菌，温度 121℃，杀菌时间 15～20min，冷却采用 0.2MPa 反压冷却，冷却至 40℃ 出锅。

三、犹太式咸牛肉

1. 配方

牛胸肉 1000.0kg，腌制液 1660.0L（水 1660.0L、食盐 167.0kg、亚硝酸酸钠 0.22kg、硝酸钠 0.22kg、磷酸盐 48.0kg、异抗坏血酸钠 5.0kg、蔗糖 30.0kg）。

2. 工艺流程

原料肉修整→腌制→切片、包装

3. 操作要点

（1）原料肉修整　除去牛胸肉内层脂肪，去骨时尽量避免损伤筋膜，以得到重量一致的牛胸肉。

（2）腌制　用盐水注射机把腌制液注射到牛肉中。如需获得咸味重的产品，可适当加盐或调节盐水浓度。也可根据需要向腌制液中加入乳化调料和大蒜汁。腌制液注入量不得超过牛胸肉鲜重的 20%。将腌制液注入后的牛肉一层一层装入桶中，两层间撒上香料。用木盖把肉使劲往下压，然后用足够的腌制液水封，0～4℃ 腌制 4～5 天。

（3）切片、包装　牛肉腌制后可通过散装形式销售，也可按以下方式经切片和包装后放在 0～4℃冷藏室里销售：切片牛肉浸泡在溶解有 5％异抗坏血酸钠的 30％的盐水里，之后装入薄膜袋密封加热。

四、熟咸牛肉

1. 配方

牛腿肉 1000.0kg，腌制液 1660.0L（水 1660.0L、食盐 167.0kg、亚硝酸钠 0.22kg、硝酸钠 0.22kg、磷酸盐 48.0kg、异抗坏血酸纳 5.0kg、蔗糖 30.0kg）。

2. 工艺流程

原料肉修整→腌制→去骨→熟化→蒸煮→冷却、包装

3. 操作要点

（1）原料肉修整　优质的产品需要上等质量的牛腿肉，上等牛腿肉的平均重量在 30kg 左右，修整过程中保留主要的动脉和静脉用于腌制液注入。

（2）腌制　用盐水注射机把腌制液注射到牛肉中，注入量占牛腿肉重量的 10％，之后转移至 0～4℃的腌制间过夜，同时向腌制容器中加入适量的腌制液，无需水封。

（3）去骨　取出腌制间里的牛腿肉，去除表面脂肪和皮。剔去掌骨、髋骨和大腿骨（避免损伤大腿骨周围的肉）。去除小腿和关节，剔除肌块间脂肪、结缔组织，将肉平均分为四部分。

（4）熟化　切分好的牛腿肉浸泡于腌制液中，然后转移至 0～4℃的腌制间腌制 4～5 天形成风味。

（5）蒸煮　取出腌制液中的牛腿肉，用热水慢慢冲洗，然后晾干，之后将牛肉紧紧地压入长方形火腿模具里，模具放入循环流动水的锅中，水温保持在 85℃，直到肉的中心温度达到 75℃（每 450g 肉需 50min 左右）。

（6）冷却、包装　排出锅中的热水，灌入冷水，冷却 2h，之后移出模具重新压紧，再将模具转移至 0～4℃的冷却室里。冷却结束后将牛腿肉移出模具，浸泡于明胶溶液里，然后装入玻璃纸盒中。在整个流通和销售过程中都要保持 0～4℃的低温环境。

五、调味咸牛肉

1. 配方

牛腿肉 1000.0kg，腌制液 1660.0L（食盐 167.0kg、亚硝酸钠 0.22kg、硝酸钠 0.22kg、磷酸盐 48.0kg、异抗坏血酸钠 5.0kg、蔗糖 30.0kg，用水调至 1660.0L）

2. 工艺流程

原料肉修整→腌制液配制→去骨→熟化→熏制、蒸煮→切片、包装

3. 操作要点

（1）原料肉修整　优质的产品需要上等质量的牛腿肉，上等牛腿肉的平均重量在 30kg 左右，修整过程中保留主要的动脉和静脉用于腌制液注入。

（2）腌制液配制　根据需要向腌制液中加入食盐。如需获得咸味重的产品，可适当加盐或调节盐水浓度。也可根据需要向腌制液中加入乳化调料和大蒜汁。

（3）腌制　通过血管注入腌制液，注入量占原牛腿肉重量的 10%，然后移至 0～4℃的腌制间过夜。同时向腌制容器中加入适量腌制液，无需水封。

（4）去骨　取出腌制间的牛腿肉，去除表面脂肪和皮，剔去掌骨、髋骨和大腿骨（避免损伤大腿骨周围的肉）。去除小腿和关节，剔除肌肉间脂肪、结缔组织，将牛腿肉切成厚度均匀的牛肉块。

（5）熟化　牛肉块涂满黑胡椒粉。装入带有木盖子的桶中，用盖子把牛肉块使劲往下压，并用腌制液水封。在腌制间里腌制 6～7 天；一般牛腿肉腌制温度在 0～4℃。之后取出腌制间的牛肉块。小块牛肉块挂在烟熏架上，大块牛肉块放在不锈钢筛网上。肉与肉之间保持 5cm 的距离以利于空气的流通。

（6）熏制、蒸煮　烟熏室预热至 55℃，放入牛肉块，风门完全敞开，直到牛肉块表面晾干，升高温度到 65℃，风门调整至原来 1/4，引入熏烟，保持 3h，之后停止供烟，再升高温度至 100℃，保持该温度，直到牛肉块的中心温度达到 75℃。之后取出烟熏室里的牛肉块，置于室温下使牛肉块的中心遍度降到 45℃。再转到冷却室，直到牛肉块的中心温度降到 0℃左右。

（7）切片、包装　在 0～4℃温度下将牛肉块切片，装入塑料袋或聚酯薄膜袋中，真空密封。在整个流通和销售过程中都要保持 0～4℃的低温环境。

六、腌牦牛肉

1. 配方

牦牛肉 100kg。

香料配方：八角 0.2kg，小茴香 0.3kg，山奈 0.1kg，肉豆蔻 0.15kg，草果 0.08kg，丁香 0.05kg，沉香 0.05kg，桂皮 0.12kg，陈皮 0.2kg，白芷 0.05kg。

减菌液配方：乙酸 2%，双乙酸钠 6%，抗坏血酸 5%，硫代硫酸钠 2%，山梨酸钾 1%，水加至 100%。

盐水配方：食盐 15%，白糖 20%，谷氨酸钠 5%，亚硝酸钠 150mg/kg、D-异抗坏血酸钠 2%，双乙酸钠 3%，山梨酸钾 300mg/kg，水加至 100%。

2. 制作方法

（1）将牦牛肉分割成 0.3kg 的条状，去除筋膜和油脂，清洗干净，投入嫩化机中嫩化处理，如果效果不理想，可进行二次嫩化处理。

（2）将嫩化后的牦牛肉条投入减菌液浸泡 10s 后捞出沥水可使菌降低 100 倍，但保存时间并不长，要及时处理。

（3）将减菌处理的牦牛肉条进行盐水注射，盐水注射量为原料肉的 15%。如果还剩余盐水，需进行二次注射。盐水用水为经过臭氧处理的洁净水，并加入片冰降温，保证注射后的肉中心温度在 12℃ 以下。

（4）将注射盐水后的牦牛肉和粉状香料投入真空滚揉机中进行真空滚揉，设置参数为工作 45min，休息 10min，间歇滚揉 16h。该操作在 0～4℃ 的低温库中进行。

（5）将滚揉结束后的牦牛肉出料到腌制桶中，加盖低温腌制 24h 至中心为鲜艳的玫瑰红色，表面微黏手。该操作在 0～4℃ 的低温库中进行。

（6）取出牦牛肉，挂竿，置于 60℃ 烘箱中进行热干燥。16h 出成品后进行真空包装。

七、腌牛肉

1. 配方

牛腿肉 50kg，食盐 2kg，黄酒 1.5kg，酱油 1.5kg。

2. 制作方法

（1）选料　选择新鲜的牛腿肉作为原料，用刀将牛腿剖开，然后剔除掉牛腿上的骨头，用刀将牛腿肉切成小块，每块牛肉的质量为 200g。将牛肉放入锅中加热煮 5min，将牛肉多余的血渍去除掉，然后用漏勺将牛肉捞起来放入筛子中沥干多余的水分。

（2）腌制　将食盐、黄酒、酱油一起放入盆中，用勺子搅拌均匀，然后将牛肉放入调制好的料中浸泡腌制，让牛肉在料中浸泡 2 天。浸泡的过程中要每天翻动 2 次，然后让牛肉充分吸入调料。

（3）晾晒　将腌制好的牛肉捞起来，用铁钩挂起来挂在晒竿上晾晒 7 天。

（4）烘干　将挂牛肉的铁钩取下，然后放入烘箱中用 30℃ 的小火烘烤 7h 取出即可。

（5）包装　用真空塑料袋将其包装好，每袋包装两块牛肉。

八、熟咸牛舌罐头

1. 配方

牛舌 1000.0kg，腌制液 415.0L（水 415.0L、食盐 50.0%g、硝酸钠 0.06kg、亚硝酸钠 0.06kg）。

2. 工艺流程

原料肉修整→腌制→腌制后处理→包装→杀菌

3. 操作要点

（1）原料肉修整　屠宰场的牛舌要充分清洗以除去牛舌上的黏液。将牛舌放入水池中，引入冷水。直到冷水清澈透明时停止冲洗。

（2）腌制　向牛舌上的两个动脉注入腌制液，注入量占牛舌本身重量的5%。然后将牛舌装入桶中，用相同的腌制液水封，在0～4℃的腌制间里腌制5天，第五天时检查牛舌位置，确保使其水封，再腌制2～3天，腌制过程总时间为8天。

（3）腌制后处理　取出腌制液里的牛舌清洗干净。放在煮锅里加热直到牛舌变软。之后取出煮锅中的牛舌，趁热去咽喉软骨，修整牛舌，然后压入适当体积的金属罐或玻璃罐中。操作要迅速，装罐时牛舌要有较高温度，因为牛舌冷却后会失去弹性，从而使牛舌体积与容器不匹配。

（4）包装　将5%的琼脂加到95%的沸水中制成琼脂溶液。罐装过程中，琼脂要一直加热，使其处于溶解状态，然后将少量琼脂溶液倒入罐底部，再装入牛舌，向下压，然后添加琼脂溶液充满容器，真空密封。

（5）杀菌　1.4L的罐需在110℃条件下加热2.5h，然后在0.45MPa的压力下冷却30min，最后在大气压条件下冷却。玻璃容器需在压力锅中进行，锅中水的压力应保持在0.45MPa和推荐压力之间的范围。最后在0.45MPa压力下冷却。

九、压缩牛肉火腿

1. 配方

牛肉20kg，杂碎牛肉20kg，瘦猪肉20kg，猪颈肉20kg，猪肋条肉20kg，白胡椒0.2kg，肉桂0.1kg，肉豆蔻0.1kg，香葱汁0.1kg，味精0.2kg，玉米淀粉1.5kg，脱脂奶粉1.5kg。

2. 工艺流程

原料肉分割→腌制→调味→静置→装模、压缩→煮制→冷却→真空包装→冷藏

3. 操作要点

（1）原料肉分割　原料肉可以是热鲜肉、冷鲜肉、冷冻肉，以热鲜肉最好。在0.5h内将热鲜肉剔骨、去皮，除去脂肪，切大块，剔除淋巴、筋、腱、血管，分割成腿瘦肉、肋条肉等不同等级的肉并称重记录。牛肉在4℃左右绞碎，然后斩拌成细牛肉糜。猪颈肉速冷至4℃，绞碎成粗肉糜。肋条肉含脂不超过40%，以30%为佳，切成1.5cm×1cm×0.5cm的小块，瘦猪肉亦切成1.5cm×1cm×0.5cm的小块。

（2）腌制　牛肉糜、猪颈肉糜均加盐1.5%、三聚磷酸钠0.15%、酱油0.5%、红曲米粉0.08%，混拌均匀（牛肉糜腌料可在斩拌时加入），0～4℃条件下腌制20～24h。杂碎牛肉、小猪肉块加盐2.5%，三聚磷酸盐0.15%，酱油0.5%、红曲米粉0.1%搅拌均匀，0～4℃条件下腌制48～72h。

（3）调味、静置　将香辛料（粉碎）、填充料（过筛）、猪颈肉糜、牛肉糜等依次加入牛肉、猪肉混合物中，边加边混拌，拌匀后于 0～4℃静置 12h。

（4）装模、压缩　将混合肉用直径 100mm 人造肠衣灌制，注意使肉料排紧，但应严防肠衣胀破。每 180mm 分段，两端卡紧，用针适当刺孔，并装入钢模压平压实。

（5）煮制、冷却　将装有火腿的钢模在 75～80℃水中煮 2.5h。煮制的一般要求是制品中心温度 65℃时恒温 30min，故煮制时间与制品大小、直径有关。煮制好后立即将煮制品于洁净流动水中冷却 30min 以上，充分冷却后，将制品从水中取出吊挂在架上冷却沥水（最好在 10℃以下室内）。10min 后解除钢套，用清洁布将肠衣上余水擦净。

（6）真空包装　将充分冷却的制品进行真空包装（也可以在无菌室内剥除肠衣，切片后真空包装），然后送入 0～4℃冷库中冷藏。

十、广州腊牛肉

1. 配方

牛肉 100kg，食盐 2.8kg，白糖 3750kg，白酒 1.4kg，硝酸钠 50g。

2. 工艺流程

取料→腌制→干燥→包装→贮存

3. 操作要点

（1）取料　选牛后腿，剔除筋络、油膜，按肉条纹切成长 45cm、厚 1～5cm、宽 2～3cm 的肉条。

（2）腌制　将辅料拌和，与肉坯混合均匀，入缸腌制 5～7 天。肉块大的，时间也要延长，并连续翻缸，使盐汁渗入肌肉深层。出缸后将肉坯洗净，穿绳结扣，挂在竹竿上滴干汁水，晾去水分。

（3）干燥　将肉坯置于阳光下暴晒，晚间入炕烘烤或送入烘柜，脱水干燥。烘房温度在 40～50℃下，约需 30h 才能干硬，出炕冷透即成。成品率 45%～50%。

（4）包装、贮存　用纸箱、木箱或竹制篮作外包装，内包装用防潮纸，包捆结实，置通风干燥处。

十一、长沙腊牛肉

1. 配方

牛肉 50kg，精盐 1.5～2kg，白糖 700g，硝酸钠 25g，五香粉 100g。

2. 工艺流程

切条→腌制→烘烤→成品

3. 操作要点

（1）切条　选用牛后腿肉，先割除油脂及肌肉间的白筋，再按肉纹切成长45cm、宽10cm、厚1cm的肉条。

（2）腌制　将配料拌匀，用手充分擦于肉条上。然后放入缸内，腌制18h（腌8h后翻动1次），即可出缸。

（3）烘烤　出缸后，将腌牛肉条一端穿上麻绳，送入烘柜内烘烤17h，即为长沙腊牛肉。

十二、陕西五香腊牛肉

1. 配方

牛肉90kg，食盐2.5kg，小茴香250g，八角31g，草果16g，桂皮120g，花椒93g，鲜姜片62g，食用红色素24g。

2. 工艺流程

原料整理→腌制→配料→煮制→成品

3. 操作要点

（1）原料整理　把牛肉切割成1.5～2kg重的小肉块，对后腿肉较后部位须用刀划开，使肉容易变红，盐味均匀。

（2）腌制　冬季每缸下生肉90kg、净水70kg；夏季下生肉60kg，水可稍多一些。冬季每25kg加盐500g；夏季每20kg加盐500g。缸内腌浸的肉，冬季每天用木棍翻搅4～5次，夏季翻搅次数要勤。冬季腌肉缸放在温暖室内，使肉色易于变红，夏季肉缸放在阴凉处，以免温度高，肉易变质。冬季至少腌制7天，夏季腌1～2天，腌浸好的肉用笊篱捞出，沥干水，再用净水冲洗1次。

（3）配料　冬季每锅煮生肉65kg，用盐2.5kg；夏季每锅65kg，用盐3.5kg。将配料小茴香、八角、草果、桂皮、花椒，用纱布包好，外加鲜姜片同时下锅。

（4）煮制　先将老汤连同新配料一并烧沸，并将汤沫打净，再将盐放在肉上面，每隔1h用木棍翻动1次，锅内的汤以能把肉淹没为度。当肉煮八成熟时，加入食用红色素，煮出的肉即呈鲜红色。每锅生肉煮8h才能出锅。初煮时先用末子炭把肉汤烧沸，即用架炭大火焖煮，直至肉熟为止。肉出锅时，应用锅内的沸汤把肉上浮油冲净，即成美味可口的腊牛肉。

十三、保宁干牛肉

1. 配方

牛肉100kg，食盐4kg，花椒400g，硝酸钠50g，百草霜适量。

2. 工艺流程

原料肉选择与修整→腌制→贮存

3. 操作要点

(1) 原料肉选择与修整　选用符合卫生要求的新鲜牛肉为原料, 剔净其表层的肌膜, 再切成 400~500g 重的肉块。

(2) 腌制　牛肉块加食盐、花椒、硝酸钠拌匀, 反复搓揉, 待辅料渗透到牛肉里, 再装入缸中压紧, 用肉汁漫过肉料, 按照季节变化, 定期或不定期翻缸数次, 使之腌透。腌好的牛肉, 用百草霜上色, 晾干即为成品。

(3) 贮存　干牛肉可存放在通风、干燥的仓库内, 冬天可存放 30 天, 其他季节不宜久放。

十四、嫩化盐水牛肉

1. 配方

牛肉 100kg, 白糖 7.5kg, 大豆蛋白 4kg, 食盐 5kg, 料酒 2kg, 磷酸盐 1.5kg, 味精 200g, 葡萄糖 400g, 卡拉胶 400g, 胡椒面 150g, 维生素 C 40g, 亚硝酸钠 10g, 辣椒粉 500g, 丁香 25g, 香叶 50g, 冰水 30kg, 清水 250kg。

2. 工艺流程

原料解冻与整理→盐水制备→盐水注射→滚揉→腌制→煮制→冷却、包装→成品

3. 操作要点

(1) 原料解冻与整理　将冻肉摊放在解冻间自然解冻。肉块解冻软化后将碎油、筋膜、杂物、脏污去净后, 修割成 1kg 左右的肉块。然后放入容器内, 避免彼此堆叠挤压, 放入预冷间内冷却。

(2) 盐水制备　用制作五香牛肉经澄清后的预煮汤水, 汤汁称重后分别溶入调味料及部分添加剂, 为加速溶解可边加入边搅拌。胡椒面先用水稀释后存入预冷间冷却。将卡拉胶置入小盆内, 并倒入 500mL 料酒, 稍加拌和即溶入酒液中, 胀发后再加同量料酒稀释, 再将溶解后的卡拉胶倒入已经冷却的汤汁内继续搅拌使其混合均匀。

(3) 盐水注射　将配制好的盐水置入盐水注射机内进行盐水注射, 肉块经注射后需放入浅盘容器内, 不得堆叠、挤压, 避免盐水外逸。

(4) 滚揉　将注射后的肉料与剩余盐水, 放入滚揉机内进行滚揉, 滚揉机的转速为 8r/min。滚揉 40min, 静置 20min, 间歇滚揉 8h。

(5) 腌制　滚揉后将肉块在滚揉机内, 在原液中继续腌制 16h, 待肉块呈均匀的玫瑰红色, 添入的大豆蛋白粉包裹在外面, 肉块间互相粘连在一起, 手感松弛而滑润, 即可出机煮制。

(6) 煮制　煮锅内放入 1/2 清水, 放入辅料袋加热, 待水温至 90℃时持续 30min, 将腌制后的肉块放入锅内, 使汤温保持在 80℃, 并将锅盖盖严, 持续加热

3.5～4.0min。60min后将锅盖打开，撇净浮在汤面上的油和泡沫。120min后，继续撇浮沫并用铲刀铲动锅底的肉块，180min时肉块开始浮出水面，倒入味精后，210min肉块全部浮出水面，此时用笊篱将其捞入容器内进行冷却。

（7）冷却、包装　将肉块摊凉在冷却案子上，待肉温下降至20℃后称量包装，每袋根据需要的重量，装入复合膜袋内，抽真空后即可。

十五、牛肉盐水火腿

1. 配方

牛肉100kg，盐水25kg（其配比为水100kg、食盐13kg、白糖5kg、亚硝酸钠15g、异抗坏血酸钠45g、烟酰胺45g、嫩肉粉100g、三聚磷酸钠0.5kg、焦磷酸钠0.5kg、香辛料粉0.3kg）。

2. 工艺流程

解冻→修整→配制盐水→盐水注射→机械嫩化→滚揉→成形→煮制→冷却→成品

3. 操作要点

（1）解冻　选用经兽医卫生检验合格的新鲜或冷冻牛肉。冷冻牛肉应经解冻，使其恢复鲜肉状态。解冻一般采用自然解冻法，夏季控制解冻室的温度在12℃左右，解冻8～10h；冬季控制在16℃左右，解冻10～12h。解冻结束后的牛肉内部温度应控制在0℃～4℃，以减少解冻后的肉汁和营养成分的损失。

（2）修整　将解冻好的牛肉修去筋腱、脂肪、碎骨、淋巴结等，切成1kg左右的肉块。为增大肉块表面积，可在肉块表面切上几刀，这样在滚揉时，可更好地提取肌肉中的盐溶性蛋白，提高肉块的黏结性和保水性。

（3）配制盐水　牛肉的肌肉韧性比猪肉大，为削弱蛋白质内部化学键的结合力，使产品具有细嫩的口感，在配制盐水时，应加入适量的肌肉嫩化剂——嫩肉粉（主要成分是木瓜蛋白酶）。盐水要求在注射前24h配制。盐水配制方法：先将磷酸盐用少量热水溶解，然后加水和食盐配成盐水，再在盐水里加白糖和香辛料粉，充分搅拌均匀后，放在7℃的冷藏间存放，在使用前1h再加入嫩肉粉、亚硝酸钠、异抗坏血酸钠和烟酰胺，经充分搅拌并过滤后使用。

（4）盐水注射　使用多针头盐水注射机，将配制好的盐水注入牛肉内。盐水注射前15min，将配制的盐水倒入注射机储液罐内，调好盐水压力、针头注射速度和输送板的每一步前进距离、针头下冲深度等工艺参数，再开动盐水注射机进行盐水注射。注射前后都应对牛肉进行称重，以检查盐水的注射量。若一次注射的盐水量达不到肉重的25%时，可进行两次注射。注射的盐水温度要求6℃，注射间的温度控制在7～8℃。

（5）机械嫩化　采用切割或刀刺嫩化机，对牛肉进行刀割或刀刺，使牛肉肌肉纤维被切断,增加肉块的表面积,并使所注射的盐水分布得更加均匀。嫩化时,要求切割的深度至少要在 15mm 以上,嫩化的肉块应按大小分类分别进行,以便达到各肉块均匀嫩化的目的。

(6)滚揉 使用真空滚揉机进行滚揉。将机械嫩化后的牛肉放入滚揉机,开动真空泵抽真空,使滚揉罐内的真空度达到 0.09MPa 以下,再开动滚揉机进行滚揉。滚揉时间一般在 10h 以上,滚揉转速为 60r/min,滚揉程序为正转 10min、反转 10min,停止 40min,如此反复循环至规定时间。滚揉时,肉温不得高于 12℃,以 7℃为好。滚揉车间温度要求 6~7℃。牛肉滚揉后,再在 7℃下静置腌制 10h。静置腌制后,再往滚揉机中添加肉重 3%~5%的大豆分离蛋白和 5%改性淀粉,再继续滚揉 1h,即可送入下道工序。

(7)成形 将滚揉好的牛肉块装入不锈钢模型中或充填在塑料袋内进行成形。装模时,应尽量将牛肉压紧、压实,使肉块间结合紧密,没有空隙。如出现空隙时,应考虑在滚揉时加入 10%~15%的肉糜。如充袋成形,应在牛肉充袋后,放入真空成形机进行成形。

(8)煮制 煮制锅内水温先加热至 58℃,再放入牛肉,并继续升温至 80~82℃。然后保持此水温至牛肉盐水火腿中心温度达到 78℃,再维持此中心温度 25min 后即可出锅。

(9)冷却、成品 牛肉盐水火腿出锅后可用冷水冷却 0.5h。如果是装模的牛肉盐水火腿,应在冷却 0.5h 后再一次将模盖压紧、压实,然后送入 6℃左右的冷库中,冷却保存 10h 以后即可出厂销售。

第四节 其他制品

一、南京板鸭

1. 工艺流程

原料鸭的选择→宰杀、煺毛→修整→腌制→出缸→叠坯→排坯→晾挂→贮藏→包装→成品

2. 工艺流程

(1)原料鸭的选择 加工板鸭多用重量在 1.5kg 以上的当年生鸭。在加工前 3 周,将鸭移至临水僻静处育肥。以稻谷为饲料,每天早、晚喂两次,育肥 3 周后,可增重 0.5~1kg,并使鸭的皮肤呈白色,肌肉充实而细嫩,脂肪熔点较高,制成的板鸭不易滴油变味。

(2)宰杀、煺毛

① 宰前断食 育肥后,在宰杀前一天,应停食,不断给水,禁食时间一般为

12～24h。鸭子从饲养间赶往宰杀间时，不可过分惊动，捉鸭子时不应使其受惊吓和互相践踏挤压。

② 宰杀放血　宰杀有颈部宰杀法和口腔宰杀法两种。颈部宰杀是在鸭颌下横割一个开口，以便摘除内脏时拉出食道；要三管（气管、血管、食管）齐断，血易流尽，否则影响皮色。口腔宰杀是从口腔内刺杀、放血的一种新屠宰法，好处是使鸭身保持完整状态，但这种方法使头内部放血不全，影响质量。另外，用电击昏（60～70V）后宰杀更有利于放血。

③ 煺毛　鸭宰杀后在5min内烫毛，便于煺毛，如时间过久，则毛孔收缩，尸体发硬，难以烫毛和煺毛，以致造成次品。烫毛水温以60～66℃为宜。凡已烫透的鸭子，应迅速拔毛。先拔大毛再拔小羽，之后在冷水池中泡洗，拔净余毛，使鸭身洁白。

（3）修整

① 取内脏　先取下两翅和两腿（称为"四件"），然后在右翅下开一直口，长约5cm，摘除内脏并进行检验。

② 整理　冷水浸泡，洗净残血，时间为4～5min，再沥水，等到水中不带微红色时即完成，需1～2h。压扁鸭身。把鸭子放在案桌上，背向下，腹朝上，头向里，尾朝外，用右掌与左掌放在胸骨部，用力下压，压扁三叉骨，鸭身呈长方形。

（4）腌制

① 擦盐　一般2kg重的鸭子用炒盐125g。先用95g放入右翅下开口内，然后把鸭子放在案上，左右转动，使腹腔内布满食盐。再把余下的30g盐，在鸭双腿下部用力向上抹一抹，使肌肉因受抹的压力，离腿骨向上收缩，这时将盐在大腿上再抹两下，盐从骨与肉分离处渗入内部，使大腿肌肉能充分腌制。在颈部刀口外，也应撒盐，最后把剩余的盐轻轻搓揉在胸部两侧肌肉上。腌鸭用的盐一般用食盐，经炒干磨细，每100kg食盐加入八角0.5kg。

② 抠卤　擦盐后的鸭子，逐只叠入缸中，经过一夜或12h后，肌肉中的一部分水分、血液盐液浸出存在腹腔内。为使这些卤水迅速流出，用右手提起鸭的右翅，再把左手的食指和中指插入肛门，即可放出盐卤。由于盐腌后，肛门收缩，盐卤不易流出，需用手导出卤水，这一过程称为"抠卤"。第一次抠卤后，再将鸭子叠入缸中，8h后再行第二次抠卤，目的是使鸭子腌透，去除肌肉中剩余血水，以使肌肉美观。

③ 复卤　抠卤后进行复卤，这一过程特别重要。

卤的制备与存放：卤有新老之分，新卤是用去内脏后泡洗鸭体的血水加盐制成。煮沸后成饱和溶液，撇出表面泡沫，澄清后倒入缸中，冷却后加入压扁的鲜姜、完整的八角和整棵的葱，使盐卤产生香味。新卤腌板鸭不如老卤好，卤越老越好。腌鸭后的新卤煮沸2～3次以上即称为老卤。

盐卤须保持清洁，但腌一次后，一部分血液渗入卤内，使盐卤逐渐变为淡红色；所以要澄清盐卤，在腌鸭 5～6 次后，须煮沸一次。盐卤浓度保持在 22～25°Bé 为宜。

复卤时，右手抓住鸭子的右翅，左手各指头分别抠鸭子右翅膀下的刀口，放入卤水中，使每只鸭子体腔内灌满盐卤，然后提起使鸭颈部也浸到盐卤中，再把鸭子放进卤缸，由直形口处再灌满盐卤，逐只平放在卤缸中。为防止鸭身上浮，应用竹片盖上，放上木条及石块压紧压实。每缸盛卤 200kg，可容复卤鸭子 70 只左右，卤缸内复卤 24h 即可全腌透。但也要按鸭体大小、气候条件控制复卤时间，复卤完的鸭子即可出缸。

（5）出缸、叠坯　出缸时仍要抠卤，然后悬挂在架上滴卤水，将滴尽卤水的鸭子再次压扁，盘入缸中，头向缸中心，鸭身沿缸边，把鸭子逐只盘叠好，这个工作叫"叠坯"。叠在缸中 2～4 天。

（6）排坯、晾挂　把叠在缸中的鸭子取出，挂在木架上，用清水洗净毛巾擦干，然后整形，即将气管舒直，把扁平鸭体四周理齐，胸部拉平，两腿展开，从肛门把两腿间的下腹部挑起使成球形，再用清水冲洗一次，挂在阴凉通风处吹干，在胸部盖印章。此工序称"排坯"，目的是让鸭形肥大美观，同时使鸭子内部通气。晾挂时避免鸭体贴在一起，影响通风，一般晾挂 20 天，如遇阴雨天，可延长一周。

（7）贮藏　板鸭在库房中的放置方法有晾挂法和盘叠法两种。贮藏过程中库房温湿度对板鸭质量有重要影响，温度过高会使板鸭滴油发哈，湿度过大容易使板鸭回潮，出现发黏、生霉现象。销售时可采用真空分割小包装或熟化包装，这样方便携带及食用。

二、重庆白市驿板鸭

1. 配方

鲜鸭 100kg，食盐 6.1kg，白糖 1.0kg，黄酒 1.2kg，硝酸钠 30g，异抗坏血酸 20g，香辛料 100g。

2. 工艺流程

选料→宰杀→造型→腌制→烘烤→烟熏→冷却、包装→保藏

3. 操作要点

（1）选料　选新鲜健康优质的瘦肉型鸭，体重 2kg 左右，以肌肉丰满，皮毛洁白为宜。

（2）宰杀、造型　按南京板鸭加工方式进行宰杀，剖开鸭的胸腹腔，去掉内脏、脚与翅，将其放入冷水中浸泡 2～3h，然后滤干水进行整形。将鸭子放在案上，使其背向下，腹向上，用两只手分开胸腹腔使其呈扇形，美观而且易于腌制。

（3）腌制　一般采用干腌的方法，不过也可用湿腌法。按腌制的配方配料，将香辛料（山奈、八角、小茴香、桂皮、丁香、草果、豆蔻和甘草等）粉碎成粉

末，与其他配料混合均匀，然后涂抹在鸭体内外表面，特别注意大腿、颈部、口腔和肌肉丰满的部位，要抹匀腌透。然后一层层叠放在腌制池中，腌制 3～5 天，根据气温高低确定腌制时间。在腌制过程中，需翻池 2～3 次，避免腌制不均。腌制完毕，将鸭从腌池中取出，用竹片交叉支撑鸭体，使其绷直，形成扁平扇形。

（4）烘烤、烟熏　将腌制好的鸭子吊挂在烘烤推车上，推进烘房烘烤，烘烤温度为 45～65℃，时间 8～12h。最后用玉米壳、糠壳和锯木粉等烟熏材料不完全燃烧形成烟雾烟熏，反复熏烤 45～50min。

（5）冷却、包装与保藏　熏烤完毕，将其取出，自然冷却，此时可在板鸭体表涂刷香油，增加色泽。待完全冷却后，可真空包装于室温（25℃下）保存 1 个月，在 10℃左右可保存 3 个月。

三、江西南安板鸭

1. 工艺流程

原料选择→宰杀、脱毛→割外五件→头刀工艺（开膛）→去内脏→二刀工艺（劈八字）→擦盐、腌制→漂洗→造型→露晒→分级→包装

2. 操作要点

（1）原料选择　选用大粒麻鸭，该品种肉质细嫩、皮薄、毛孔小，是加工南安板鸭的最好原料，也可选用一般麻鸭。鸭一般饲养 150 天左右，体重 1.5～2.0kg。宰杀前停食 12～16h，供给充足饮水，到宰前 2h 停止供水。

（2）宰杀、脱毛　毛鸭宰杀前停食 12～16h，然后采用颈部放血。待鸭子死透还带体热时，及时进行热烫脱毛。烫毛水温为 60～90℃，浸烫时间在 1～3min，以能脱去翅膀羽毛为好。脱毛的顺序为头颈→两翅膀→肩背部→尾部。脱去大毛后，再进行脱小毛，方法与南京板鸭脱小毛相同。

（3）割外五件　外五件指两翅、两脚和一带舌的下颌。割外五件时，将鸭体仰卧，左手抓住下颌骨，右手持刀从口腔内割破嘴角，用刀压住上颌，左手将舌及下颌骨撕掉；然后用左手抓住左翅前臂骨，右手持刀对准肘关节，割断内外韧带，前臂骨即可割下；再用左手抓住左脚掌，对准跗关节，割断内外侧韧带，去掉左脚掌。用同样的方法割去右翅和右脚。

（4）头刀工艺（开膛）　将鸭体仰卧，头朝前，双手将腹中线左压 1cm，左手食指和大拇指分别在胸骨柄和剑状软骨处，使偏离的腹中线固定不动。右手持刀，在胸骨柄处下刀，沿外线向前推刀，剖开皮肤及浅层胸大肌。用刀轻轻将右边皮肤、肌肉压一下，此时露出一条纵向白线（俗称内线），再沿内线方向，刀刃稍向外倾斜，向前推刀。当刀推至胸骨横突及锁骨处时（此处刀推不动），左手稍用力向前下方拍刀背，即可斩断锁骨。然后左手继续固定鸭体，右手持刀前推，剖开部

分颈部皮肤，胸腔即被剖开。此时，胸肌、胸骨较多的左侧为大边，胸骨、胸肌较少的右边称小边。用刀将大边与内脏连接的韧带轻割一下，使内脏与大边腹壁分离，左右手分别抓住大边和小边，用力将鸭体向两侧扳开。此时内脏全部暴露，左手中指与食指伸入腹腔，托起腹壁，右手持刀在两指缝间沿腹中线方向剖开腹壁至肛门处，不能割破肛门。最后劈开两侧肩关节（劈双轮）。劈肩关节时只斩断韧带，不斩断骨头，露出两侧骨头，称为现"双轮"。

头刀工艺是南安板鸭成型的关键工艺，也是鸭是否能被制成南安板鸭的关键步骤。由于头刀工艺要求很高的技术性，头刀工艺师傅大多享有较高的技术权威和经济待遇。较好的头刀工艺操作，要求大边肌肉呈竹卷沟，胸骨断面呈镰刀形，胸骨横突双挂钩，胸骨前端如狮子口，肩关节现双轮，小边出白边等。这些均是南安板鸭的特殊标志。

(5) 去内脏　拉出气管和食管，取出心、肝，然后将直肠内的蓄粪前推，在距肛门 3.3cm 处拉断直肠，扒出所有内脏。

(6) 二刀工艺（劈八字）　割去残留内脏，仰卧鸭体，尾朝前，右手持刀放在右侧肋骨上，刀刃前端紧贴胸椎，刀刃后部偏开胸椎 1cm 左右，左手拍刀背将肋骨斩断，割断皮肤上肌肉，将肌肉筋膜刮向两侧肋骨下。用同样方法斩断另一侧肋骨。两侧刀口合呈八字形，俗称劈八字。劈八字时母鸭留最后两根肋骨，公鸭全部斩断，以利造型后呈椭圆形。斩断肋骨时防止斩破皮肤，最好割去直肠断端和生殖器，然后割肛门，只割去肛门 1/3，使造型时肛门呈半月状，这是南安板鸭的又一个特点。

(7) 擦盐、腌制　将细盐放入铁锅内炒至水分基本蒸发完时为止，凉后待用。擦盐用量每只鸭 0.15～0.2kg。擦盐顺序是颈部→大小边→背部→腿部。方法是捏出颈椎，擦盐 5～10 次，再向头部刀口处撒盐，抓起整鸭，将大小边断面擦盐 2～3 次。背部擦盐 40～60 次，以手感皮肤有点发黏为好。腿部擦盐 40 次，腿部肌肉要钻洞擦盐，以防腐败变质。擦好盐的鸭体，头颈弯向腹腔，大边靠缸，小边朝向缸中心，皮肤向下，鸭体相互重叠 2/3，螺旋式稍倾斜叠于缸中。装满缸后，盖上带孔的盖子。一般腌制 8～12h。

(8) 漂洗　将腌好的鸭子在 40～45℃ 温水中浸泡、冲洗三次，每次浸泡时充分搅动，以除掉未溶解的结晶盐，洗净残留的内脏和污物。当僵硬鸭子变软时，即可造型。

(9) 造型　造型在长 2m、宽 0.63m 质轻、吸水强的木板上完成。每只木板可造型 20 只左右。方法是鸭体俯卧，皮肤朝上，在第 4、5 颈椎处扭拧脱臼，向右垂直摊放。然后使两侧股骨脱臼前移，使鸭体显出丰满、美观外形。上压背部，拉开四周皮肤，特别是将小边皮肤拉至肌肉断面以外约 1cm，最后摆平翅膀。造型好的鸭子，尾朝西，大边朝南，摆好晾晒。南安板鸭造型时要求小边显白边，肛门半月形，鸭体桃月形，这些也是南安板鸭的特征。待鸭皮晾晒稍干后，要在两翅和两大腿外侧加盖"南安板鸭"印章。

（10）露晒　晾晒 4～6h 后，板鸭基本固定，用铁钻在大边前 1cm 处钻孔穿绳，穿上 50cm 细麻绳打结。晾挂时，鸭体稍倾斜，使竹卷形的上缘形成前高后低的姿势。一般露晒 5～7 昼夜。当小边肌肉呈玫瑰红色、较硬，通过皮肤可明显看出 5～7 个颈椎时，说明板鸭已干，即可分级包装。

（11）分级与包装　加工后符合成品规格的板鸭方可分级。南安板鸭成品规格要求造型平整、形似桃月，各部分分别呈现出镰刀形、竹卷形、双挂钩、双轮、白边、狮子口等特点。两腿端正，小边白边有一指以上，底板肋骨成八字形，尾油不露出边沿，肛门呈半月形，鸭嘴外衣不脱落。还要求皮肤乳白，毛脚干净，底板色泽鲜艳，无霉点，无盐霜，鸭身干爽，干度七八成；颈椎呈算盘珠状，显出 5～7 个骨节；小边肌肉呈红色，肋骨呈白色；两侧大腿丰满结实；印章呈椭圆形，位置适中，字迹清晰；气味纯正，腊味香浓，咸淡适中，肉嫩骨脆，有南安板鸭特有的风味。

四、南京琵琶鸭

1. 工艺流程

原料选择→宰杀、开膛→腌制→晒干

2. 操作要点

（1）原料选择　选用肉质嫩、油脂少的当年鸭子，油脂过多夏天晒干时会滴油脂，风味下降。

（2）宰杀、开膛　血管放血，浸烫脱毛后，先剖肚子。剖肚方法是在胸骨到肛门处开一长形刀口，用手指钩开胸部肌肉，使胸骨露出，用刀割除胸骨，除去食管、气管和内脏后，将鸭放入清水中浸泡 1h 取出，滤干水分。

（3）腌制　采用先干腌后湿腌的混合腌制法，先将鸭放在案板上，用鸭体重 6.25％的盐擦遍鸭体全身内外，注意肉厚处多擦些盐。擦盐后放入容器中，置于阴凉处，腌制 2h 左右，再进行湿腌。湿腌时先配制盐卤，用清水 50kg，加食盐 15kg、生姜 90g、八角 60g、葱 70g，加热煮沸，冷却至室温即可。每次可腌 40 只，每用一次后补加适量食盐，使盐水浓度保持在 23°Bé 左右。将鸭坯放入盐卤中浸泡 6～8h。

（4）晒干　从卤缸里取出鸭子，用菜刀拍平鸭的胸部肋骨，或者放在桌子上用力压平。压平后用 5 根竹片，其中 2 根斜撑住鸭体，1 根与鸭平行撑住，2 根横撑，然后挂起晒干，也可将压平的鸭体放在筛子上平晒，2～3 天后便可晒干。晒干的琵琶鸭可保存 3～4 个月，夏天可保存 1～2 个月。在保存期中，室温不宜过高，否则鸭体会干缩。琵琶鸭一般是煨汤吃，也可以蒸食或煮食。

五、生酱鸭

1. 工艺流程

原料整理→腌制→整形→着色→成品

2. 操作要点

（1）原料整理　选用全净膛肉用鸭胴体，斩去脚爪，洗净沥干。

（2）腌制　每只鸭用食盐50g左右，将一半盐擦于体表，一半擦于刀口及体腔，务必擦均匀，并用少量盐放于口腔内。将鸭头向胸前扭转，夹入右翅下，平整叠入腌缸，用竹架或石块压实。于0℃下腌72h，温度高于7℃下腌48h，中间上下互换位置翻一次，出缸，晾干表面水分。然后再入缸，加入酱油和香料，用竹架和石块压实。在0℃下腌4d，中间翻缸一次。

（3）整形　于鼻孔内穿一长10cm的麻绳，两端打结，将0.5cm×1.3cm×53cm的竹片弯成弓形，从腹下切口处塞入腔内，使弓背朝上，顶住鸭背，离腹部刀口6～7cm处，将竹端卡入切口，使鸭腔向两侧伸展，这样鸭显得饱满，形态美观。

（4）着色　用腌过鸭坯的酱油，按0.6kg/100kg酱油加入酱色，煮沸，撇去浮沫。用其酱汁浇淋鸭坯约半分钟，至坯表面呈乌红色发亮为止。沥干表汁，于日光下暴晒2～3天即成。

六、南京盐水鸭

1. 工艺流程

宰杀、清洗→腌制→烘干→成品

2. 操作要点

（1）宰杀、清洗　选用当年成长的肥鸭。宰杀，拔毛，切去鸭子翅膀的第二关节和脚爪，然后在右翅下开膛，取出全部内脏。用清水把鸭体内残留的破碎内脏和血污冲洗干净，再在冷水里浸泡30～60min，以除净鸭体内的血。在鸭子的下颌中央处开一个小洞，用钩子钩起来晾挂，沥干水分。

（2）腌制　方法与板鸭的腌制基本相同，但腌制的时间要短一些。如春冬季节，腌制2～4h，抠卤（把腔中的血卤放出来）后复卤4～5h；夏秋季节，腌制2h左右抠卤，复卤2～3h，就可以出缸挂起。鸭体经整理后，用钩子钩住颈部，再用开水浇烫，使肌肉和表皮细紧，外形饱满，然后挂在风口处沥干水分。

（3）烘干　入炉烘干之前，用中指粗细、长10cm左右的芦苇管或小竹管插入肛门，并在鸭肚内放入少许姜、葱、八角，然后放进烘炉内，用柴火（芦苇、松枝、豆荚等）烧烤。燃烧后，余火拨成两行，分布炉膛两边，使热量均匀。鸭坯经20～25min烘烤，周身干燥起壳即可。

七、宁波腊鸭

1. 配方

活鸭 1 只（重约 2000g 左右），葡萄糖 25g，食盐 100g。

2. 工艺流程

选料→宰杀→修整→浸泡→风干→成品

3. 操作要点

（1）选料　选用符合卫生检验要求的健壮嫩肥的成年活鸭，作为加工原料。

（2）宰杀　活鸭经宰杀，放血，煺毛，开膛，去内脏，成白条鸭。

（3）修整　白条鸭控尽血污，冲洗干净，晾干。

（4）浸泡　食盐和葡萄糖拌匀，擦遍鸭体内外，并在鸭头处用刀尖戳一小洞，再把鸭坯浸入缸内，浸泡 3 天，中间将鸭翻转一次，取出，洗净。

（5）风干　洗净的鸭体再用沸水浸泡后捞出，沥干，再经日晒或风干，一般需7 天左右，热天 2～3 天即可。

八、广西腊鸭

1. 配方

仔鸭 1 只，食盐 150～200g。

2. 工艺流程

原料选择和整理→配料和腌制→整形、日晒和定型→挂晒→成品

3. 操作要点

（1）原料选择和整理　用本地麻鸭，北京鸭也可用。选 2～3 月龄仔鸭，体重0.7～0.9kg，主翼羽长齐，臀宽，腰圈，肌肉发达。常规宰杀，脱羽。去翅、脚爪，沿腹中线左侧 0.5cm 处，从颈至肛门开膛，清除全部内脏，断肋骨。在高背脊骨 1～1.5cm 处下刀断肋骨，左边留最后一根肋骨，称软边；右边留最后两根肋骨，称硬边，不损伤皮肤。

（2）配料和腌制　每只鸭用食盐 150～200g，均匀擦于鸭坯各部，肉厚部多擦。平叠入腌缸中，腌 12～24h。

（3）整形、日晒和定型　腌好的鸭坯用水洗去表面盐分，即可整形，扭断两腿骨，一手固定鸭体，一手提腿，紧贴鸭身向前、向上、向背扭转 1/3 圈周，至有折断声出现为止。压紧腿下沿，拉开胸腹壁向两边伸开，把颈向右转，再把头弯向左边，便成蝴蝶形。晒 5h 后体硬即定为蝴蝶形。再翻晒 4～5h，即可挂晒。

（4）挂晒　从胸骨前端硬边穿绳，挂于草坪上日晒夜露 5～7 天，收回置 50～60℃烘房中，逐渐降温，每小时降 1～2℃，经 12h 降至 30℃，出烘房，置干燥通

风处 2~3 天即为成品。

九、芜湖腊味鸭肫

1. 配方

鸭肫 5kg，精盐 250g，白酒 50g，白糖 150g，硝酸钠 2.5g，酱油 350g。

2. 工艺流程

选料→修整→腌制→漂洗→整形→成品

3. 操作要点

（1）选料　选用符合卫生检验要求的整齐肥大鲜鸭肫作为加工的原料。

（2）修整　选好的鲜鸭肫沿进食孔中间剖开，除去内容物，刮去黄皮和肫外附着的油皮，再用少量食盐进行抹擦、搓揉，清水漂洗，直至无污物、无异味，沥水。

（3）腌制　用部分精盐将鸭肫逐个抹擦，放入容器中腌制 1 天，取出沥去卤水，再放入另外容器中，加入辅料，拌匀，腌制 2 天，其间翻缸几次，起卤。

（4）漂洗　腌好的鸭肫再用清水漂洗，去净杂质和污物，沥干水分。

（5）整形　沥好水分的鸭肫，每 10 只穿成一串，晒至七成干，取下整形。将鸭肫平放在案上，用右手掌后部用力压搓 2~3 次，鸭肫两片凸起的肌肉压平即可。

十、南京鸭肫干

1. 配方

鸭肫 50 只，食盐 160g。

2. 工艺流程

选料→修整→腌制→清洗→晾晒→整形→成品

3. 操作要点

（1）选料　选用符合卫生要求、整齐肥大的鲜鸭肫作为加工的原料。

（2）修整　选好的鸭肫，从右面的中间用刀斜向剖开半边，刮去肫里的一层黄皮和余留食物。修整好的鸭肫用清水洗净内外，抹去污液。用少许食盐轻轻擦洗，去净酸臭异味。

（3）腌制　洗净的鸭肫放入缸内，加食盐腌制，经 12~14h，即可腌透。

（4）清洗　从缸内取出腌透的鸭肫，再用清水洗去附在其上的污物及盐中溶解下来的杂质。

（5）晾晒　洗好的鸭肫用细麻绳穿起来，10 只一串，挂在日光下晒干。一般需 3~4 天，晒至七成干，取下。

（6）整形　七成干的鸭肫放在桌上，右手掌后部放肫上，用力压扁，搓揉 2~

3次，使腌的两块较高的肌肉成为扁形即成。

十一、酱（腊）鸭卷

1. 配方

（1）酱香味　无骨白条鸭100kg，酱油5kg，白砂糖3kg，精盐1.5kg，味精1kg，鲜姜汁1kg，白酒1kg，D-异抗坏血酸钠0.1kg，乙基麦芽酚0.1kg，红曲红0.02kg，亚硝酸钠0.015kg。

（2）腊香味　无骨白条鸭100kg，精盐4kg，白酒0.5kg，D-异抗坏血酸钠0.1kg，五香粉0.05kg，亚硝酸钠0.015kg。

2. 工艺流程

原料选择→解冻→整理→拆骨→配料、腌制→整形、挂架→检验→成品

3. 操作要点

（1）原料选择　经兽医宰前检疫、宰后检验合格的樱桃谷鸭为原料，向供应商取每批原料的检疫证明、生产许可证和产品合格证。

（2）解冻　用流动自来水或在常温下自然解冻。

（3）整理　用自来水清洗，去除腹腔内的残留气管、食管、肺、明显脂肪、肾脏等杂质。

（4）拆骨　用不锈钢刀将鸭从刀口处把颈骨折断，在颈与翅膀相连处划一刀，划破鸭皮，抽出颈骨，用手翻开鸭皮，边翻边用刀割开，使骨肉分离，一直割到大腿末端，取出全部骨头，切去鸭尾脂腺，再将鸭皮翻回，恢复原状。

（5）配料、腌制　按配方规定的要求，用天平和电子秤配制各种不同的调味料及食品添加剂，辅料搅拌均匀，原料放入不锈钢腌制桶中，投入辅料反复搅拌，使辅料全部溶解，中途每隔6h翻动一次，腌制24h出料。

（6）整形、挂架　先把鸭体平摊在不锈钢网筛上烘干4h左右，在工作台上把鸭皮朝外，肉朝里，平摊后卷成筒状，用专用麻绳从前面扎到后面固定。然后排列在竹竿上，进入55℃左右烘房继续烘12h左右，在常温下自然冷却，即为成品。

（7）检验　感官：表面干爽红亮，无异味，具有鸭肉卷固有的酱香和腊香味。理化：按产品标准要求进行检测，合格后方可出厂。

十二、酱（腊）鸭脯

1. 配方

（1）酱香味　分割鸭胸脯肉100kg，酱油6kg，白砂糖5kg，精盐1.5kg，味精1kg，白酒1kg，五香粉0.1kg，D-异抗坏血酸钠0.1kg，红曲红0.02kg，亚硝酸钠0.015kg。

（2）腊香味　分割鸭胸脯肉100kg，精盐2.5kg，白砂糖1kg，白酒1kg，味

精 0.5kg，D-异抗坏血酸钠 0.15kg，亚硝酸钠 0.015kg。

2. 工艺流程

原料选择→解冻→清洗、沥干→配料、腌制→摊筛、整形→晾晒或烘干→检验→成品

3. 操作要点

（1）原料选择　选用经兽医宰前检疫、宰后检疫合格的优质鸭胸脯肉为原料，质量符合国家相关标准中规定的各项要求，每批产品进货索取检疫证明、生产许可证和产品检验合格证。

（2）解冻　用流动自来水或在常温下自然解冻。

（3）清洗、沥干　去除明显的小毛等杂质，用自来水清洗干净，沥干水分。

（4）配料、腌制　按配方规定要求，用天平或电子秤配制各种不同的调味料及食品添加剂，辅料全部搅拌均匀，原料放入不锈钢腌制桶中，投入辅料，反复搅拌，停 10min 后再搅拌 2 次，使辅料全部溶解为止，每隔 4h 重新搅拌一次，让料液全部吸收，腌制 12h 即可出料。

（5）摊筛、整形　把鸭脯平摊在不锈钢网筛上，每只分散排列，不能靠在一起，每只用手整成长条形状。

（6）晾晒或烘干　放在不锈钢车子上，在日光下晾晒 2～3 天，或进入烘房用60℃左右温度烘干 10h，常温自然冷却即为成品。

（7）检验　感官：表面干爽、表皮有皱纹，有鸭脯固有的香味。理化指标检测符合标准各项要求，可以出厂。

十三、腊香板鹅

1. 工艺流程

制坯→盐卤干腌→浸腌→晾干→成品

2. 操作要点

（1）制坯　选择体重为 3kg 以上的当年肥仔鹅，经宰杀、放血、浸烫、脱毛后，从胸至腹剖开，去除气管、食管、内脏，再放入清水中浸泡 4～5h，漂净残血取出沥干。鹅体置于桌上使其背向下，腹朝上，头颈卷入腹内，用力压平胸部，致鹅体呈扁平椭圆形。

（2）盐卤干腌　将适量八角碾成细粉，拌入适量精盐一同放入锅内微火炒干，擦在整形后的鹅体上。涂抹胸腿部肌肉厚处时须用力以便肌肉与骨骼受压分离，抹盐后逐只依序放入缸中腌制，在最上层撒一层盐末，腌制 16～20h。

（3）浸腌　先配制浸腌液，按配方鹅坯 100kg、清水 100kg、食盐 15～18kg、老姜 250g、桂皮 180g、八角 150g、花椒 120g。先将食盐加入水中，煮沸，使盐成饱和溶液，然后加入香辛料稍煮即成，把出缸后的鹅坯转入腌缸，逐只堆放后用竹

片盖严，再用石块压紧，加进浸腌液，使鹅坯全部浸没在浸腌液中，浸腌24～32h。

（4）晾干　用清水洗净沥干出缸后的鹅坯，拉直鹅颈，两翅展开，用3块软硬适当、长短适合的竹片分别撑开鹅的胸、腰、腿部，使其呈扁平形状，整齐排列挂于架上，置阴凉通风处干燥即可。平均失重率约9%。

十四、扬州风鹅

1.配方

以100kg净整鹅肉原料计：食盐5～6kg，花椒100～200g，五香粉100g，亚硝酸钠50g。

2.工艺流程

选鹅→宰杀放血→浸烫→去内脏→腌制→风干→包装

3.操作要点

（1）选鹅　应选用健康无病、羽毛光洁、体格健壮，每只2～2.5kg的活鹅为原料。

（2）宰杀放血　采用口腔刺杀法，放尽血液。

（3）浸烫　煺毛机水温加热到70～85℃，逐只把鹅放入，经去毛后用流动自来水清洗干净。

（4）去内脏　在颈基部，嗉囊正中轻轻划开皮肤（不能伤及肉），取出嗉囊、气管和食管，在腹下剖开10cm口，剥离直肠，取出包括肺在内的全部内脏。

（5）腌制　把香辛料和4%食盐混匀，涂抹在鹅体的肌肉表面，干腌2h，再用饱和食盐水湿腌4h后取出沥干。

（6）风干　用麻绳穿鼻，挂于阴凉干燥处，冬季经7天左右的风干即可。其他季节在15℃左右的风干室内干燥。

十五、风味板鹅

1.工艺流程

原料的选择与处理→宰杀脱毛→割外五件→开膛取内脏→劈八字→擦盐、腌制→漂洗→造型→干制

2.操作要点

（1）原料的选择与处理　选择健康、肥瘦适中、体重4～6kg的鹅为原料。宰前断食1天，用自来水将鹅体表的污物冲洗干净。

（2）宰杀脱毛　采用颈部三管刺杀法，在第一颈椎与头骨缝处下刀。放血完全之后，在80～90℃的热水中浸烫，在烫缸内上下翻动，使热水渗透到毛根，待翅毛用手能一把将毛拉下时，即可将鹅提出烫缸，趁热将大毛全部推尽，放入清水中用镊子拔尽细毛。推毛时，不要拉破外皮，保持外皮完整。

（3）割外五件　将脱尽毛的鹅体用清水冲洗干净后，置鹅于操作台上，用刀割破嘴角，左手撕下下颌。再斜割断肘关节处皮与韧带，去掉两前臂骨，然后割断跗关节处皮肤与韧带，去掉两脚掌。去掉两翅前臂骨和脚掌时，要求对准骨隙，保持骨骼完整，肌肉整齐。

（4）开膛取内脏　鹅体仰卧头朝前，左手将腹中线左压1～1.5cm，固定腹肌，在胸骨柄处下刀。先向前推刀，割剖腹肌时，刀先直下，后斜刀再直剖开胸骨，斩断胸骨横突，最后劈开肩关节，拉出气食管，取出心、肝，拉出直肠，取出内脏，剥离肺脏、肾脏。要求大边肌肉切面整齐完整，干燥后，小边现白边。

（5）劈八字　割断残余的内脏、筋膜，鹅体仰卧，尾朝前，斩断肋骨（保留最后两根肋骨），劈成"八"字形，刮净刀口肌肉，割去肛门1/3。然后，用清水冲净体内外的血污，再放入清水中浸泡1h左右，挂起晾干。

（6）擦盐　将食盐炒干，冷凉后加适量（0.5%～1%）的五香粉，混合均匀，每只鹅用盐150～200g。擦盐方法：捏出颈椎撒盐，擦盐5～10次，刀口均匀撒盐，大小边断面擦盐，背部擦盐40～50次，大腿处擦盐并钻洞，撒盐。

（7）腌制　板鹅腌制有干腌法和湿腌法两种。干腌法是将擦好盐的鹅体头、颈弯向腹腔，大边靠缸边、小边朝缸中心，皮肤朝下，鹅体相互重叠2/3，螺旋式稍倾斜叠于缸中，腌制时间18～24h。当腌制9～12h时，上下翻动一次。湿腌法就是鹅体干腌8～12h后，倒出缸中的血水和盐水，然后将已配制冷却的卤水倒入缸内，使鹅体全部浸没。但加卤水前要在鹅体上加压重物，防止鹅体浮出卤水表面，导致浸腌不匀，浸腌时间为10～24h。卤水的制作：用去内脏后浸泡鹅的血水，加盐而成，100kg血水中加盐75kg。放入锅中煮沸，使食盐溶解。并撇血沫和污泥，澄清倒入缸内冷却，在缸内加入打扁的生姜100～200g，八角25g，葱150g，使卤水具有香味。卤水可重复使用，并且愈老愈好。

（8）漂洗　漂洗时水的温度根据季节适当调整。春季、冬季用40～50℃的温水漂洗2～3次，夏季、秋季用5%～10%的盐水，煮沸晾冷后，漂洗2～3次。

（9）造型　造型时，鹅体俯卧，皮肤朝上。先将第4、5颈椎处脱臼，向左垂直摊放，再把股骨用双手大拇指反扳脱臼，并向前用劲推移，使板鹅外形显得丰满。然后上压背部，拉开修剪四周皮肤，摆好两翼（翅）。造型干燥后板鹅要求小边显白边，肛门半月形，鹅体呈桃月形。

（10）干制　造型后要求晾晒4～6h，春季空气湿度较大，可用电风扇协助吹干，挥发水分。然后在大边前1/3处钻孔，穿绳，用40～50℃的温度人工烘干部分水分，再露晒5～6天，或者系绳后，直接露晒7～9天。

十六、风腊鹅肫干

1. 工艺流程

开剖→去内筋→腌制→漂洗→露晒→整形→保存→包装

2. 操作要点

（1）开剖　在肫的右面的中间用刀斜形剖开半边，洗尽肫内粪便等污物。

（2）去内筋　用手撕或刀刮去鹅肫内一层黄皮（内筋），用清水洗净内外。再用5％食盐搓揉，擦去肫内酸臭物质，以免使成品有酸臭味，然后用清水洗尽，沥干。

（3）腌制　每100只鹅肫用盐0.75kg，加硝酸钠5g（先将盐、硝酸钠称量后混匀），拌匀擦匀，腌制24～48h。

（4）漂洗　用清水漂洗2次，每次浸漂30min。洗净附着在肫上的污物及盐中溶解下来的物质。

（5）露晒　用麻绳在肫边穿起来，每10只一串，在阳光下晒3～5天，晒到七成干时取下整形（第三天开始整形）。

（6）整形　把鹅肫干放在桌上，右手掌的掌部放在肫上，用力压扁搓揉3～4次，使鹅肫两块较高的肌肉成扁形，使鹅肫改善外观，易干燥，便于运输。

（7）保存　将制好的鹅肫，晾挂在室内通风凉爽处保存，晾挂时间最多为6个月，出品率50％。

十七、青海腌羊肉

1. 配方

羊肉50kg，精盐5kg，硝酸钠25g。

2. 工艺流程

原料整理→干腌→湿腌→成品

3. 操作要点

（1）原料整理　先将大块羊肉切成长约50cm、宽约13cm、重约1kg的条状。

（2）干腌　将硝酸钠和盐2.5kg混匀，用手擦涂于条肉的周围，平摆于缸内干腌3天。

（3）湿腌　取出后用干布擦去肉上的水渍，再用剩下的盐2.5kg制成卤液，将肉湿腌15天。卤液要浸没腌肉，每5天翻缸1次。取出沥干，即为成品。

十八、开封腊羊肉

1. 配方

羊肉5kg，酱油、白糖各100g，丁香2.5g，黄酒50g，花椒7.5g，精盐150g，硝酸钠1.3g。

2. 工艺流程

选料→腌制→风干→成品

3. 操作要点

（1）选料　选羊的鲜硬肋肉，切成长 30cm、宽 5cm 的长条。

（2）腌制　食盐放入锅内炒干，再研成碎末，和丁香、硝酸钠、花椒混匀，撒在羊肉条上，搓揉均匀，置于缸中腌制 2 天，再加酱油、黄酒、白糖，腌制 7 天。中间翻倒 2 次，使之腌透。

（3）风干　腌好的羊肉条，出缸，挂在竹架上，晾干，即为成品。

十九、五香腊羊肉

1. 配方

羊胴体 7 只，食盐（冬季 10kg、夏季 13.5kg），小茴香 250g，八角 31g，草果 16g，花椒 9g，食用红色素 14g，良姜、板桂各少许。

2. 工艺流程

原料整理→腌制→煮制→成品

3. 操作要点

（1）原料整理　先将颈骨剔去，抽掉板筋，把脊骨砍断成五节，便于下缸折叠。并在肉膘厚皮处用刀划裂缝，使肉色一致，盐味易深入，再把腿骨、肋骨完全除去。

（2）腌制　冬季每缸腌 7 只羊胴体，加盐 7.5kg，注入净水 100kg。夏季每一羊胴体加盐 1.5kg，每缸腌 4～5 只，注入净水约 75kg。肉下缸时应将肉面向下，缸内盐水以淹没肉体为度。冬季缸应放在温室内，以免腌不透，每日翻倒腌肉 3 次，7 天可腌好。夏季肉缸应放在凉爽处，每日也要翻倒几次，夏、秋两季 1～2 天后肉色变红，即可下锅煮制。

（3）煮制　使用老汤（即煮过多次的原汁汤），每锅规定下 7 只羊胴体，冬季加盐 2.5kg，夏季加盐 3kg。用粗纱布包小茴香 250g、八角 31g、草果 16g、花椒 9g，以及少量良姜、板桂等，将姜汤煮沸再把肉下锅。如无老汤，需用羊骨和上述调料量增加 1 倍熬汤 24h，再将肉下锅煮制。焖煮时间的长短按肉质老嫩来决定。嫩肉煮 3h，老肉煮 6h。每千克生肉出熟肉 500g，肉质没有腥味，味美适口。腌肉在下锅前需将血水沥干，用沸水溶化食用红色素 14g，擦在肉面，使肉呈鲜红色，再将肉面对折后下锅，避免掉色。

二十、长沙风羊腿

1. 配方

山羊腿 100kg，食盐 8kg，白糖 2.4kg，60 度白酒 1.4kg，硝酸钠 40g。

2. 工艺流程

选料→腌制→风干→成品

3. 操作要点

（1）选料　取山羊后腿为好，前腿较次，将羊腿刮净毛根，清水洗净。

（2）腌制　辅料入盆内拌匀，均匀地抹涂在羊腿上。然后入缸腌制 4～7 天，其间翻卸缸 1 次。

（3）风干　羊腿腌制出缸后用温水洗淘干净，麻绳穿扣，白天晾在通风向阳地方，晚上收挂通风仓库中，风吹 1～2 个月，即成成品。晾挂过程中，逐日整形，经 7 天固定形状后，才可暴晒。成品率为 45%～50%。

二十一、开封羊肉火腿

1. 配方

成年羊后腿肉 5kg，精盐 250g，花椒 7.5g，八角 7.5g，桂皮 5g，生姜 50g。

2. 工艺流程

选料→腌制→晾挂→熟制

3. 操作要点

（1）选料　选好的羊后腿肉修割整齐。

（2）腌制　整理好的羊后腿肉放在案上，精盐炒干撒在羊腿上，再用竹针在腿肉扎孔，进行揉搓，使盐浸入肉内。揉搓好的羊腿肉放入缸内，撒上花椒，腌制 14 天，中间翻缸 2 次。14 天后，再熬煮一些盐水放凉，加入姜片、八角、桂皮，倒入缸内，再腌 7 天，上面压以重物，压紧，腌透。

（3）晾挂　腌透的羊腿肉出缸，挂在阴凉通风处，进行风干，即为半成品。

（4）熟制　食用时，再配制清汤煮制，汤沸后，改用小火煮制 2h，至肉熟即好。

二十二、腊驴肉

1. 配方

食盐为生肉重的 3%～5%。锅药按 15kg 肉加配方中药 50g（一剂），分装于 5 个白纱布袋内，可煮肉 5 次。中药配方为：砂仁 5g，肉豆蔻 10g，草豆蔻 5g，陈皮 10g，肉桂 10g，丁香 10g，粉草 5g，荜拨 5g，广木香 10g，白芷 20g，山楂 20g，檀香 10g，草果 5g，良姜 10g，桂皮 10g，八角 10g，五味子 10g。

2. 工艺流程

肉的切块与浸泡→预煮→焖煮→成品

3. 操作要点

（1）肉的切块与浸泡　将肉按部位，沿肉缝分别切成 1～2kg 大小的肉块。把切好的肉块用清水洗过，然后放入缸中用清水浸泡 12h 左右，排出肉内污血。浸泡以后，再用清水冲净余血。

（2）预煮　把浸泡洗净的肉块放入铁锅内水煮，每 30kg 生肉放花椒 70g，八角 70g，按生肉重的 3%～5% 加入食盐，加水略过于肉面，随后迅速加温，用旺火煮。从水沸时算起，老驴肉需滚煮 3～4h，小驴肉用 1h 左右，达到六成熟为止。中间每隔约 30min，用铁叉翻动一次，并不断地撇去浮油。煮成以后，用铁叉捞出，刷去附在肉上的锅渣、调料、油污及血沫，置晾台上晾凉。

（3）焖煮　焖煮是用带耳砂锅，其中还有上下两层砂箅。装锅时先放底箅，将锅药（即装入配好中药的纱布袋），放入底箅的中间，周围放煮好的驴肉，肉厚难熟的放在最底层，肉薄易烂的摆上层。倒入上次焖煮用过的老汤，用汤把锅添满，将预煮时所剩的食盐也一并放入，然后放置上层砂箅，压上小青石块，每个砂锅可装肉 15kg。加温煮沸后，压火焖煮，每隔 10～20min 加汤一次，不时撇去锅内浮油。焖煮时间，随季节气温与肉的肥瘦有所差异。天冷焖煮时间略短，一般为 4～5h 可成。用盐也随气温变化而有所不同，天热时用 5% 左右，而天凉时可用 3% 左右。焖煮成熟，在夏季稍放一会以后，可热汤捞出，冬天要冷汤捞出，并可带汤少许。若捞出不动，可放两周也不会坏，若经搅动后不宜存放，成品率为 55%～60%。

二十三、腊大兔

1. 配方

兔肉 100kg，食盐 5kg，白糖 7kg，白酒 3kg，酱油 5kg，硝酸钠 5g。

2. 工艺流程

原料整理→腌制→烘焙→包装

3. 操作要点

（1）原料整理　选择健康体肥，体重 1.5kg 以上肉兔，经常规屠宰，宰后立即烫毛煺毛，剖腹除去内脏，用尖刀剔除脊、胸和四肢兔骨，整理成平面块状，用竹片撑开并定型。

（2）腌制　取一半食盐和硝酸钠混合均匀，擦透兔坯，平整叠放，腌制半天，用清水将盐粒洗净，晾干水分。将剩余的食盐及其他辅料搅拌均匀，涂擦在兔坯上，叠入缸中腌制 3～4h，其中翻缸 1～2 次，使兔肉充分吸收配料，然后把兔坯取出沥干。

（3）烘焙　把腌制好的兔坯一块一块平摊在竹筐中，白天放在阳光充足的地方晾晒，夜间放入焙房中烘焙，焙房温度控制为 45～50℃，连续烘焙 4 天，即为成品。若遇雨天，可直接放入焙房烘焙。

（4）包装　经检验合格的，除去竹片，修整一下边缘，进行真空包装，杀菌后即可出售。

二十四、晋风腊兔

1. 配方

白条兔 150kg，食盐 6kg，料酒 2kg，生抽酱油 6kg，白糖 8kg，五香粉 40g，香油 1.5kg，复合磷酸盐 200g，硝酸钠 15g，香油适量。

2. 工艺流程

原料选择→涂料→腌制→缠线→烘烤

3. 操作要点

（1）原料选择　选 3～4 月龄的健康肥肉兔宰杀、剥皮、去内脏，洗净淤血，沥干后备用。

（2）涂料　将辅料混合调成稀糊状，涂于兔体内外，体内多涂，体外少涂。

（3）腌制　将涂好的兔坯整齐叠入腌缸内，腌制 3～4 天，每天翻缸 1～2 次，并揉搓兔体，促进腌液渗透。

（4）缠线　用细麻绳均匀地从头颈缠到后腿，线绳呈螺旋状，缠线间距 1.5～2cm。

（5）烘烤　缠线后在通风处稍风干，进入烘房，在 70℃温度下烘烤 2h，出炉在通风处日晒 6h 左右，又送入烘房，在 50℃温度下烘烤 5h，期间涂香油 4～5 次。

二十五、风味板兔

1. 配方

鲜兔肉 100kg，小茴香粉 50g，丁香 25g，肉桂 25g，白芷 25g，陈皮 25g，花椒 25g，八角 50g，胡椒 5g，砂仁 10g，肉豆蔻 10g，生姜 50g，葱 50g，食盐 10kg，味精 50g。

2. 工艺流程

原料整理→配卤→腌制→干制→包装

3. 操作要点

（1）原料整理　选择 2kg 以上的青年健壮肉兔，经常规屠宰，尽量做到不损坏皮肤、耳朵、四肢和尾，使成品外形美观、完整。从腹中线起，上沿胸腔、头部，下沿骨盆腔对劈肉兔，剔除脑髓，保留两肾。沿脊椎部 0.5～1cm 自上而下将肋骨剪断压平，使整只兔成板形。

（2）配卤　取食盐 6kg，小茴香粉 50g，混合均匀加水配制成盐卤。其他辅料及食盐 4kg，混合后加水煎熬、过滤，冷却后即为盐卤。

（3）腌制　将兔用竹片撑开并交错平铺在腌缸中，压以重物，先用盐卤腌 24h 取出，平铺另一腌缸中，再入盐卤腌 48h。腌制的温度控制在 2～4℃。两次腌制时均要进行翻缸 1 次。

（4）干制　腌制好的板兔坯，用冰水冲洗脱盐，沥干后置烘房中干燥至含水率为 35%。

（5）包装　干制后的成品去爪尖并整形，分装于相应规格的包装袋中，用真空包装机密封，经常规杀菌后，即可出售。

二十六、酱腊兔肉

1. 配方

兔肉 5kg，精盐 170g，甜酱 1kg，五香粉 20g，白糖 300g，白酒 50g，醪糟 300g，花椒粉 50g。

2. 工艺流程

原料整理→腌制→酱制→重酱制→晾挂→成品

3. 操作要点

（1）原料整理　将带皮兔腿肉，拆去大骨，切成宽的大肉条，清洗干净后备用。

（2）腌制　先在每块肉的肉皮上喷洒少许白酒，这样可使肉皮软化，易于进盐，也易煮软，并能起杀菌作用。然后将精盐与花椒粉混合，抹遍每块肉的内外，放入小缸（盆）里盖好，腌 4～5 天即可。在腌的过程中，每天要将肉块上下翻动 1 次，以防盐味不匀和发热变质。

（3）酱制　肉起缸后，用尖刀在每块肉上方的肉皮上戳一个小孔，用麻绳穿上，吊在屋檐下通风处 2～3 天。待肉表面的水分干透时，将甜酱、白糖、五香粉、醪糟等混合成糊状（如太稠可加少许酱油），然后用干净的刷笔，把每一块肉都刷上一层酱料，注意要刷得薄、匀，要使肉的每一部位都能涂到酱。

（4）重酱制　第一次刷完后，待肉晾干再刷第二次。如此连刷 3～4 次。直至整个肉块都被酱料严严实实包上为止。

（5）晾挂　刷酱的肉块只宜挂在通风处吹干，切勿阳光直晒，吊挂 20 天左右即为成品。

二十七、芳香腊兔肉

1. 配方

鲜兔肉 100kg，细盐 7kg，八角 0.2kg，小茴香 0.2kg，桂皮 0.3kg，花椒 0.3kg，葡萄糖 0.5kg，白糖 4kg，高度白酒 3kg，酱油 0.4kg，冰水 5kg。

2. 工艺流程

原料肉整理→切条→拌调料→揉搓、腌制→清洗、晾挂→熏制

3. 操作要点

(1) 原料肉整理、切条　选用新鲜兔肉，精修后，切成厚 3～4cm，宽 6cm，长 15～25cm 的肉条。

(2) 拌调料　将八角、小茴香和桂皮、花椒焙干，碾细与其他调料拌和。

(3) 揉搓、腌制　把兔肉放入调料中揉搓拌和，拌好后入盆腌，温度在 10℃ 以下腌 3 天，翻倒 1 次，再腌 1 天捞出。

(4) 清洗、晾挂　把腌好的肉条放在清洁的冷水中漂洗，用铁钩钩住肉条吊挂在干燥、阴凉通风处，待表面无水分时进行熏制。

(5) 熏制　熏料用杉、柏锯末或玉米芯、瓜子壳、棉花壳、芝麻荚，将熏料引燃后分批加入。肉条离熏料高约 30cm，每隔 4h 将肉条翻动 1 次。熏烟温度控制在 50～60℃。至肉面呈金黄色，一般约需 24h。熏后将肉条在通风处挂晾 10 天左右，自然成熟，即为成品。

二十八、红雪兔

1. 配方

兔肉 100kg，食盐 5kg，花椒 0.2kg，料酒 3kg，白糖 2kg，酱油 3kg，怪味粉 0.1kg。

2. 工艺流程

原料整理→腌制→整形→风干→包装

3. 操作要点

(1) 原料整理　选择膘肥健壮，体重 2kg 以上活兔，屠宰剥皮，沿腹线开膛，除尽内脏和脚爪，将兔坯用竹片撑成平板状。修去浮脂和结缔组织网膜，擦净淤血。

(2) 腌制　干腌法制作先将食盐炒熟与其他辅料混合均匀，涂抹于兔坯上和嘴内，码入缸内，腌制 2 天左右，中间翻缸 1 次，出缸后再将其余辅料涂抹在兔坯内外。湿腌法制作先将辅料煮沸 5min，冷却后倒入腌渍缸，上加重物压住兔坯，以淹没兔坯为度，腌制 2 天左右，每天翻缸 1 次，适时出缸。

(3) 整形　兔坯出缸后晾干，放在工作台上，腹部朝下，将前腿扭转到背部，按平头和腿，撑开呈板形，再用竹片固定成形，并修去筋膜、浮脂等污物。

(4) 风干　将固定成形的兔坯悬挂在通风阴凉处自然风干，并完成发酵过程，通常需 1 周左右，也可采用烘房烘干，温度控制在 65～70℃。

(5) 包装　去掉固定用竹片，经卫生质量检验合格后装袋，真空包装，经杀菌后即可出厂。

二十九、兔肉腊肠

1. 配方

兔瘦肉 80kg，肥肉 20kg，精盐 4kg，曲酒 0.5kg，白糖 5kg，无色酱油 2kg，葡萄糖适量。

2. 工艺流程

材料的准备→绞肉→拌料→灌制→漂洗→日晒、烘烤→成熟

3. 操作要点

（1）材料的准备 肠衣用新鲜猪或羊的小肠衣。干肠衣在用前要用温水泡软、洗净、沥干后在肠衣一端打一死结待用，麻绳（或塑料绳）用于结扎香肠，一般加工 100kg 原料用麻绳 1.5kg。

（2）绞肉 将兔肉用 1cm 孔板绞成肉馅，肥肉切丁备用。

（3）拌料 将瘦肉、肥肉丁放在搅拌器中，开机搅拌均匀，将配料用酱油或少量温开水（50℃）溶解，加入肉丁中充分搅拌均匀，不出现黏结现象，静置片刻即可灌肠。

（4）灌制 将上述配置好的肉馅用灌肠机灌入肠内，每灌 12～15cm 时，即可用麻绳结扎，待肠衣全灌满后，用细针扎孔洞，以便于水分和空气外泄。

（5）漂洗 灌好结扎后的湿肠，放入温水中漂洗几次，洗去肠衣表面附着的浮油、盐汁等污着物。

（6）日晒、烘烤 水洗后的香肠分别排在竹竿上，放到日光下晒 2～3 天。工厂生产的灌肠应进烘房烘烤，温度在 50～60℃（用炭火为佳），每烘烤 6h 左右，应上下进行调头换尾，以使烘烤均匀。烘烤 48h 后，香肠色泽红白分明，鲜明光亮，没有发白现象，为烘制完成。

（7）成熟 将日晒、烘烤后的香肠，放到通风良好的场所晾挂成熟，晾到 30 天左右，此时为最佳食用时期。

第五章

烧烤制品加工

第一节　鸡肉制品

一、沟帮子熏鸡

1. 配方

白条鸡 75kg，砂仁 15g，肉豆蔻 15g，丁香 30g，肉桂 40g，山奈 35g，白芷 30g，陈皮 50g，桂皮 45g，鲜姜 250g，花椒 30g，八角 40g，辣椒粉 10g，胡椒粉 10g，食盐 3kg，味精 0.13kg，磷酸盐 0.12kg，芝麻油适量。

2. 工艺流程

选料→宰杀→排酸→腌制→整形→卤制→干燥→烟熏→无菌包装→微波杀菌→成品

3. 操作要点

（1）选料　选取一年生健康公鸡，体重 0.73～0.77kg。一年生公鸡肉嫩、味鲜，而母鸡由于脂肪太多，吃起来腻口，一般不宜选用。

（2）宰杀　宰杀放血，热烫去毛后的鸡体用酒精灯燎去小毛，腹部开膛，取出内脏，拉出气管及食管，用清水漂洗去尽血水后，送预冷间排酸。

（3）排酸　排酸温度要求在 2～4℃，排酸时间 6～12h。经排酸后的白条鸡肉质柔软，有弹性，多汁，制成的成品口味鲜美。

（4）腌制　采用干腌与湿腌相结合的方法，在鸡体的表面及内部均匀地擦上一层食盐和磷酸盐的混合物，干腌 0.5h 后，放入饱和的盐溶液继续腌制 0.5h，捞出沥干备用。

（5）整形　用木棍将鸡腿骨折断，把鸡腿盘入鸡的腹腔，头部拉到左翅下，码放在蒸煮笼内。

（6）卤制　将水和除腌制料以外的其他辅料一起入蒸煮槽，煮至沸腾后，停止加热，盖上盖，闷 30min 备用。卤制：将蒸煮笼吊入蒸煮槽内，升温至 85℃，保持 45min，检验大腿中心，以断生为度，即可吊出蒸煮槽。

（7）干燥　采用烟熏炉干燥，干燥时间为 5～10min，温度 55℃，以产品表面干爽、不粘手为度。

（8）烟熏　采用烟熏炉熏制。木屑采用当年产、无霉变的果木屑，适量添加白糖，熏制温度 55℃，时间 10～18min，熏至皮色油黄、暗红色即可。而后在鸡体表面抹上一层芝麻油，使产品表面油亮。

（9）无菌包装　包装间采用臭氧、紫外线消毒，真空贴体袋包装。

（10）微波杀菌　采用隧道式连续微波杀菌，杀菌时间 1～2min，中心温度控制在 75～85℃，杀菌后冷却至常温，即为成品。

二、哈尔滨熏鸡

1. 配方

鸡 100 只，清水 100kg，粗盐 8kg，酱油 3kg，味精 50g，花椒 400g，八角 400g，桂皮 200g，姜（切丝）250g，葱（切段）150g，蒜（去皮）150g。

2. 工艺流程

原料选择→宰剖→浸泡→紧缩→煮制→熏制→成品

3. 操作要点

（1）原料选择　要求选择肥嫩母鸡。

（2）宰剖　鸡宰后，彻底除掉羽毛和鸡内脏后，将鸡爪弯曲装入鸡腹内，将鸡头夹在鸡膀下。

（3）浸泡　把宰后的鸡放在凉水中泡 11～12h 取出，控尽水分。

（4）紧缩　将鸡投入滚开的老汤内紧缩 10～15min。取出后，把鸡体的血液全部控出，再把浮在汤上的泡沫捞出弃去。

（5）煮制　把紧缩后的鸡重新放入老汤内煮，汤温要保持 90℃ 左右，经 3～4h，煮熟捞出。配制老汤的方法是：清水、粗盐、酱油、味精混合煮沸，汤的浓度在 5°Bé 左右，色浅加酱油，味淡加盐；花椒、八角、桂皮这 3 种调料共同装入一个白布口袋，每煮 10 次更换 1 次；姜（切丝）、葱（切段）、蒜（去皮），这 3 种料也合装入一个白布口袋，鲜姜每煮 5 次更换 1 次，葱、蒜每次都要更换。

（6）熏制　将煮熟的鸡单行摆入熏屉内，装入熏锅或熏炉。烟源的调制：用白糖 1.5kg（或红糖、糖稀均可），锯末 0.5kg，拌匀后放在熏锅内用火烧锅底，使锯末和糖的混合物生烟，熏在煮好的鸡上，使产品外层干燥变色。熏制 20min 取出，即为成品。

三、上海熏鸡

1. 配方

新仔鸡 1 只（约重 750g），精盐 15g，酱油 2.5g，绍酒 5g，味精 2.5g，大葱

10g，鲜姜 5g，绿茶 10g，米饭 10g。

2. 工艺流程

原料修整→腌渍→熏制→成品

3. 操作要点

（1）原料修整　选用要求的新仔鸡，宰杀，放血，煺毛，清洗即成光鸡。光鸡开膛，取出内脏，清洗干净，沥干水分。

（2）腌渍　沥去水的鸡体放入钵里，加大葱、鲜姜、绍酒、精盐、味精、酱油，腌渍 1h，使之入味。

（3）熏制　铁锅中放入米饭，绿茶，水（150g），再放上铁丝网，摆上葱，再放上腌好的鸡体，加盖，烧开后，小火熏 30min，至鸡皮呈金黄色、鸡肉熟烂时取出，改刀装盘，即为成品。

四、安阳熏鸡

1. 配方

白条鸡 100kg，食盐 5kg，白芷 200g，桂皮 200g，丁香 50g，豆蔻 100g，荜拨 100g，山奈 100g，姜末 400g，小磨油适量。

2. 工艺流程

原料修整→油炸→煮鸡→熏制→抹油→成品

3. 操作要点

（1）原料修整　选用符合卫生要求的健壮活公鸡，宰杀，放血，煺毛，洗净鸡皮后开膛取出内脏，冲洗干净，成白条鸡。将白条鸡的头折回，打平鸡胸，将鸡脚折入腔内，鸡翅膀交叉别住，晾去水分。

（2）油炸　用蜂蜜水（蜂蜜 30%，水 70%）涂匀于造好型的鸡的体表上，再放爆油锅里炸，炸呈柿黄色取出，沥油。

（3）煮鸡　炸好的鸡和辅料一起放入清水锅中，大火猛煮 15min，再用文火煮 80min，捞出鸡，沥水。

（4）熏制　沥干水的鸡放入烟熏笼的架子上，摆好，将熏料松木锯末、柏枝、柏壳点燃，使之冒大烟，不生明火。坐上熏笼，进行熏制，并不断翻鸡体，约熏 10min，鸡呈微黄色时出笼晾凉。

（5）抹油　晾凉的鸡再涂一层小磨油即成。

五、北京熏鸡

1. 配方

鸡 100 只（重 125kg），酱油 1250g，食盐 1250g，花椒 250g，八角 250g，桂

皮 250g，姜 50g，葱 250g，黄酒 600g。

2. 工艺流程

原料选择→宰杀→卤煮→熏制→成品

3. 操作要点

（1）原料选择　选择经兽医卫生检验合格的土鸡。

（2）宰杀　将活鸡宰杀，放血、煺毛后，腹下开膛，取出内脏，用水洗净沥干。用棍或刀打平鸡脯，双脚折入体腔内，头颈压于翅下，再用小竹棍撑开膛腔。

（3）卤煮　把整好形的鸡放入锅内煮沸。撇去浮沫，倒入配料，翻动 2～3 次，继续煮沸 1h 后取出熏制。

（4）熏制　用锯末作燃料生烟，将鸡全身翻动熏烤 5min，至皮呈红黄色时，外抹一层芝麻油后即为成品。

六、大城家常熏鸡

1. 配方

净白条鸡 100kg，水 100kg，精盐 4kg，大葱 2kg，鲜姜 300g，花椒 100g，桂皮 300g，八角 100g，小茴香 100g。

2. 工艺流程

选料→宰杀→清洗→造型→煮制→熏制→成品

3. 操作要点

（1）选料　选用符合卫生检验要求的肥嫩健壮的活鸡，作为加工的原料。

（2）宰杀　选好的活鸡经宰杀，放血，煺毛，清洗干净成白条鸡。

（3）清洗　在白条鸡的脖子侧面割一小口，取出嗉囊，再在腹部近肛门处横开一小口，去净内脏和肛门，再用清水冲洗干净。

（4）造型　洗净的鸡体用刀背砸断大腿，再用剪刀横着剪去胸骨尖端，将剪刀从剪断处插入鸡胸腔内，剪断胸骨，用力将胸骨压平，以显鸡体肥大，鸡右翅从脖子刀口处插入，通过口腔，从嘴中穿出，将双翅别在背后，盘起双腿。把双爪塞进腹腔内并使双腿骨交叉。

（5）煮制　整好形的鸡放入 100℃的热水锅里，同时加入精盐、大葱、鲜姜、桂皮、花椒、八角、小茴香等，待锅水再次沸腾，再煮制 3h，捞出，晾凉。

（6）熏制　煮好的鸡体趁热摆在铁丝网上，放在铁锅里，烧热铁锅，往锅里撒白糖，发烟，盖上盖，熏 10～20min，取出，刷上香油，即为成品。

七、义盛永熏鸡

1. 配方

活鸡 100kg，水 50kg，食盐 2kg，酱油 2.5kg。味精 0.25kg，花椒、八角各

0.75kg，丁香、小茴香、桂皮、陈皮各 0.25kg，切碎鲜姜 0.5kg，五香粉 0.5kg，胡椒粉 500g。

2. 工艺流程

选料→宰剖→煮制→熏制→成品

3. 操作要点

（1）选料　选用健康无病活鸡为主，仔鸡 500g 以上，大鸡要求肥壮。

（2）宰剖　将活鸡宰杀，放净血，入热水内浸烫，煺净羽毛，开膛取出内脏，洗净鸡身内外，沥干水备用。

（3）煮制　将白条鸡经过整形，按大小依次摆于锅内，加上陈年煮鸡老汤，兑上适量清水，以使汤汁浸没鸡身。然后加入花椒、八角、桂皮、丁香、陈皮、小茴香（装纱布袋内）及姜、食盐等调料，用量多少视季节和老汤多少而灵活掌握。用大火将汤烧沸，再改中火煮一段时间，然后用小火焖煮至熟烂即可出锅。

（4）熏制　将熏锅烧热，投入白糖，将煮好的鸡放铁箅子上入熏锅熏制，至鸡色红润即可。出锅后涂上香油即可食用。

八、卓资山熏鸡

1. 配方

按 100 只鸡计。食盐 1.5kg，花椒 50g，干姜 50g，八角 50g，丁香 10g，荜拨 10g，良姜 10g，桂皮 10g，白芷 10g，山奈 10g，砂仁 10g，肉豆蔻 10g，陈年煮鸡老汤适量。

熏料：白糖 500g，柏木锯末 1kg。

2. 工艺流程

选料→宰剖→整形→煮制→熏制→涂油→成品

3. 操作要点

（1）选料　选用该县和邻近旗县所产之鸡为原料，要求健康无病，只重在 1kg 以上。

（2）宰剖　先将鸡宰杀、放血、浸烫、煺毛，再开膛、去内脏、洗净，然后入清水中浸泡 2～3h，捞出沥水。

（3）整形　将鸡爪窝腹内，鸡翅别好，鸡头盘上。

（4）煮制　将鸡摆于锅内，把调料装纱袋内放锅中，兑上老汤，用大火将锅烧沸，煮 0.5h 后改小火焖煮 2h（老鸡则沸煮 1h，焖煮 3h），即可出锅。

（5）熏制　将熏锅烧热，放入适量白糖和锯末，放上铁箅子，将煮熟之鸡放在铁箅子上，加盖熏烤 2～3min（每次熏制 10～20 只鸡）即可。

（6）涂油　将熏好之鸡涂上鸡油或香油即可。

九、聊城熏鸡

1. 配方

100只公鸡约80kg，子姜1kg，砂仁200g，肉豆蔻200g，鸡油1kg，白芷200g，桂皮200g，丁香200g，糖色600g，食盐1kg，八角300g，小茴香籽100g，植物油3kg。

2. 工艺流程

选料→宰剖→整形→油炸、卤煮→熏制→涂油→成品

3. 操作要点

（1）选料　选择健康无病的当年活公鸡为主料。

（2）宰剖　宰杀、燖毛，除去嗉囊，内脏洗净，放入清水中烫泡一下捞出，控净水分晾干。

（3）整形　将公鸡盘窝成形后抹上糖色。

（4）油炸、卤煮　先擦干鸡身上的水，再抹糖色，并要抹匀。油锅烧至八九成热时，下入抹好糖色的鸡，炸至皮呈深红色时捞出，控净油；把肉豆蔻拍烂，桂皮掰碎，子姜整块拍碎。将各种香料和姜块一起下入清水锅并放入所有调料，烧沸后把炸好的鸡逐个放入煮锅内，旺火煮30min，停火焖2h出锅，控净汤汁。

（5）熏制　熏锅下部放松、柏、枣木锯末，点燃后上部放熏鸡架铁网，然后把煮好的鸡摆放在架网上，上盖一层席作原熏锅盖，以保温、出烟、出气，开始1h翻一次，翻3次，后0.5h翻一次，熏5h即好。熏时勤翻鸡身，要求色泽均匀。

（6）涂油　出锅后，逐个表面抹上鸡油即成。

十、右玉熏鸡

1. 配方

鸡100只（约75kg），花椒150g，八角75g，小茴香125g，食盐500g，酱油5kg，香油适量。

2. 工艺流程

选料→宰剖一整形→卤煮→熏制→涂油→成品

3. 操作要点

（1）选料选择　健康无病的右玉边鸡为主料。

（2）宰剖　将鸡宰杀，放净血，经浸烫、燖毛后，从肩背部开口，取出鸡嗉囊，切断食管。然后在肛门下方开口，取出内脏、食管和气管，用清水冲洗干净。

（3）整形　将鸡爪窝入腹内，翅别于背上，头颈别在背上。

（4）卤煮　将鸡按大小排码在锅内，调料装纱袋放锅内，加上清水（或老汤）

至淹没鸡体，调入酱油、食盐，加大火将汤烧沸，撇去浮沫，改小火焖煮至熟烂即出锅。

（5）熏制　熏鸡应用柏木锯末，无柏木末可用杨柳木锯末。将鸡放熏锅内，用半燃的锯末烟熏烤20min即可。

（6）涂油　熏烤后的鸡，再涂上一层香油即可食用。

十一、烟熏嫩鸡

1. 配方

鸡100只（约75kg），八角1kg，桂皮800g，葱结750g，姜块800g，黄酒500g，酱油2.5kg，白糖450g，精盐3.5kg，味精500g，香油500g。

2. 工艺流程

选料→整理→卤煮→熏制→成品

3. 操作要点

（1）选料　选择健康无病的白条鸡为主料。

（2）整理　将光鸡在颈根处划一刀，取出喉管和嗉囊。在肛门处开5cm长的口子，掏去内脏，斩去鸡爪，敲断大腿骨，洗净腹内血污，沥干。

（3）卤煮　锅置旺火上，放入八角、桂皮、葱结、姜块、白糖、酱油、精盐、黄酒、味精、清水（75kg），再放入光鸡。烧开后，撇去浮沫，加盖，小火上烧20min，将鸡捞出沥干。

（4）熏制　大铁锅内放木屑、茶叶、白糖，再放上铁丝网架，网架上涂一层油，将鸡平放在网上。用旺火将铁锅烧红冒烟时，即加盖盖紧，熏烤4～5min，见冒黄烟时即离火取出。

（5）涂油　趁热在鸡体上涂抹香油，待冷却后切块装盘即为成品。

十二、六味斋熏鸡

1. 配方

白条鸡100kg，食盐3kg，葱2kg，蒜头400g，生姜400g，花椒100g，小茴香80g，香油适量。将香料装布袋。

2. 工艺流程

选料→整形→煮制→熏制

3. 操作要点

（1）选料　选用当年的公鸡或1～2年的淘汰母鸡。宰杀、煺毛、开膛，去内脏后，用清水浸泡1～2h，去掉血污。

（2）整形　将白条鸡用木棍打断鸡腿，用剪刀将胸骨两侧软骨剪断，并将爪弯曲插入鸡腹内，鸡头压在左翅下，此谓盘鸡。

（3）煮制　先将白条鸡放入沸水锅内初煮 10～15min，使鸡身紧缩。取出冲洗，然后，把配料连同鸡一起下锅煮制，在 90℃左右的水中，嫩鸡煮 1～2h，老鸡煮 3～4h 即熟。

（4）熏制　采用锯末屑为熏料。将煮熟鸡置入熏炉，在炉底铁板上撒锯木屑和白糖，再将铁板烧灼热，然后起烟，密闭熏炉。熏制 15min，当烟变白色，鸡呈红色时，即可起锅。再刷一层香油，使其更加光亮。

十三、苏州熏鸡

1. 配方

鸡（1 只）1kg，食盐 25g，黄酒 20g，大葱 12g，鲜姜 6g，香油（往成品鸡身上涂抹用）15g。

2. 工艺流程

宰杀、煺毛→取内脏→整形→煮制→熏制→抹油

3. 操作要点

（1）宰杀、煺毛　将杀死的鸡控尽血液，放进 60℃热水中烫毛，用竹竿不停翻动，使鸡身各部位均匀受热。烫 30s 左右，当手轻拔能脱掉羽毛时，捞出投入凉水中，趁热迅速拔毛。

（2）取内脏　将拔净毛的鸡，放在案板上，用刀在鸡右翅膀根前面的颈侧割一小口，取出嗉囊，再于腹部靠近肛门处割一小口（除掉肛门），伸进两指轻轻掏出内脏，不要拽碎鸡肝，以免造成苦胆破裂，污染鸡肉。掏净内脏后，放进清水中洗刷，要特别洗刷腹腔、胸腔、肛门、嗉囊等处。

（3）整形　将洗干净的鸡爪插入腹腔里，双翅别在背后，鸡头夹在翅膀底下。

（4）煮制　将整好形的净膛鸡放进开水里，同时加入食盐、黄酒、大葱、鲜姜等佐料。等锅再次烧沸后，将火压住，以微火焖煮 1h，捞出晾干。

（5）熏制　晾干的熟鸡放在熏架上。点燃锯末（木屑），用烟熏 10min。具体方法有两种：一是将空干锅烧热，把锯末撒在锅里，把鸡摆在锅里的大眼铁丝网箅子上，盖上锅盖，进行熏制。二是把鸡摆在或挂在熏架上，把熏架推进熏房里的 1 个小火炉，点燃后放进熏房里，炉上盖块铁板或铁盘。将锯末撒在炉上的铁板或铁盘里，然后关上熏房门，进行熏制。这种方法适用于大规模生产。

（6）抹油　将熏好的鸡取出，用软毛小刷蘸香油往鸡身上涂抹，抹完即为成品。当年新母鸡制的成品，整体，色泽微黄明亮。具有特殊的烟熏香味。出品率 70%。

十四、香油熏鸡

1. 配方

鸡 100 只，水 100L，食盐 7kg，味精 0.1kg，白糖 0.5kg，白酒 0.5kg，鲜姜 0.25kg，大葱 0.15kg，大蒜 0.15kg，花椒 0.25kg，八角 0.25kg，丁香 0.15kg，山柰 0.15kg，白芷 0.1kg，陈皮 0.1kg，草果 0.15kg，砂仁 0.5kg，肉豆蔻 0.5kg，桂皮 0.15kg，桂枝 0.1kg，香油适量。

2. 工艺流程

原料处理→紧缩→油炸→煮制→熏制→涂油→成品

3. 操作要点

（1）原料处理　先用骨剪将原料鸡胸部的软骨剪断，然后将鸡的右翅从宰杀的刀口处插入鸡口腔内，从嘴里穿出，并将翅尖转压翅膀下，同时将左翅转回。最后将鸡的两腿打断，并把两爪交叉插入腹腔中。

（2）紧缩　将处理好的鸡体投入沸水中，浸烫 2～4min，使鸡皮紧缩，固定鸡形，捞出晾干。

（3）油炸　先用毛刷将 1∶8 的蜜水均匀刷在鸡体上，晾干。然后在 150～200℃的油中炸制，将鸡炸至柿黄色立即捞出，控油，晾凉。

（4）煮制　先将调料全部放入锅内，然后将鸡排放在锅内。加水 100L，点火将水煮沸，以后将水温控制在 90～95℃，视鸡体和日龄大小煮制 2～4h。煮好后捞出晾干。

（5）熏制　先在平锅（或烟熏炉）上放上铁箅子，再将鸡胸部朝下排放在铁丝网箅上。待铁锅底微红时将糖按不同点撒入锅内，迅速将锅盖盖上，经 2～3min（依铁锅烧红的程度决定时间长短，以免将鸡体烧煳或烟熏过轻）出锅后晾凉。

（6）涂油　将熏好的鸡用毛刷均匀地涂刷上香油（一般涂刷 3 次）。

十五、常熟煨鸡

1. 工艺流程

选料→配料→宰杀及整理→配料加工→填料及包扎→火烤→成品

2. 操作要点

（1）选料　选用当地鹿苑鸡或三黄鸡（要新母鸡），体重 1.75kg 左右，鸡龄约一年，肥度适中，健康无病。

（2）配料　每只鸡配虾仁（或水发海米）25g、鸡肫 100g 左右、鲜猪肉（肥、瘦各半）150g、熟火腿 25g 左右、水发香菇 25g、猪网油或鲜猪皮若干（大小以能裹住鸡体即可）。

（3）宰杀及整理　宰杀、脱毛，去脚，右翼下开膛，去内脏，洗净，用刀背拍断鸡骨，但不能破皮，然后在酱油中浸 30~60min，取出晾干。

（4）配料加工　先将熟猪油放在锅内，用旺火烧热，将香料、葱、姜放在油中略爆后，再投入鸡肫、肉丁、熟火腿、猪肉片、虾仁等配料，边炒边加料酒、酱油和调料，炒至半熟即可起锅。

（5）填料及包扎　将炒好的配料（不宜带汤）从鸡的翼下刀口处填入腔内，把鸡头弯曲进刀口内。在腋下各放一粒丁香，用盐 10~15g 撒在鸡身上，然后用猪网油或鲜肉皮将鸡包裹起来（最好是在猪网油外面包一层豆腐衣），再用浸泡过的荷叶把鸡包成长方形，用绳子扎紧。最后用捣烂搅动的鬓头泥涂在外面，要求厚薄均匀 1.6cm 厚，两头可涂得稍厚些，涂好后，表面用水抹光滑，包上一张纸。

（6）火烤　时间长短，要根据鸡的新老大小决定，一般一只鸡需 4h 左右。将包好的鸡放入煨鸡箱内，先用旺火烤 40min 左右，把泥烘干，改用微火，每隔 20min 翻一次，共翻 4 次，最后用微火焖 1h 左右。煨好后除去干泥，剪断绳子，去掉荷叶、肉皮，装盘上桌，浇上麻油，与甜面酱、葱白同食。

十六、东江盐焗鸡

1. 配方

鸡 100 只，砂姜片 500g，葱 100 根（切成丝），八角 100 个（磨碎），花生油适量，50cm 见方的洁净牛皮纸 100 张，粗盐 200kg。

2. 工艺流程

原料整理→填料裹鸡→盐焗→成品

3. 操作要点

（1）原料整理　选用重 1.3kg 以上的肥嫩新母鸡。宰后放血、去毛、去内脏，并切去脚爪，洗净沥干。

（2）填料裹鸡　先将配料填入鸡膛内，然后在一张牛皮纸上均匀地涂一层花生油，将鸡裹好，不露鸡身。

（3）盐焗　先把盐放入深底锅内，加火爆炒，然后取出一半置于有盖的瓦罐里，再将包好的鸡放入罐内，接着把锅内剩余的炒盐均匀地盖在鸡体上，盖严罐盖，置于炉上用文火加热 20min 左右，鸡即焗热，取出冷却后，剥去包纸则为成品。

十七、三特烤鸡

1. 配方

按每 50kg 腌制液计：生姜 100g，葱 150g，八角 150g，花椒 100g，香菇 50g，精盐 8.5kg，先将八角、花椒包入纱布内和香菇、葱、姜放入水中煮制，沸腾后将料水倒入腌缸内，加盐溶解，冷却备用。

腹腔涂料：香油 100g，鲜辣粉 50g，味精 15g，拌匀后待用。上述涂料可涂 25～30 只鸡。

腹腔填料：按每只鸡计量，生姜 2～3 片（10g）、葱 2～3 根（15g）、香菇 2 块（10g）。姜切成片状，葱打成结，香菇预先泡软。

皮料：即浸烫涂料，水 2.5kg、白糖 500g 溶解加热至 100℃待浸烫用，此量够 100～150 只鸡用。

2. 工艺流程

原料选择与整理→配料与调制→腌制→腔内涂料→腔内填料→浸烫涂皮料→烤制→成品

3. 操作要点

（1）原料选择与整理　选用 50 日龄左右、体重 1.5～2kg 的健康肉用鸡，经屠宰、放血、浸烫、脱毛，腹下开膛取出全部内脏等工序，冲洗干净。将全净膛光鸡，先去腿爪，再从放血处的颈部横切断，向下推脱颈皮，切断颈骨，去掉头、颈，并将两翅反转成"8"字形。

（2）腌制　将整形的光鸡逐只放入腌缸中，用压盖将鸡压入液面以下，腌制时间根据鸡的大小、气温高低而定，一般腌制液浓度以 12% 较为理想，腌制时间为 40～60min，腌好后捞出，挂鸡晾干。

（3）腔内涂料　把腌制好的光鸡放在台上，用带圆头的棒具挑约 5g 左右的涂料伸入腹腔内四壁涂抹均匀。

（4）腔内填料　向每只鸡腹腔内填入生姜 2～3 片、葱 2～3 根、香菇 2 块，然后用钢针绞缝腹下开口，以防腹内汁液外流。

（5）浸烫涂皮料　将填好料缝好口的光鸡逐只放入加热到 100℃ 的皮料中浸泡，约半分钟左右，然后取出挂起，晾好待烤。

（6）烤制　一般用远红外线电烤炉，先将炉温升至 100℃，将鸡挂入炉内，当炉温升至 180℃ 时，恒温烤 10～20min，这时主要是烤熟鸡。然后将炉温升至 240℃ 烤 5～10min，此时主要是使得鸡皮上色、发香。当鸡体全身上色均匀达到成品橘红或枣红色时即可出炉。出炉后趁热在鸡皮表面抹上一层香油，使皮更加红艳光亮，涂好香油后即为成品烤鸡。

十八、什香味鸡

1. 配方

活仔母鸡 1 只（约 1.5kg），瘦猪肉 10g，猪网油一张约 250g，鲜笋 100g，水发冬菇 50g，京冬菜 25g，精盐 10g，酱油 30g，白糖 10g，味精 2g，绍酒 50g，生姜 25g，葱 20g，花椒 10 个，桂皮一小块，熟猪油 25g，肉清汤 50g。

2. 工艺流程

原料处理→宰杀→腌制→裹制→烤制→成品

3. 操作要点

（1）原料处理　将水发冬菇、京冬菜去蒂及杂物，生姜去皮，葱去根及黄叶，连同鲜笋、猪瘦肉一起分别洗净沥干；荷叶用开水略烫、晾干；将猪网油洗净，晾在箕箩底部；均匀打湿白布；敲碎酒坛泥，用盐水泡软，揣揉上劲。瘦猪肉、水发冬菇分别切成丝，与京冬菜同放碗内；生姜切成丝，葱拍松切成段，放入碗内，加入酱油20g、味精1g、绍酒40g、白糖5g、桂皮、花椒少许拌匀成卤汁。

（2）宰杀、腌制　仔母鸡宰杀，放尽血，放在热水中略烫，钳去大、小毛，在右肋下开一小口，取出内脏，抽出气管和食囊，洗尽沥干，放在砧板上，用刀背敲碎鸡翅骨、胸骨、腿骨、颈骨。在鸡大腿处直划一刀，砍去鸡脚爪、嘴尖，放在盘内，倒上卤汁，在体内外反复摩擦，腌20min。

（3）裹制　炒锅内放入熟猪油25g，烧热后放入猪肉丝略炒，再放鲜笋丝、冬菇丝略炒，放酱油10g、白糖5g、味精1g、肉清汤50g烧沸，用湿淀粉勾芡，放入京冬菜，用手勺推动，略炒半熟，离火装盘冷却。

从卤汁中取出鸡，去除花椒等调料，从鸡肋小口处灌入馅料后，将鸡腿平贴，大翅紧贴鸡脯，鸡头、颈紧贴脊背，用猪油将鸡裹紧，外面裹一层荷叶，包上玻璃纸后，再裹上荷叶一层，用麻绳将鸡捆扎成鸭蛋状。

将酒坛泥均匀摊在湿布上，将鸡放在泥中间，将布四角折起来裹紧后，去除布，用手将泥涂匀，再用旧报纸包好，即可上炉烤制。

（4）烤制　用豆秸烧成一堆火炭，将鸡放在火炭上，鸡上面再架豆秸烧半小时。将鸡翻身，上面再加豆秸燃烧半小时。最后将鸡埋在火炭中，烤3～4h即熟，取出去除泥壳、荷叶、玻璃纸和猪网油渣；整鸡装盘上桌食用。

十九、烤鸡肉

1. 配方

整鸡一只，食盐、花椒、白糖、香料、黄酒、姜末、芝麻、白糖、面酱、鸡精、白酒、胡椒粉、酱油、水各适量。

2. 制作方法

（1）将整鸡去毛净膛，洗净，沥干水分。

（2）将食盐、花椒、白糖和香料涂在鸡身上，然后再洒上适量的黄酒和姜末，腌制约8h。

（3）将腌制后的鸡肉在85℃左右的温度下烤30min左右。

（4）将烤后的鸡肉取出，用由芝麻、白糖、面酱、鸡精、白酒、胡椒粉以及酱油一起调成的糊状调料汁涂在鸡肉表面。

（5）把涂过调料汁的鸡肉，在 85℃左右的温度下继续烤约 30min。

（6）将两次烤过的鸡肉放入由水、白糖、香料、花椒和姜调成的汤汁中，煮制半个小时左右。

（7）捞出煮好的鸡肉冷却后即可。

二十、美式烤鸡腿

1. 配方

鸡腿 2 个，西兰花 30g，焗豆、黑胡椒、番茄酱、蜜糖、香料、蒜蓉、食盐各适量。

2. 制作方法

（1）将黑胡椒、番茄酱、蜜糖、香料、蒜蓉、食盐盛入碗中，搅匀成汁。

（2）将鸡腿肉顺着骨头的一端剖开，留另一端骨，肉不分开，将剖开的鸡肉抹上调好的汁，卷好，腌 12h，再带汁入炉烤至上色。

（3）将焗豆放入锅中煮好，盛入碟中，再放上烤好的鸡腿，配上焯熟的西兰花即可。

第二节　猪肉制品

一、生熏腿

1. 配方

猪后腿 10 只（重 50～70kg），食盐 4.5～5.5kg，硝酸钠 20～25g，白糖 250g。

2. 工艺流程

原料选择与整形→腌制→浸洗→修整→熏制→成品

3. 操作要点

（1）原料选择与整形　选择健康的猪后腿肉，要求皮薄骨细，肌肉丰满。将选好的原料肉放入 0℃左右的冷库中冷却，使肉温降至 3～5℃，约需 10h。待肉质变硬后取出修割整形，这样腿坯不易变形，外形整齐美观。整形时，在跗关节处割去脚爪，除去周边不整齐部分，修去肉面上的筋膜、碎肉和杂物，使肉面平整、光滑。刮去肉皮面残毛，修整后的腿坯重 5～7kg，形似琵琶。

（2）腌制　采用盐水注射和干、湿腌配合进行腌制。先进行盐水注射，然后干腌，最后湿腌。

盐水注射需先配盐水。盐水配制方法：取食盐 6～7kg，白糖 0.5kg，亚硝酸钠 30～35g，清水 50kg，置于容器内，充分搅拌溶解均匀，即配成注射盐水。用盐水注射机把盐水强行注入肌肉，要分多部位、多点注射，尽可能使盐水在肌肉中分布均匀，盐水注射量约为肉重的10%。注射盐水后的腿坯，应即时揉擦硝盐进行干腌。硝盐配制方法：取食盐和硝酸钠，按100∶1之比例混合均匀即成。将配好的硝盐均匀揉擦在肉面上，硝盐用量约为肉重的2%。擦盐后将腿坯置于2～4℃冷库中，腌制24h左右。最后将腿坯放入盐卤中浸泡。

盐卤配制方法：50kg水中加食盐约9.5kg，硝酸钠35g，充分溶解搅拌均匀即可。湿腌时，先把腿坯一层层排放在缸内或池内，底层的皮向下，最上面的皮向上。将配好的浸渍盐水倒入缸内，盐水的用量一般约为肉重的1/3，以将肉浸没为原则。为防止腿坯上浮，可加压重物。浸渍时间约需15天，中间要翻倒几次，以利腌制均匀。

（3）浸洗　取出腌制好的腿坯，放入25℃左右的温水中浸泡4h。其目的是除去表层过多的盐分，以利提高产品质量，同时也使肉温上升，肉质软化，有利于清洗和修整。最后清洗并刮除表面杂物和油污。

（4）修整　腿坯洗好后，需修割周边不规则的部分，削平趾骨，使肉面平整光滑。在腿坯下端用刀戳一小孔，穿上棉绳，吊挂在晾架上晾挂10h左右，同时用干净的纱布擦干肉中流出的血水，晾干后便可进行烟熏。

（5）熏制　将修整后的腿坯挂入熏炉架上。选用树脂含量低的发烟材料，点燃后上盖碎木屑或稻壳，使之发烟。熏炉保持温度在60～70℃，先高后低，整个烟熏时间为8～10h。如生产无皮火腿，需在坯料表面盖一层纱布，以防木屑灰尘沾污成品。当手指按压坚实有弹性，表皮呈金黄色时出炉即为成品。

二、北京熏猪肉

1. 配方

猪肉50kg，粗盐3kg，白糖200g，花椒25g，八角75g，桂皮100g，小茴香50g，鲜姜150g，大葱250g。

2. 工艺流程

原料选择与整修→煮制→熏制→成品

3. 操作要点

（1）原料选择与整修　选用经卫生检验合格后的皮薄肉厚的生猪肉，取其前后腿肉，剔除骨头，除净余毛，洗净血块、杂物等，切成15cm见方的肉块，用清水泡2h，捞出后沥干水，或入冷库中用食盐腌一夜。

（2）煮制　将肉块放入开水锅中煮10min，捞出后用清水洗净。把老汤倒入锅内并加入除白糖外的所有辅料，大火煮沸，然后把肉块放入锅内烧煮，开锅后撇净汤油及脏沫子，每隔20min翻一次，约煮1h。出锅前把汤油及沫子撇净，将肉捞到盘子里，沥干水分，再整齐地码放在熏屉内，以待熏制。

（3）熏制　熏制的方法有两种：一种是将锯末刨花放在熏炉内，熏 20min 左右即为成品；另一种是将空铁锅坐在炉子上，用旺火将放入锅内底部的白糖加热至出烟，将熏屉放在铁锅内熏 10min 左右即可出屉码盘。

三、四平李连贵熏肉

1. 配方

丁香 200g，白豆蔻 200g，肉豆蔻 200g，砂仁 200g，带皮猪肉 10kg，桂皮 200g，桂子 200g，花椒 200g，八角 200g，蔗糖 3kg。

2. 工艺流程

选料→煮制→熏制→成品

3. 操作要点

（1）选料　选用体重 85～90kg、健壮的荷包猪的五花肉为加工原料，切成重 500g 左右的方块，放到凉水中浸泡 6～7h（冬季用温水浸泡 8h），把血泡出。

（2）煮制　血水、肉块、各种调味料一起下入锅中，先用大火煮 40min，后用小火煮 2h 左右，至肉皮软如豆腐，即出锅，把油控净。

（3）熏制　肉块皮朝下放在熏锅里，用蔗糖熏 3～5min 即为成品。

四、湖北恩施熏肉

1. 配方

鲜猪肉 100kg，盐 2.8kg。

2. 工艺流程

原料选择→修坯→腌制→熏烤→保藏→成品

3. 操作要点

（1）原料　选用肉质新鲜、干净、无污物的鲜猪肉。

（2）修坯　割去三腺（甲状腺、肾上腺、淋巴腺），除去血槽肉、平胫骨等，切成 1.5～2.5kg 的肉块。

（3）腌制　肉坯采用干腌法，上盐腌制，共上 3 次盐，翻 4 次堆。每 100kg 肉坯用盐 2～3kg，第一次上出水盐，用盐 1～2kg，用盐要均匀，肉坯平放，堆码整齐；隔天第二次上大盐，用盐 2～3kg。边翻堆，边上盐，注意大骨用盐量稍多一些，堆码的高度以不超过 1.5m 为宜；隔 4～5 天第二次上盐，用盐 1～2kg；3～4 天后即可入熏烤房。

（4）熏烤　把经过腌制的肉成排吊挂在熏房内，肉坯离地 1～2m，用燃料熏烤。熏烤时视熏房大小将燃料（柴排）分成若干堆。先用文火，逐步加大，后在火堆上加柏树枝用谷壳盖上；再根据所需香味的不同，酌情加核桃壳、花生壳及油菜子壳等，待再产生火烟、即可烟熏。熏房温度保持在 40℃，经 6～7 天即成。

（5）保藏　熏肉出熏房后，必须待热散尽后才能进库保管。可采用堆码或上架方法进行保管，采用堆码的方法保管，高度不超过 1m。如遇雨天注意防潮，受潮发软会使色泽发暗，极易变质。熏肉放进仓库后，肉质经发酵成熟，香味更好。一般家庭保管可将肉挂在阴凉处，并避免煤烟直熏。熏肉外表有一层保护肉块的烟熏尘。不吃时不必去掉，如将熏肉洗净、晾干水分、放入陶瓷坛内保管，既能保持香味及卫生，存放时间也较长。

五、柴沟堡熏肉

1. 配方

猪肉 100kg，食盐 3kg，大葱 1kg，姜 500g，大蒜 250g，八角 250g，花椒 200g，小茴香 100g，桂皮 80g，丁香 80g，砂仁 80g，肉豆蔻 50g，甜面酱 250g，黑面酱 200g，酱豆腐 200g，酱油 450g、醋 100g。

2. 工艺流程

原料修整→煮制→熏制→成品

3. 操作要点

（1）原料修整　选用肥膘约 3cm 的二级猪肉 100kg，切成 16～17cm 见方的大块，厚度一般在 1.6cm 左右。

（2）煮制　头锅中配料为：八角、花椒、小茴香、桂皮、丁香（以上装入一布袋），砂仁、肉豆蔻（装入另一布袋）。另备大葱、大蒜、姜、甜面酱、黑面酱、酱豆腐、酱油、醋。煮肉时先放脊肉。其他带皮肉块分层码在上面。加入大葱、大蒜、姜、食盐。最后加水没过肉块，慢火煮开后再放甜面酱、黑面酱、酱豆腐、酱油和醋。开锅后肉块上下翻滚，继续以慢火焖煮，每 0.5h 翻 1 次锅，煮 2～4h。因为是慢火煮肉，油层严严地覆盖在肉汤上，锅内作料味能全部入肉，因而肉味香美，这是制作柴沟堡熏肉的关键。煮肉汤可连用 7 次，每次应追加适量凉水、食盐、大葱、大蒜、姜等。其他甜面酱等调味料加量要根据肉汤成色灵活掌握。

（3）熏制　熏制时要沥尽油汤，码放在铁算子上，铁算子下的铁锅内放柏木锯末（150～200g），盖好锅盖，用慢火加热 15min，即可出锅。

六、镇北熏猪蹄

1. 配方

猪蹄 100kg，0.1％醋水适量，白糖、香油各适量。料袋：①花椒、八角各 1.5kg，丁香、小茴香、陈皮各 0.5kg。②切碎鲜姜 1kg，五香粉 1kg，胡椒粉 0.5kg。

2. 工艺流程

原料整理→去味→煮制→熏制→成品

3. 操作要点

（1）原料整理　新鲜的前后蹄先用松香拔毛，再用酒精喷灯反复喷烧蹄表面至呈淡黄色为止，清水浸泡0.5h，仔细刮净焦毛和污垢。

（2）去味　用0.1‰醋水浸泡刮净的猪蹄1h左右，再用流水浸泡8～12h直至无异味，浸水清亮为止。这是去除异味的重要工序。将浸泡后的猪蹄放入沸水中煮1～2min，捞出仔细检查有无显露的毛茬和异味。如果有毛茬，则应再次喷烧和刮洗。如有异味，再用0.1‰醋水浸泡30min。

（3）煮制　把热烫好的猪蹄放入老汤锅中慢火煮沸，接着大火煮约90min，再用文火焖30min左右，捞出沥干。注意观察不要使蹄皮开花。还应及时撇去浮沫。料袋①每煮10次更换一次；料袋②每煮5次更换一次。用过的老汤，用酱油调整其咸淡。

（4）熏制　将煮熟的猪蹄摆在铁筛子上，架于熏锅中，烧干锅至锅底微红时，立即抓一大把白糖，投入锅底，迅速盖严锅盖，待1～3min后揭盖，逐个翻动猪蹄后，再重复加糖熏一次。

（5）涂香油　熏好的猪蹄取出后，即向蹄表面抹一层香油以保持蹄表光泽，又能防干耗并延长保存时间，抹油后即为成品。

七、松子熏肉

1. 配方

去骨带皮肋条猪肉100kg，松子仁3kg，时令绿叶蔬菜30kg，精盐、味精、冰糖、黄酒、酱油、葱白段、姜片、花椒、陈皮、芝麻油、熟猪油、茶叶、白糖各适量。

2. 工艺流程

原料处理→腌制→烘烤→煮制→熏制→成品

3. 操作要点

（1）原料处理　将猪肋条肉修成长18cm、宽14cm、厚2.5cm的长方形。

（2）腌制　洗净后，将精盐及花椒拌和一起，均匀擦在肉上腌渍（夏季约2h，冬季约4h），然后洗净。

（3）烘烤　用洁净布吸去水，然后用铁叉平插入肉，将皮朝下，在旺火上烘烤。待皮烤焦后离火，取出铁叉，将肉浸入清水内泡约10min，待肉皮回软后取出，用刀刮去焦皮部分，再用清水洗净。

（4）煮制　取砂锅1只，用竹箅子垫底，其上放入葱白段，姜片，再放入猪肉

（皮朝下），加入酱油、黄酒、冰糖、陈皮、松子仁及清水约 300g，盖盖，放在旺火上烧沸后，移至微火上焖约 2h（视肉酥烂为度），取出沥净汤汁。

（5）熏制　将茶叶和白糖放入空铁锅内，架上铁丝网，网上平放葱叶，再放上猪肉（皮朝上）。铁锅加盖，不使漏气，置旺火烧几分钟，视锅内冒出浓烟时离火，再稍焖下，待肉色金黄，味带熏香取出，用芝麻油涂擦肉皮，然后斜切成 8 片（刀距约 2.2cm），再从中间切一刀，即切成 16 片，保持原状，装入长腰盘中间，同时将砂锅内松子仁捞出，摆放在肉皮上。

（6）成品　在熏肉改刀的同时，炒锅置旺火上，烧至六成热，放入时令绿叶蔬菜，加入精盐、白糖、味精炒熟（保持色泽碧绿）起锅，分放肉块两端即成。

八、熏猪排

1. 配方

猪排骨 100kg，精盐 6kg，白糖 1.5kg，味精 200g，肉豆蔻 10g，桂皮 20g，硝酸钠 50g，香叶 100g。

2. 工艺流程

选料→腌制→熟制→熏制→成品

3. 操作要点

（1）选料　选用猪排骨从第五和第六根肋骨之间到一节骑马骨处斩下，去皮，略带一分膘。

（2）腌制　将精盐、白糖、味精、肉豆蔻、桂皮、香叶、硝酸钠拌匀，涂抹在排骨表面，腌制 2 天。

（3）熟制　腌制好的排骨用清水洗净，再上锅蒸熟。

（4）熏制　蒸煮后的排骨放入熏锅内，将熏锅烧热，撒一把糖盖上锅盖，烟熏 3～5min 即为成品。

九、哈尔滨熏猪肘花

1. 配方

猪肘 100kg。辅料：水 100kg，粒盐 6kg，酱油（原汁）4kg，味精 0.5kg，花椒 2kg，八角 2kg，桂皮 2kg，花椒、八角、桂皮这三种调料共同装入一个白布口袋，每煮 10 次更换一次。鲜姜（切丝）2.5kg，大葱（切段）1.5kg，大蒜（去皮）1.5kg，这 3 种料也装入一个白布口袋，鲜姜每煮 5 次换一次，葱、蒜每煮一次更换。老汤配好后，放入锅里加热。

2. 工艺流程

原料选择→剔骨→洗刷→捆扎→煮制→熏制→成品

3. 操作要点

（1）原料选择　选择经检验符合卫生标准的健康猪，宰后新鲜的前后肘。

（2）剔骨　把猪肘子骨全部剔出。

（3）洗刷　把附在猪肉上的血污物、油泥刮尽。放入清水内洗刷干净。

（4）捆扎　用细白棉绳把每个剔除骨的肘花肉捆扎起来（皮在外）。

（5）煮制　把捆扎好的猪肘花放在100℃的老汤里煮。煮时要经常清除汤内的油脂和血沫。肉下锅后，汤的温度要保持在90℃左右。在煮的过程中，要进行2次上下翻捣，使其熟得均匀。煮2h后，肉熟烂即捞出，控尽汤，稍凉除去线绳。

（6）熏制　将煮熟的猪肘花单行摆入熏屉内，装入熏锅或熏炉。烟源的调制用白糖1.5kg（红糖、糖稀、土糖均可）、锯末500g，混合均匀后放在熏锅内用火烧锅底，烧着锯末和糖混合物，使其生烟，熏在煮好的猪肘花上，使外层干燥变色。熏制20min取出，即为成品

十、锦州火腿

1. 配方

猪外脊肉100kg，精盐5kg，白糖2.5kg，味精30g，丁香100g，八角500g，花椒250g，硝酸钠10g，肠衣适量。

2. 工艺流程

原料修整→腌制→拌馅、灌装→煮制→熏制→成品

3. 操作要点

（1）原料修整　选好的猪外里脊肉修割整齐，清洗干净，沥去水分。

（2）腌制　净外脊肉用精盐和硝酸钠的混合粉末涂抹，反复涂擦。至精盐和硝酸钠混合粉末溶化为止，再放入缸内摆好，腌制7～8天，待肉色变为枣红色后再腌制1天。腌好的外脊肉出缸，放入凉水中浸泡半天，捞出，沥干水。

（3）拌馅、灌装　肠衣用温水泡软，洗净，沥去水。丁香研成末和味精混匀，均匀地涂抹在猪外脊的表面。最后将两根猪外脊肉合在一起装入肠衣，并用细绳扎紧两端。

（4）煮制　锅内水烧至90℃时，将花椒、八角用纱布袋装好，与绑好的外脊肉一起下入锅内，煮2～2.5h，注意火力不宜太猛，出锅前加味精再煮5min即好。煮好的外脊肉放在木板上，上面再放上木板，木板上压以重物，将其水分压出。

（5）熏制　压好的外脊肉放入熏炉里，把白糖撒入锅内，使其发烟，进行烟熏，直至呈深红色时，即为成品。

十一、金城火腿

1. 配方

猪瘦肉100kg，大豆蛋白粉500g，淀粉10kg，增稠剂2kg，食盐2.5kg，白酒1kg，白糖1kg，味精200g，胡椒面250g，肉豆蔻面150g，丁香面50g，清水10kg，亚硝酸钠5g。

2. 工艺流程

原料选择→腌制、绞肉→拌馅—灌装→烘制→熏制→蒸制→成品

3. 操作要点

（1）原料选择　选用符合卫生检验要求的鲜猪瘦肉，作为加工的原料。

（2）腌制、绞肉　选好的肉去净筋膜，切成条状，每块重25g左右。食盐和亚硝酸钠混在一起拌均匀，撒在肉块上，拌匀，放入0～4℃的冷库中，腌制3天。腌好的猪肉条留下1/2，其余用绞肉机绞成0.2cm的肉糜。

（3）拌馅　把白酒、味精、白糖、大豆蛋白粉、胡椒面、肉豆蔻面、丁香面、淀粉、清水、增稠剂混合在一起，搅匀，加入猪肉糜里。留下的1/2猪肉块也加入肉糜里，搅拌均匀，即为馅料。

（4）灌装　制好的馅料灌入玻璃纸的肠衣里，并把肠口系牢，留一绳套。将灌好的肠体穿在竹竿上，摆匀，留有空隙。

（5）烘制　灌好的肠体原竿送入烤炉，炉温70℃左右，烘烤15min。

（6）熏制　烤好之后原炉加锯末，再进行熏制，炉温仍为70℃左右，熏制30min。

（7）蒸制　熏好的肠体用喷雾蒸法进行蒸制，炉温80℃以上，蒸至肠体中心达72℃即熟。蒸好的肠体出炉用自来水喷淋降温再挂在通风处凉透，即为成品。

十二、北京熏猪头肉

1. 配方

猪头100kg，八角300g，花椒200g，白芷100g，桂皮200g，姜1kg，食盐2.5kg，酱油3kg，硝酸盐50g，芝麻油少量。

2. 工艺流程

原料选择→整理→煮制→酱制→熏制→成品

3. 操作要点

（1）原料选择　选用京郊的优种猪。这种猪个小皮薄、肉嫩、膘厚适中。

（2）整理　首先把猪头刷洗干净，挖去眼毛、耳根，除掉"肉枣"等杂物，然后将猪头劈开两片。

（3）煮制　放入清水煮开，以去腥味。清理锅，放入清汤，配上辅料进行煮制。煮六七成熟捞出，趁热去骨（叫脱坯）。

（4）酱制　把坯子码放在另一锅内，中间留有汤眼，四周码好猪头，放入锅内，盖上盖进行酱制。酱制时要掌握火候。开始用大火煮，然后用文火煮。这种酱制方法，时间之长，火候之妙，乃是酱猪头的关键。

（5）熏制　把煮好的肉块放入熏屉中，用锯末熏制20min左右，出屉，涂上芝麻油即为成品。

十三、安阳熏猪肚

1. 配方

猪肚100kg，食盐4kg，酱油3kg，花椒2kg，白芷1kg，姜1kg，小磨香油1kg，八角2kg，桂皮2kg。

2. 工艺流程

原料选择→清洗→煮制→熏制→成品

3. 操作要点

（1）原料选择　选用符合卫生要求的鲜猪肚作为加工的原料。

（2）清洗　鲜猪肚内外用食盐和醋搓揉数遍，再用清水冲洗干净，然后放入沸水中煮15min，以清除异味。捞出沥干水分。

（3）煮制　洗好的猪肚和辅料一起下锅，加水漫过猪肚，用大火将水烧沸，煮15min，再改用文火焖煮2h，捞出，晾凉，沥干。

（4）熏制　卤好的猪肚放入熏笼的架子上，熏料用松木锯末、柏枝、柏壳等，点燃后发大烟，无明火进行熏制，每隔2min翻动一次猪肚，约熏7min，取出。

（5）成品　熏好的猪肚，在表皮涂上一层小磨香油即成。

十四、天津熏猪肚

1. 配方

猪肚100kg，硝酸钠50g，食盐4kg，酱油8kg，花椒1kg，香料包1个，棒子骨汤30kg，红糖适量，醋、白矾少许。

2. 工艺流程

原料选择→清洗→煮制→熏制→成品

3. 操作要点

（1）原料选择　选用符合卫生检验要求的鲜猪肚作为加工的原料。

（2）清洗　选好的肚用食盐、醋、白矾等搓揉去净污垢和黏液，再冲洗干净，以没有腥臭味为准。然后泡入冷水中浸泡4h，捞出，沥去水分。

（3）煮制　沥去水的猪肚放入卤锅中，加棒子骨汤、食盐、硝酸钠、花椒、酱油、香料包等辅料，用旺火煮3h，捞出，沥干。

（4）熏制　沥好水的猪肚放在铁丝算子上，上下两层，上面用席盖严，再盖木盖。锅底放红糖，加热，发青烟，烟熏闷10min，待青烟减退时，开锅将算子上下层倒换一下，再加红糖，再闷熏10min，即为成品。

十五、苏州熏猪大肠（猪肚）

1. 配方

猪大肠（或猪肚）50根（个），约100kg。桂皮0.5kg，八角0.4kg，生姜0.4kg，葱1.25kg，料酒0.75kg，硝酸钠50g，食盐2.5kg，芝麻油0.4kg。

2. 工艺流程

原料选择→清洗→预煮、腌制→卤制→熏制→成品

3. 操作要点

（1）原料选择　选用新鲜经兽医卫生检验合格的猪大肠（或猪肚）。

（2）清洗　将猪大肠（或猪肚）反复漂洗并刮除黏液（刮去猪肚上的白衣膜）。

（3）预煮、腌制　入锅清水煮至硬化（半熟）；取出，再用冷水洗净，加硝酸钠，用手揉擦。清水漂洗干净，再浸泡0.5h。

（4）卤制　捞出入锅，加配料猛火煮1h，再文火焖1h。取出，挂在竹架上。

（5）熏制　入熏房用木屑熏20min。取出，放入原汤中冲洗。

（6）成品　取出沥干，涂上芝麻油，使其光洁油亮，散去过浓的烟味即为成品。

十六、北京熏肥肠

1. 配方

猪大肠50kg，八角100g，食盐1.5kg，桂皮150g，花椒50g，红糖（熏烟用）200g。

2. 工艺流程

原料选择→原料修整→去黏液→清洗→焯水→煮制→熏制→成品

3. 操作要点

（1）原料选择　选用白色或黄白色有光泽的猪大肠，浆膜面滑湿而不黏，切面组织致密，有韧性，而且具有猪大肠特有的正常气味。应无粪污、充血、出血、瘀血、水肿、溃疡及其他病变，无寄生虫，气味正常。

（2）原料修整　用左手提起猪大肠的结肠端使直肠朝下，右手用剪刀在结肠端

距直肠与结肠交界处约 10cm 处剪断，弃去结肠。用左手握住直肠近肛门部，使肛门暴露于手心处，右手用剪刀先剪去大块的脂肪，并沿着肛门圈依次剪去毛圈，然后再进一步修剪残留的脂肪碎屑，保留肛门肌肉。再用双手的拇指与食指将直肠撑开，浸入清水盆内将水灌入，然后用双手将猪直肠提起，使其余直肠和结肠借助水的重力而下坠，自动翻转过来，用剪刀将肠壁上的脂肪修去。最好是在流动水中修剪，以便将剪掉而黏附于肠壁上的脂肪碎屑随水洗掉。对肠壁上个别局部轻微病变，可以浅修掉。

（3）去黏液　将修整好的猪大肠放入盆内，加入适量的白矾或食盐进行揉搓，3～5min 后用清水漂洗。如果用手触摸仍有润滑感，则应继续加入适量的白矾或食盐进行揉搓，再漂洗，直至无润滑感为止。一般反复揉搓，擦洗 2～3 次即可去净黏液。

（4）清洗　将去尽黏液的猪大肠放入流水槽中漂洗。方法如下：先用手将猪大肠揉搓，同时将残留的油渣、粪渣、糠渣及浮毛等污物去掉，然后将肠管翻转过来，再进行揉洗，直至清亮为止，并逐根挤出管腔内的积水。然后切成需要的长短规格。

（5）焯水　将清洗过的猪大肠放入开水锅内焯 15min 左右，捞出后用自来水冲洗掉浮沫、脏污，以待煮制。

（6）煮制　将焯过的猪大肠放入清过汤的老卤汤锅内，同时放入料袋、食盐、糖色等辅料，开锅后撇净浮沫，盖上锅盖，用中火煮制 90min 左右，30min 翻 1 次锅，翻锅时要随时注意产品的生熟、软硬程度，并及时捞出煮熟的大肠。

（7）熏制　将捞出的猪大肠，趁热放进熏炉里的铁丝箅上，把锯末、红糖点燃后，关闭炉门，熏 10min，出炉即为成品。

十七、安阳熏猪大肠

1. 配方

猪大肠 100kg，酱油 1kg，食盐 2kg，八角 300g，丁香 300g，白豆蔻 100g，花椒 1kg，小磨香油 1kg，桂皮 1kg。处理肠用食盐、醋适量。

2. 工艺流程

原料选择→整理→预煮→卤制→熏制→涂油→成品

3. 操作要点

（1）原料选择　选用符合卫生检验要求的鲜猪大肠，作为加工的原料。

（2）整理　选好的猪大肠用食盐和醋搓揉 2～3 道，将其内外冲洗干净。

（3）预煮　放入沸水中煮 10min，以清除异味。

（4）卤制　过水的猪大肠和辅料放入锅里，加水，大火烧沸，再用文火焖煮 2h，捞出，晾凉。

（5）熏制　晾好的猪大肠放在熏笼的架上，再点燃下面的熏料——松木锯末、柏枝、柏壳，发浓烟，无明火，熏制猪大肠，每 2min 加一次熏料，约熏蒸 4min，即可取出。

（6）涂油　在熏好的猪大肠表面涂上一层小磨香油，即为成品。

十八、安阳熏猪口条

1. 配方

猪口条（猪舌）100kg，八角 3kg，花椒 2kg，白芷 1kg，桂皮 2kg，姜 1.5kg，食盐 2.5kg，芝麻油 1kg，酱油 3kg，硝酸钠 50g。

2. 工艺流程

原料选择→修整→煮制→熏制→成品

3. 操作要点

（1）原料选择　选用符合卫生检验要求的鲜猪口条，作为加工的原料。

（2）修整　选用好的猪口条，修整和清洗干净。

（3）煮制　辅料和修好的鲜猪口条一起放入锅中，加水漫过口条，用文火焖煮 2h，捞出晾凉。

（4）熏制　晾好的口条放入熏笼内的活动架上，熏笼下面的铁锅内放入柏枝、柏壳、柏树锯末等熏料，点燃进行熏制，每隔 1.5min 向锅内撒 1 次熏料，同时将猪口条翻动 1 次，4min 后即好。

（5）成品　熏好的猪口条取出，涂上少量的芝麻油即为成品。

十九、上海熏猪肝（心、脾）

1. 配方

原料 100kg，白糖 6kg，酱油 2kg，精盐 4kg，大曲酒 1.25kg，五香粉 30g，生姜汁 0.5kg，食用红色素少量。

2. 工艺流程

原料选择→原料整理→腌制→熏制→成品

3. 操作要点

（1）原料选择　选用新鲜猪肝、猪心、猪脾脏。猪肝每只质量在 0.75.kg 以上。

（2）原料整理　将选好的猪肝置于清水中洗净血水，修去白筋、油脂、肝淋巴结等，如肝上有水疱及颗粒时亦须同时修去。还应特别注意猪肝右内叶上是否沾有黄色苦胆汁，肝上如带有苦胆汁，烤出成品，色泽发黄，并有苦味，因此必须修除干净。修整后的猪肝，放在台板上，切成长条。猪肝共有五叶，其中最长的左右两内叶，切成宽 1.7cm、长 17cm 长条，其他条叶切成 N 形的连接条形，最后一律修整成 17cm 的长条。

将猪心放于清水中漂洗，洗去表面附着的杂物及血块，剪去猪心血管及护心油，最后剖开心室，成为连在一起的两个半球形，再将心室内的淤血掏挖干净，放在清水中漂洗。用棉纱绳把各个猪心串起来，形似串珠，其长度根据熏炉高度而定。

猪脾漂洗除杂同上。

（3）腌制　先将各种配料放入容器中加以拌和，搅匀，再倒入装有原料的容器内，上下翻动，务使原料吸收配料均匀。腌制猪肝、猪脾1～2h即可，猪心则需5～6h。

（4）熏制　挂入原料后，炉温保持200～240℃，熏烤0.5h后，全部取出，调换原料位置，降低炉温至180℃左右，再熏烤15min，直至干硬，色泽红艳带黑时即可出炉。

二十、熏套肠

1. 配方

猪大肠100kg，酱油2kg，食盐3kg，八角300g，丁香100g，白豆蔻100g，花椒200g，芝麻油500g，桂皮200g。处理肠用食盐、醋适量。

2. 工艺流程

原料选择→清洗→整理→卤制→熏制→涂油→成品

3. 操作要点

（1）原料选择　选用符合卫生检验要求的鲜猪大肠为原料。

（2）清洗　猪大肠用水冲洗干净，然后用食盐搓洗2～3min，再用清水冲洗干净。

（3）整理　冲洗好的猪大肠中取1条完整的肠子，套4～5条肠子，将其两端捆好，如此一一套好，即为肠坯。

（4）卤制　肠坯和辅料一起放入锅中煮90min，至熟，捞出，晾凉，晾干水分。

（5）熏制　晾好的肠坯放入熏笼，以松木锯末、柏枝、柏壳为熏料，点燃使其生成大烟，无明火，进行熏制，约4min，即可取出。

（6）涂油　熏好的套肠再涂上一层芝麻油即为成品。

二十一、黑龙江意大利斯肠

1. 配方

猪瘦肉50kg，牛肉50kg，精盐3.5kg，桂皮面30g，淀粉2kg，胡椒面100g，胡椒粒（砸成小块），清水40kg，亚硝酸钠6g。

2. 工艺流程

原料选择→绞肉、腌制→拌馅→灌装→烤制→煮制→熏制→成品

3. 操作要点

（1）原料选择　选用经兽医卫生检验合格的新鲜的猪瘦肉和牛肉，作为加工原料。

（2）绞肉、腌制　选好的牛肉剔去筋膜和脂肪，与猪瘦肉放在一起，再切成条状。切好的肉条撒上 4% 的精盐，用绞肉机绞成 1cm 的方丁。放在 5～7℃ 的冷库里腌制 24h，取出，再绞成 0.2～0.3cm 的肉糜。

（3）拌馅　将精盐、胡椒面、碎胡椒粒、桂皮面、淀粉、清水（夏季用冰屑或冰水）、亚硝酸钠混拌均匀，再放入肉糜里，搅拌均匀，并搅出黏性来，即成馅料。

（4）灌装　牛直肠肠衣剪成 40cm 长的段，用绳系牢一端，放在温水中浸软，洗净，沥去水，再将馅料灌入，再系牢肠另一端，注意针刺排气。

（5）烤制　灌好的肠体穿在竹竿上，原竿送入烤炉里，炉温 70℃ 左右，烘烤 1.5h，待肠体表皮干燥，透出微红色，手感光滑时即好。

（6）煮制　烤好的肠体出炉，原竿放入 90℃ 的热水锅里，上面压上重物，使肠体全部浸没在水中，水温保持在 85℃ 以上，煮 30min，将肠体轻轻活动一下，再煮 1h 左右即好。

（7）熏制　煮好的肠体出炉，原竿放入熏炉中，用含树脂少的木柴火熏烤。炉温 70℃ 左右，熏烤 1h，再往火上撒锯末发烟，再继续熏烤 3h 左右，待肠体干燥呈红褐色，表皮布满皱纹时即好。

（8）成品　熏好的肠体出炉，凉透，即为成品。

二十二、黑龙江格拉布斯肠

1. 配方

猪瘦肉 90kg，猪肥膘肉 10kg，食盐 3.5kg，桂皮面 60g，大蒜泥 200g，亚硝酸钠 6g，淀粉 4kg，胡椒面 100g。

2. 工艺流程

原料选择→绞肉、腌制→拌馅→灌装→烤制→煮制→熏制→成品

3. 操作要点

（1）原料选择　选用经兽医卫生检验合格的新鲜猪瘦肉和猪肥膘肉作为加工原料。

（2）绞肉、腌制　选好的瘦肉剔去骨头，修去脂肪，与猪肥膘肉分别切成条块状。两种条块状肉料分别撒上 4% 的食盐，猪瘦肉用绞肉机绞成 1cm 见方的块，与肥膘肉条块都送入 5～7℃ 的冷库中，腌制 24h。

（3）拌馅　腌好的猪肉小块可绞成 0.2～0.3cm 的肉糜，猪肥膘肉块切成 0.5cm 的方丁，并放在肉糜里。全部辅料混合在一起，调拌均匀，倒入肉糜里，搅拌 3min，搅拌均匀，并搅出黏性来，即成馅料。

（4）灌装　牛直肠肠衣剪成长 40cm 的段，用线绳系牢一端，放入温水里浸

软，洗净，沥干水后，再灌入馅料。系牢肠口，并留一绳套，针刺排气。

（5）烤制　灌好的肠体穿在竹竿上，送入烤炉里，炉温 70℃ 左右，烘烤 1h，待肠体表面干燥，透出微红色，手感光滑时即好。

（6）煮制　烤好的肠体出炉。原竿放入 90℃ 的热水锅，上面压以重物使肠体全部浸没在水中。水温保持在 85℃ 以上，煮制 30min。把肠体轻轻翻一下，再煮 1h 左右即熟。

（7）熏制　煮好的肠体出锅，原竿送入熏炉里，用含树脂少的木柴火熏烤，炉温 70℃ 左右。熏烤 1h 后，再往火上加盖适量的锯末，发烟后，再熏烤 3h 左右。待肠体呈红褐色，表皮干燥，布满皱纹即好。

（8）成品　熏好的肠体出炉，凉透，即为成品。

二十三、黑龙江沙列姆肠

1. 配方

猪瘦肉 20kg，牛肉 60kg，猪肥膘肉 20kg，食盐 4kg，白糖 400g，香槟酒 400g，胡椒面 100g，胡椒粒（碎片）60g，亚硝酸钠 6g。

2. 工艺流程

原料选择→绞肉、腌制→拌馅→灌装→烘制→煮制→熏制→成品

3. 操作要点

（1）原料选择　选用符合卫生检验要求的新鲜猪瘦肉、猪肥膘肉和牛肉，作为加工的原料。

（2）绞肉、腌制　选好的肉剔去筋膜和脂肪，和猪瘦肉一起切成条状，猪肥膘肉切成条状。猪肥膘肉条撒上 4% 的食盐，牛肉和猪瘦肉条也撒上 4% 的食盐，用绞肉机绞成 1cm 的方丁，然后一并送入 0~4℃ 的冷库中，腌制 24h。

（3）拌馅　腌好的猪肥膘肉条切成 0.5cm 的方丁；再将牛肉条和猪瘦肉块绞成 0.2~0.3cm 的肉糜，然后和在一起。将食盐、胡椒面、胡椒粒（碎片）、白糖、香槟酒、亚硝酸钠拌匀，放到肉糜中，搅拌均匀，至搅出黏性，即成馅料。

（4）灌装　牛直肠肠衣剪成 45cm 的段，用线绳系牢一端，再放入温水中泡软，沥去水，然后灌入馅料，再把另一端系牢，留一绳套。有气泡则针刺排气。

（5）烘制　灌好的肠体穿在竹竿上，送入烤炉，炉温 70℃ 左右，烘烤 1h。待肠体表皮干燥，透出红色，手感光滑时，即可出炉。

（6）煮制　烤好的肠体出炉，原竿放入 90℃ 的热水锅中，上面压以重物，使肠体全部浸没在水中，水温保持在 85℃ 以上，煮 30min，将肠体活动一下，再煮 1h 左右即熟。

（7）熏制　煮好的肠体出锅，原竿送入熏炉里，用含树脂少的木柴火熏烤，炉温 70℃，熏烤 1h，再往火上撒锯末，发烟，再熏烤 3h 左右，待肠体干燥呈红褐

色，表皮布满皱纹即好。熏好的肠体出炉，晾凉，即为成品。

二十四、吉林伊大连斯肠

1. 配方

猪肉（肥膘肉不超过 1/2）75kg，牛肉 25kg，清水 4g，精盐 3kg，淀粉 5kg，胡椒面 100g，桂皮面 30g，大蒜泥 400g，亚硝酸钠 6g。

2. 工艺流程

原料选择→绞肉、腌制→拌馅→灌装→烤制→煮制→熏制→成品

3. 操作要点

（1）原料选择 选用经兽医卫生检验合格的新鲜猪肉和牛肉作为加工原料。

（2）绞肉、腌制 选好的牛肉剔去筋膜和脂肪，和猪肉放在一起切成条状，猪肉条、牛肉条撒上 3% 的精盐，用绞肉机绞成 1cm 的方丁，再放入 5～7℃ 的冷库中，腌制 24h。然后再绞成 0.2～0.3cm 的肉糜。

（3）拌馅 将精盐、胡椒面、桂皮面、大蒜泥、淀粉、清水（夏季用冰屑或冰水）、亚硝酸钠混拌均匀，放入肉糜中，搅拌均匀，并搅出黏性来，即为馅料。

（4）灌装 制好的馅料灌入套管肠衣或玻璃纸肠衣中，系牢肠口，并留一绳套，发现气泡时，针刺排气。

（5）烤制 灌好的肠体穿入竹竿中，送入烤炉里，炉温 70℃ 左右，烘烤 1.5h，待肠体表面干燥，透出微红色，手感光滑即好。

（6）煮制 烤好的肠体出炉，原竿放入 90℃ 热水锅里，上面压以重物，使肠体全部浸没在水中，水温保持在 85℃ 以上，煮 0.5h，把肠体轻轻活动一下，再继续煮 1h 左右，当肠体中心温度达 75℃ 时即熟。

（7）熏制 煮好的肠体出锅，原竿送入熏炉中，用含树脂少的木柴火熏烤，炉温 70℃ 左右，熏烤 1.5h，再向火上撒锯末，发烟，继续烤 3～4h。待肠体呈红褐色，表皮密被皱纹时即好。

（8）成品 熏好的肠体出炉，凉透，即为成品。

二十五、辽宁胜利肠

1. 配方

猪瘦肉 48kg，猪肥膘肉 20kg，牛肉 32kg，食盐 4kg，大葱（切末）1.5kg，鲜姜（切末）400g，小茴香 12g，芝麻油 1.5kg，淀粉 12kg，清水 15L，亚硝酸钠 6g。

2. 工艺流程

原料选择→绞肉、腌制→拌馅→灌装→烤制→煮制→熏制→成品

3. 操作要点

（1）原料选择　选用符合卫生检验要求的鲜猪瘦肉、猪肥膘肉和牛肉，作为加工的原料。

（2）绞肉、腌制　选的牛肉剔去筋膜，和猪瘦肉放在一起，切成条状，猪肥膘肉也切成条状。猪牛肉条撒上2%的盐，用绞肉机绞成1cm的方丁，猪肥膘肉条撒上2%的精盐，一并送入0～4℃的冷库里，腌制48h。

（3）拌馅　腌好的猪牛肉丁再绞成0.2cm的肉糜；猪肥膘肉条切成0.5cm的方丁，两者放在一起。将食盐、芝麻油、大葱末、鲜姜末、小茴香、淀粉、清水（夏季用冰屑或冰水）、亚硝酸钠混在一起，放入肉料中，搅拌均匀，即成馅料。

（4）灌装　制好的馅料灌入肠衣里，扎牢肠口，并系一个绳套，以便穿挂，再针刺排气，将肠体穿入竹竿上。

（5）烤制　灌好的肠体送入烤炉，炉温70℃左右，约烘烤2.5h，至肠皮干燥发红即可。

（6）煮制　烤好的肠体原竿放入90℃的热水锅里，上面压以重物，使肠体全部淹没在水中，水温保持在85℃以上，煮1h左右即好。

（7）熏制　煮好的肠体捞出，原竿挂入熏炉里，用含树脂少的木柴火熏烤，炉温70℃左右，熏烤1h后，往火上撒锯末，发烟，再熏10h，待肠体呈枣红色即好。熏好的肠体出炉凉透，即为成品。

二十六、辽宁粉肠

1. 配方

猪肉100kg，精盐4kg，酱油8kg，大葱末3kg，鲜姜末1.5kg，花椒面200g，肉豆蔻面100g，味精50g，淀粉50kg，水100L，亚硝酸钠5g。

2. 工艺流程

原料选择→绞肉→拌馅→灌装→清洗→煮制→熏制→成品

3. 操作要点

（1）原料选择　选用符合卫生检验要求的新鲜猪肉作为加工的原料。

（2）绞肉　选好的猪肉洗净，用绞肉机绞成1cm的方丁。

（3）拌馅　将精盐、酱油、淀粉、大葱末、鲜姜末、花椒面、肉豆蔻面、味精、清水、亚硝酸钠搅拌均匀，加入绞好的肉里，再搅拌均匀，并搅出黏性来，即为馅料。

（4）灌装　猪肠衣用温水泡软洗净，沥干水分，再灌入馅料。肠体两端并在一起系牢，呈环状。灌至八分满，每间隔45cm断为一根，两端各留4cm空隙，把肠体两端并在一起系牢，呈环状。

（5）清洗　灌好的肠体放入清水里洗净肠表上的污物，使肠体清爽干净。

（6）煮制　洗好的肠体立即放入 100℃ 的热水锅里，水温保持在 95℃ 以上，煮 25～30min 即好。煮制的过程中，用木棍轻轻上下翻动，见气泡即用针刺排气。

（7）熏制　煮好的肠体出锅，送入熏炉里，用锯末燃烧发烟，熏制 7min，出炉即为成品。

二十七、沈阳奥火尼去肠

1. 配方

猪瘦肉 60kg，牛肉 30kg，猪肥膘肉 10kg，精盐 3kg，淀粉 3.5kg，胡椒面 100g，桂皮 30g，丁香 10g，清水 10L，亚硝酸钠 6g。

2. 工艺流程

原料选择→绞肉、腌制→拌馅→灌装→烘制→煮制→熏制→成品

3. 操作要点

（1）原料选择　选用符合卫生检验要求的鲜猪瘦肉、猪肥膘肉和牛肉，作为加工的原料。

（2）绞肉、腌制　选好的牛肉剔去筋膜和脂肪，和猪瘦肉放在一起，切成条状；猪肥膘肉切成条状。猪瘦肉条、牛肉条撒上 3% 的精盐，用绞肉机绞成 1cm 的方丁。猪肥膘肉撒上 3% 的精盐，一同送入 0～4℃ 的冷库中，腌制 24h。

（3）拌馅　腌制好的猪瘦肉块、牛肉块再绞成 0.2～0.3cm 的肉糜，猪肥膘肉条切成 0.5cm 的方丁，两者放在一起。将精盐、胡椒面、桂皮、丁香、淀粉、清水（夏季用冰屑或冰水）、亚硝酸钠混合在一起。再放入肉料里搅拌均匀，并搅拌至出现黏性时，即成馅料。

（4）灌装　羊肠衣用温水泡软，洗净，沥去水，再灌入馅料，每间隔 22cm 为一节，用肠衣本身扭转打结，并针刺排气。

（5）烘制　灌好的肠体穿在竹竿上，送入烤炉里，炉温 75℃ 左右，烤 1.5h。待肠体表面干燥，透出微红色，手感光滑时即好。

（6）煮制　烤好的肠体出炉，原竿放入 90℃ 的热水锅里，上面压以重物，使肠体全部淹没在水中，水温保持在 85℃ 以上，煮 25min 即好。

（7）熏制　煮好的肠体出锅，原竿送入熏炉中，用含树脂少的木柴火熏烤，炉温 70℃ 左右，熏烤 1h，再往火上撒锯末，发烟，再继续熏烤 4h，待肠体呈红褐色，密被皱纹即好。熏好的肠体出炉，凉透，即为成品。

二十八、锦州小肚

1. 配方

猪瘦肉 4.5kg，猪肥膘肉 500g，精盐 225g，白糖 125g，白酒 25g，淀粉 1kg，

鲜姜 125g，芝麻油 50g，味精 5g，丁香 2.5g，桂皮 2.5g，白豆蔻 2.5g，硝酸钠 2g。

2. 工艺流程

选料→腌制→绞肉→拌馅→灌装→煮制→烤制→熏制→成品

3. 操作要点

（1）选料　选用符合卫生检验要求的鲜猪肉作为加工的原料。

（2）腌制　选好的猪肉洗净，切成细长条，将硝酸钠用少量白酒溶化，再加精盐一起揉搓在猪肉条上，然后放入缸内按实，盖严，腌制 15～20h。

（3）绞肉　腌好的猪肉条取出，用干净毛巾擦干渗出的血水，再用绞肉机绞成粗粒。

（4）拌馅　加入全部辅料，淀粉用温水混溶后亦加入肉料中，反复搅拌即成馅料。

（5）灌装　馅料灌入猪小肚内，上端用细绳扎紧。

（6）煮制　灌好的小肚放入开水锅里，用慢火煮制 1.5～2h。

（7）烤制　煮好的小肚挂入烤炉中，在 50℃的温度中烘烤 3～4h。

（8）熏制　烤好的小肚再放入熏炉中，用柴烟或糖烟进行熏制。一般熏制15～20min，取出，即为成品。

二十九、内蒙古熏肠

1. 配方

猪肉 100kg，食盐 2kg，酱油 10kg，鲜姜末 500g，香油 10kg，白糖 1kg，淀粉 15kg，清水 10kg，亚硝酸钠 3g。

2. 工艺流程

原料选择→切肉→拌馅→灌装→煮制→熏制→涂油→成品

3. 操作要点

（1）原料选择　选用经兽医卫生检验合格的瘦肉作为加工原料。

（2）切肉　选好的猪肉清洗干净，再切成宽 2cm、长 4cm 的条块。

（3）拌馅　将食盐、酱油、白糖、香油、鲜姜末、淀粉、清水、亚硝酸钠混合均匀，加入肉块里，再搅拌均匀，至搅出黏性即成馅料。

（4）灌装　猪肠衣用温水泡软，洗净，沥去水，再把馅料灌入肠衣里，每 70cm 剪为 1 节。两端各留 4cm 空肠衣，将肠体两端合并，系牢，使肠体呈环状。

（5）煮制　灌好的肠体放入 100℃的沸水锅里，轻轻翻动，煮制 5min，捞出肠体放在案上，揉搓一遍，以免肠馅沉淀。再放入锅中继续煮制，边煮边翻动，并注意针刺排气。先后共煮 40min 即熟。

（6）熏制　煮好的肠体，再用红糖或锯末作烟熏剂，进行熏制。熏好的肠体取出，凉透。

（7）涂油　凉透的肠体再涂上香油，即为成品。

三十、北京蛋清肠

1. 配方

猪肉 90kg，蛋清 10kg，淀粉 3kg，面粉 3kg，精盐 2kg，白糖 1.5kg，胡椒 100g，味精 150g，硝酸钠 3g。

2. 工艺流程

原料选择→腌制→绞肉、拌馅→灌装→烘制→煮制→熏制→成品

3. 操作要点

（1）原料选择　选用符合卫生检验要求的猪前后腿、臀部的瘦肉为加工原料。

（2）腌制　选好的猪肉剔骨，修去筋膜等组织，再切成长 7～8cm、宽 2～3cm 的块。肉块、精盐、硝酸钠搅拌均匀后，送入 0～4℃的冷库中腌制 48～72h。

（3）绞肉、拌馅　腌好的肉用 0.15cm 漏眼的绞肉机绞碎，再放入拌馅机中，加辅料和水，充分搅拌，拌匀，即成馅料。

（4）灌装　将肉馅灌入肠衣中，把口扎紧捆实，针刺排气，成肠坯。

（5）烘制　灌好的肠坯吊挂在肠架上，送入烘房，约烘 90min，至肠坯外皮干燥，呈核桃纹状，无黏湿感即可。

（6）煮制　锅中水烧至 90℃，放入烘过的肠坯，煮 70min 左右，当肠体挺硬、富有弹性时，即可出锅。

（7）熏制　煮好的肠体放入熏炉内进行熏制。熏料为锯末，炉温保持在 70～80℃，时间约为 60min，待肠体熏成浅棕色即成。

三十一、天津玫瑰肠

1. 配方

猪瘦肉 70kg，肥膘 30kg，淀粉 7kg，精盐 3kg，玫瑰酒 1kg，玉果 100g，味精 200g，胡椒粉 100g，苋菜红 2g。

2. 工艺流程

原料处理→拌馅→灌装→烤制→煮制→熏制→成品

3. 操作要点

（1）原料处理　选好猪瘦肉，剔净骨，修净脂肪和筋腱，切成条状，撒 3% 的精盐，用 1cm 大孔绞刀绞碎，装盘送入 5～7℃冷库内，腌制 20～24h。脊背肥膘

肉修去瘦肉，撒 3% 的精盐，经冷库冷却后，绞成 1cm 大小的肥肉丁。

（2）拌馅　冷腌的瘦肉绞成细粒，连同肥肉丁倒入搅拌机内，淀粉、玫瑰酒等辅料等一并用凉水（夏季用冰水）调开，倒入搅拌机内，搅拌均匀，即成馅料。

（3）灌装　用 50mm×450mm 的猪肠衣或羊肠衣进行灌制，灌好的肠体长为 40cm，直径 5～5.5cm，中无空隙，表面无气泡，再将肠体间隔摆放在竹竿架上。

（4）烤制　将挂好的肠体送入烤炉进行烤制，使用含树脂少的木材，炉内温度保持在 60～70℃，并逐渐升温至 80℃。烤制过程中要交换肠体位置，使之受热均匀，经过 80～90min，肠体表面透出微红色，手感光滑，即可煮制。

（5）煮制　烤好的肠体放入锅内煮制，锅内先加味精，加热到 90℃，肠体下锅后仍保持水温 85℃ 左右，进行煮制，其间将肠微动一次，使其着色均匀，煮至肠体中心温度达 80℃ 时即可出锅。

（6）熏制　煮好的肠体二次进入烤炉，炉温约 70℃，熏一定时间，再在炭火上撒些锯末。浓烟熏制，使肠体干燥，表皮有皱纹，即可出炉，晾凉即为成品。

三十二、天津桂花肠

1. 配方

猪瘦肉 100kg，淀粉 3kg，味精 200g，桂花 3kg，食盐 3kg，亚硝酸钠 10g，蔗糖 3kg，胡椒粉 100g，食用色素适量。

2. 工艺流程

原料选择→绞肉、腌制→拌馅→灌装→烤制→煮制→熏制→成品

3. 操作要点

（1）原料选择　选用经兽医卫生检验合格的瘦肉作为加工原料。

（2）绞肉、腌制　选好的猪肉，剔净骨，修净脂肪和筋腱，90kg 切成条状，撒以 3% 的食盐，用 1cm 绞刀绞碎，装盘，送入 5～7℃ 的冷库中腌制 20～24h。10kg 脊背肉、里脊肉、磨裆肉等细嫩肉的精肉切成大块，冷冻后再切成 1cm 的方丁。加食盐和亚硝酸钠，拌匀，送冷库、腌制，待用。

（3）拌馅　腌好的绞肉用 2～3mm 的绞刀绞细，连同腌好的肉丁和辅料一起倒入搅拌机内。淀粉用凉水调开，亚硝酸钠用温水溶开，放在一起调匀，再倒入搅拌机内，同肉料一起搅拌，使肉料充分吸收水分，搅匀，即成馅料。

（4）灌装　猪肠衣裁成 48～50cm 长的单棵，一端扎牢，再把馅料灌入肠衣中，肠体要丰满，灌完扎紧，针刺排气，灌好的肠体互有间隔地串在竹竿上，送入烤炉。

（5）烤制　肠体送入烤炉，烤制时，炉温要由低至高，逐步升温，一般在 50～75℃。待肠体表面干燥，手感光滑，表面透出微红色即可。

（6）煮制　煮锅加水和适量的色素，加热至 90℃ 时，再下入烤好的肠体，水

温控制在85℃，使肠体着色均匀，肠体中心温度到80℃以上时，即可出锅。

（7）熏制　煮好的肠体二次挂入烤炉内进行熏制，炉温在70℃左右烤一定的时间，再在炭上撒一层锯末，以浓烟熏制，使肠干燥，表面出现皱纹，出炉凉透即为成品。

三十三、天津双喜肠

1. 配方

兔肉70kg，猪肥膘肉30kg，淀粉20kg，精盐4kg，味精100g，香油1kg，大葱2kg，鲜姜500g，五香粉200g，清水30kg，亚硝酸钠6g。

2. 工艺流程

原料选择→绞肉、腌制→拌馅→灌装→烤制→煮制→熏制→成品

3. 操作要点

（1）原料选择　选用符合卫生检验要求的鲜猪肥膘肉和鲜兔肉，作为加工的原料。

（2）绞肉、腌制　选好的兔肉切成条块，撒上4%的精盐，再绞成1cm见方的块，放进5~7℃的冷库或冰箱里腌24h。猪肥膘肉切成条块，撒上4%的精盐，放进5~7℃的冷库或冰箱里腌制24h。

腌好的兔肉块，再绞成0.2~0.3cm的肉糜。腌好的猪肥膘肉切成0.5cm的方丁。

（3）拌馅　两种肉料放在一起，全部辅料放在一起混拌均匀，倒入肉料里，搅拌均匀，至有黏性，成为馅料。注意清水在夏季改用冰屑或冰水。

（4）灌装　猪肠衣用温水泡软，洗净，再灌入馅料，每间隔36cm卡为一段，在原肠衣中间拧个结，使肠体变成并排的一对。把两个头合在一起结牢。有气泡则用针刺排气。

（5）烤制　灌好的肠体穿在竹竿上送入烤炉，炉温控制在70℃左右，烘烤1h，待肠体表皮已干，透出微红色，手感光滑时，即可出炉。

（6）煮制　烤制好的肠体原竿放入90℃的热水锅中，水温保持在85℃以上，煮制20min左右，将肠体轻轻活动1次，再煮30min左右即熟。

（7）熏制　煮好的肠体，捞出原竿挂入熏炉里，用含树脂少的木柴熏烤1h，再往火上撒锯末，发烟，用烟熏烤2h，至肠体表面有皱纹时，出炉凉透，即为成品。

三十四、天津三鲜肠

1. 配方

猪肉36kg，兔肉10kg，淡水鱼肉40kg，淀粉3kg，胡椒面80g，清水8kg，

食盐 2.58kg，白糖 800g，味精 150g，亚硝酸钠 3g。

2. 工艺流程

原料选择→绞肉、腌制→拌馅→灌装→烤制→煮制→熏制→成品

3. 操作要点

（1）原料选择　选用符合卫生检验要求的鲜猪肉、鲜兔肉和淡水鱼肉，作为加工的原料。

（2）绞肉、腌制　选好的猪肉和兔肉分别切成条块，撒上 3% 的食盐，绞成 1cm 的方丁，送入 5～7℃ 的冷库或冰箱中，腌制 24h。选好的鱼去净鳞、鳍、内脏、骨刺，净肉用刀切成 1cm 方丁，撒上 3% 的食盐，送入 5～7℃ 的冷库或者冰箱里，腌制 24h。腌制好的 3 种肉都分别绞成 0.2～0.3cm 的肉糜。

（3）拌馅　三种肉料放在一起，全部辅料放在一起拌匀，再倒入肉料里，搅拌均匀即成馅料。

（4）灌装　猪肠衣用温水泡软，洗净，再灌入馅料，每间隔 18cm 卡为一段，用肠衣本身扭转作结，并针刺排气。

（5）烤制　灌好的肠体穿在竹竿上，原竿挂在烤炉里，炉温控制在 70℃ 左右，烘烤 1.5h，待肠体表面干燥，手感光滑，即可出炉。

（6）煮制　烤好的肠体原竿放入 90℃ 的热水锅里，水温保持在 85℃ 以上，煮 20min，将肠体轻微活动一次，再煮 25min 即熟。

（7）熏制　煮熟肠体捞出，原竿放入熏炉里，用含树脂少的木柴熏烤。炉温保持在 70℃ 左右，熏烤 0.5h，往火上撒锯末，再烟熏 2h，待肠体干燥，表皮出现皱纹，出炉凉透，即为成品。

三十五、天津灌肠

1. 配方

猪肉 100kg（瘦肉 20kg、肥肉 30kg），鲜猪肠衣 130kg，淀粉 25kg，芝麻油 7kg，食盐 3kg，鲜姜末 3kg，花椒 200g，硝酸钠微量，糖适量。

2. 工艺流程

原料选择→拌馅→灌装→煮制→熏制→成品

3. 操作要点

（1）原料选择　选用符合卫生检验要求的猪瘦肉 70kg、猪肥肉 30kg，将瘦、肥肉分别切成蚕豆大小的丁。

（2）拌馅　花椒加 15kg 的开水浸泡，待凉后捞去花椒而得花椒水。淀粉加花椒水和好，倒入肉丁中，再加食盐、鲜姜末、硝酸钠、芝麻油调拌均匀成馅料。

（3）灌装　和好的馅料灌入猪肠衣里，灌时只能灌六成满，长度 120cm，成圆

柱状即可。

（4）煮制 灌好的肠子放入锅内煮 90min 左右出锅。

（5）熏制 煮好的灌肠放入熏锅，用白糖熏制，待熏肠表面呈枣红色取出，晾凉即成。

三十六、河北熏肠

1. 配方

猪肉 50kg，鸡蛋 40kg，清水 10kg，食盐 1.5kg，香油 2.5kg，姜末 1kg，葱末 6.5kg，淀粉 11kg，丁香粉 50g，八角粉 50g，桂皮粉 50g，五香粉 50g，亚硝酸钠 3g。

2. 工艺流程

原料选择→绞肉→拌馅→灌装→煮制→熏制→成品

3. 操作要点

（1）原料选择 选用经兽医卫生检验合格的瘦肉作为加工原料，肥肉不要太多；鸡蛋要用鲜蛋。

（2）绞肉 将选好的猪肉洗净，用绞肉机绞成 1cm 大小的方丁。

（3）拌馅 将食盐、香油、鸡蛋液、姜末、葱末、丁香粉、八角粉、桂皮粉、五香粉、淀粉、清水、亚硝酸钠混合均匀，加入绞好的小肉块中，搅拌均匀，并搅至有黏性，即为馅料。

（4）灌装 将猪肠衣用温水泡软、洗净，沥去水分，再灌入馅料，每间隔 60cm 剪为一段，再将肠体两端合并，系牢，成环状。

（5）煮制 将灌好的肠体放入 100℃ 的热水锅里，用木棍轻轻翻动，防止肠馅沉淀，使肠体受热均匀。见有气泡，针刺排气。水温保持在 90℃ 以上，煮 30～40min 即可。

（6）熏制 煮好的肠体出锅，送入熏炉里，用锯末或红糖烟熏 5～10min 即可。熏好的肠体出炉，即为成品。

三十七、花大肚

1. 配方

猪肉 100kg，猪肚适量，面粉 18kg，鸡蛋 18kg，干贝 2kg，紫菜 300g，生姜 1.5kg，大葱 2.5kg，味精 250g，香油 2.5kg，花椒面 250g，砂仁 150g，食盐 2.5kg。

2. 工艺流程

选料→浸泡→预煮→绞肉→拌馅→灌装→煮制→熏制→成品

3. 操作要点

（1）选料 选用符合卫生检验要求的新鲜猪肚和肥瘦均匀的鲜猪肉，作为加工的原料。

（2）浸泡　选好的猪肚先用冷水、温水把肚外面洗净，翻出肚里，刮去油污，去掉肚内脂肪，再用冷水和温水清洗干净，再翻回原状。

（3）预煮　放入开水锅里烫一下，待水再开时，马上捞出，再冲洗干净，沥去水。

（4）绞肉　猪肉洗净，切成块，再用绞肉机绞成肉馅。

（5）拌馅　绞好的肉馅加辅料搅拌均匀，即成馅料。

（6）灌装　将馅料灌入浸烫好的猪肚中，猪肚口要用筷子别住封口。

（7）煮制　灌好的猪肚放入汤锅中煮 3h，即可出锅。煮时火不宜过旺，温度不宜过高，保持微开即可，以防煮烂肚皮。

（8）熏制　煮好的猪肚出锅，沥去水，用锯末熏成黄色即好。

（9）成品　熏好的猪肚放在木板下，再放上重物，将猪肚压实呈半月状，冷后即为成品。

三十八、六味斋虾肠

1. 配方

猪肉 100kg，面粉 15kg，食盐 2.5kg，大葱 2.5kg，鲜姜 1.5kg，香油 1.5kg，虾籽 1kg，红曲米 300g，花椒面 250g，味精 150g，硝酸钠 5g。

2. 工艺流程

原料选择→腌制、绞肉→拌馅→灌装→烤制→煮制→熏制→成品

3. 操作要点

（1）原料选择　选用符合卫生检验要求的鲜猪腿肉（肥肉占 40%，瘦肉占 60%）作为加工的原料。

（2）腌制、绞肉　选好的猪肉洗净，用硝酸钠、食盐腌制，温度 0～4℃，腌制 24h。腌好的肉料清洗一下，沥水，用绞肉机绞成肉馅。拌均匀，成为馅料。

（3）拌馅　面粉等辅料加水拌匀和好，再加入绞好的肉馅，搅拌均匀，成为馅料。

（4）灌装　将馅料灌入猪小肠肠衣中，要灌均匀，每间隔 25cm 为一节。

（5）烤制　灌好的肠体挂在木杆上，放入烤炉，用柏树枝烤制，烤至皮色发黄、肠体挺直为好。

（6）煮制　烤的肠体放入热水锅中煮制，保持水温在 90℃左右，煮 40min 后，出锅，沥去水分。

（7）熏制　煮好的肠体送入烤炉中，用锯末作烟熏剂进行熏烤，使肠皮发干发脆，即为成品。

三十九、兰州半熏肠

1. 配方

猪瘦肉 90kg，猪肥膘肉 10kg，食盐 3kg，黄酒 2kg，五香粉 200g，胡椒面 200g，白糖 2kg，味精 100g，淀粉 10kg，清水 20L，亚硝酸钠 6g，胭脂红 10g。

2. 工艺流程

原料选择→绞肉、腌制→拌馅→灌装→烤制→煮制→熏制→成品

3. 操作要点

（1）原料选择　选用符合卫生检验要求的新鲜猪瘦肉和猪肥膘肉，作为加工的原料。

（2）绞肉、腌制　选好的猪瘦肉洗净，切成条状；猪肥膘肉也切成条状。猪瘦肉条撒上 3% 的食盐，用绞肉机绞成 1cm 的方丁；猪肥膘肉条也撒上 3% 的食盐，然后一同送入 0～4℃ 的冷库中，腌制 24h。

（3）拌馅　腌好的猪瘦肉块绞成 0.15cm 的肉糜，猪肥肉条切成 0.5cm 的方丁，两者混在一起。将五香粉、胡椒面、白糖、淀粉、清水（夏季用冰屑或冰水）、胡椒面、味精等混合均匀。再加入肉糜中，搅拌均匀，直至搅出黏性为止。

（4）灌装　猪肠衣用温水泡软，洗净，沥干水分，再灌入馅料，每间隔 40cm 剪断，两端合并系牢，肠体呈环状。有气泡针刺排气。

（5）烤制　灌好的肠体穿在竹竿上，系扣处朝上，送入烤炉，炉温 70℃ 左右，烘烤 1.5h。待肠皮干燥，透出微红色，手感光滑时即好。

（6）煮制　烤好的肠体出炉，原竿送入 90℃ 的热水锅，胭脂红加在水中，水温保持 85℃ 以上，煮 10min，将肠体轻轻活动一下，并随时撇去水面上的油沫，再煮 30min 即好。

（7）熏制　煮好的肠体捞出，原竿挂入熏炉里，炉内用含树脂少的木柴熏烤，炉温 70℃ 左右。熏烤 1h 后往火上撒锯末，发烟，再熏 10h，待肠体呈枣红色即成。熏好的肠体出炉，凉透，即为成品。

四十、兰州粉肠

1. 配方

猪瘦肉 75kg，猪肥膘肉 25kg，精盐 2.5kg，酱油 2.5kg，淀粉 25kg，大葱末 1kg，鲜姜末 1kg，花椒面 150g，五香粉 50g，八角面 50g，味精 125g，清水 60kg，亚硝酸钠 5g。

2. 工艺流程

原料选择→绞肉→拌馅→灌装→煮制→熏制→成品

3. 操作要点

（1）原料选择　选用符合卫生检验要求的新鲜的猪瘦肉和猪肥膘肉，作为加工的原料。

（2）绞肉　选好的猪肥膘肉 25kg，用绞肉机绞成 1cm 的丁，其余的 75kg 猪瘦肉绞成 0.6cm 的肉丁。两者合在一起。

（3）拌馅　将大葱末、鲜姜末、精盐、酱油、花椒面、五香粉、八角面、味精、亚硝酸钠、清水、淀粉拌匀，分两次倒入绞好的肉里，搅拌均匀，并搅至有黏性，即为馅料。

（4）灌装　猪肠衣用温水泡软，洗净沥去水分，再灌入馅料，每间隔 60cm 断为 1 根，两端各留 3cm 长的空肠，并将两端合并，系牢，呈环状。

（5）煮制　灌好的肠体及时放入 100℃ 的热水锅里，用木棍轻轻翻动，防止肠馅沉淀和受热不均，当肠体上浮水面时，见气泡则用针刺排气，水温保持在 95℃ 以上，煮 30～40min 即好。

（6）熏制　煮好的肠体出锅，送入熏炉里用糖烟熏 30～40min，出炉，即为成品。

四十一、维也纳香肠

1. 配方

猪瘦肉 25kg，食盐 1kg，牛瘦肉 15kg，D-异抗坏血酸钠 0.05kg，猪脂肪 10kg，白糖 0.4kg，淀粉 3kg，分离蛋白 1kg，冰水 7.5kg，混合粉 0.5kg，亚硝酸钠 6g。

2. 工艺流程

原料选择与修整→绞肉→斩拌→充填→干燥、烟熏、蒸煮→冷却→成品

3. 操作要点

（1）原料选择与修整　选用经卫生检验合格的新鲜猪瘦肉、牛瘦肉。猪脂肪选用洁白无污物的猪脊膘。将选用的原料肉修去筋腱、血污、残毛和杂质等。

（2）绞肉　绞肉机采用 12mm 的筛孔，分别将牛肉、猪肉、脂肪绞碎。

（3）斩拌　斩拌前将各种原料按顺序放好，冰水平均分三份备用。将绞好的猪肉和牛肉一起放入真空斩拌机内，加入食盐、所有的辅料和备用的 1/3 冰水，快速斩拌至黏稠状（时间约 2min，温度 2～4℃）时加入大豆分离蛋白、绞好的脂肪和 1/3 的冰水，继续斩拌至乳化状（时间为 2min，温度为 6～8℃），最后加入淀粉和 1/3 冰水，继续斩拌至乳糜稠度均匀，达到充分乳化为止，肉馅的最终温度不超过 12℃。

（4）充填　将斩拌均匀的肉馅放至充填机中灌入直径 18～22mm 的羊肠衣或胶原肠衣中，结扎成 12cm 长的连接式，充填室温度以 10～12℃ 为宜。然后将结扎

分节后的半成品悬挂在不锈钢串杆上，并用冷水喷淋肠体表面，达到洁净后送入烟熏炉。

（5）干燥、烟熏、蒸煮　采用连续式烟熏炉设备。将喷淋后的半成品热狗肠送入熏炉内，温度控制在 40～45℃，干燥时间为 20min，再把温度调至 55℃ 左右，开启烟熏装置，烟熏约 40min，至肠体表面呈红褐色时即可进行蒸煮。在 82℃ 的水锅内蒸煮 20min，肠的中心温度达到 70～71℃ 即成熟。

（6）冷却　将成熟后的肠出炉后，用 10～12℃ 冷水喷淋至肠体中心温度降至 35℃ 左右，再送入 2～4℃ 的冷却间内继续冷却至中心温度达 3～5℃，即为成品。

四十二、广式叉烧肉

1. 配方

猪肉（前腿肉或后腿肉）50kg，白糖 800g，生抽 400g，精盐 350g，老抽 500g，白酒 200g，香油 140g，麦芽糖 500g。

2. 工艺流程

原料整理→上料→烧烤→成品→贮藏

3. 操作要点

（1）原料整理　将选好的猪肉切成长 40cm、宽 4cm、厚 1.5cm，重 250～300g 的肉条。

（2）上料　然后把切好的肉条放入盆内，加入生抽、老抽、白糖、精盐拌匀，腌制 40～60min，每隔 20min 翻动 1 次。待肉条充分吸收辅料后，再加白酒、香油拌匀。

（3）烧烤　用叉烧铁环将肉条逐条穿上，每环穿 10 条。将炉温升至 100℃，然后把用铁环穿好的肉条挂入炉内，关上炉门进行烤制。炉温逐渐升高至 200℃ 左右，烧烤 30min。烧烤过程中注意调换方向，转动肉条，使其受热均匀。肉条顶部若有发焦现象，可用湿纸盖上。烤好出炉后，将肉条取出浸于麦芽糖溶液中上色，再放入炉内烤 2～3min 即为成品。

（4）贮藏　广式叉烧肉最好当天加工，当天销售，不宜久存。隔天的叉烧肉会失去固有的色、香、味。若未售完，可在 0℃ 条件下冷藏，第二天复烤后方可出售。

四十三、烤猪肉

1. 配方

猪后腿肉 100kg，洋葱 1kg，泡花菜 1kg，芹菜叶 3kg，精盐 500g，香叶 400g，胡萝卜 10kg，生菜 10kg，芹菜 5kg，熟猪油 2kg，胡椒粒 1.2kg。

2. 工艺流程

选料→腌制→烧烤→调味

3. 操作要点

（1）选料　选用新鲜猪后腿肉，去骨去皮，切成 0.5kg 左右的大块，清洗干净。将胡萝卜、洋葱去皮，芹菜去叶筋，洗干净，切开。

（2）腌制　在猪肉表面撒上精盐，用手搓匀，腌制 30min。

（3）烧烤　将猪肉放入烤盘上，撒上切好的胡萝卜、洋葱、芹菜、香叶、胡椒粒，再浇上化开的熟猪油，送入预热到 250℃ 的烤箱中，烤制 10～15min，降至180℃，继续烤制 40min。烧烤中要不时翻动肉块，使之烧烤均匀。将猪肉烤至四面呈金黄色，肉熟透为止。

（4）调味　烤熟后的肉块，晾凉后切开，码在餐盘中，剩下的肉汁，浇在烤盘中。再将生菜码在肉片边，把泡花菜插在盘内周围，外面围以芹菜叶。

四十四、兰州烤香肠

1. 配方

猪肉 100kg（前腿或后腿），食盐 2kg，甜面酱 2kg，白糖 6.5kg，料酒 2kg，大葱末 2kg，鲜姜末 1kg，香油 2kg，五香面 200g，味精 200g，亚硝酸钠 20g，稀糖水（6 分水、4 分麦芽糖或蜂蜜）。

2. 工艺流程

原理修整→拌料→灌肠→烤肠→上糖浆

3. 操作要点

（1）原理修整　选用符合卫生检验要求的新鲜猪腿肉，剔去骨头、筋膜，再用绞肉机将猪肉绞成 1cm 见方的块。

（2）拌料　全部辅料放在一起，混合均匀，倒在肉块上，搅拌均匀，成馅料。

（3）灌肠　猪肠衣用温水泡软，洗净，沥去水，再灌入馅料。每间隔 40cm 长截断为 1 根，并将两端合起系住，呈环形，针刺排气和水分。

（4）烤肠　灌好的环状肠体系头向下搭在铁钩上，送入烤炉，炉温 160℃ 左右，烤 0.5h，炉温降至 140℃ 左右，继续烤 1.5h，烤熟出炉。烤制过程中，要调换肠体的位置 2～3 次，以便烤匀，不要烤焦。

（5）上糖浆　肠体出炉前要涂刷稀糖水后入炉再烤，即为成品。

四十五、广东化皮烧猪

1. 配方

猪肉 100kg，精盐 1.5kg，五香粉 15g，珠油（用红糖、食盐、香料和水熬成的一种绛红色调味料，外观像酱油）200g，麦芽糖水适量。

2. 工艺流程

原料处理→腌制→装猪→燎毛→上麦芽糖水→烧烤

3. 操作要点

（1）原料处理　选用 25～30kg（不包括内脏）、皮薄、肥瘦适宜的猪肉作为加工原料。将猪屠宰、煺毛、去内脏后，从猪体后部顺脊骨劈开，但不要劈穿猪皮，再挖除脑，割去舌、尾、耳等，剥去板油，剔除股骨、肩胛骨，割除股骨部位的瘦肉。同时在瘦肉较厚的部位用刀割花，便于吸收辅料和烤熟。

（2）腌制　把五香粉、精盐、珠油等调味料拌匀，然后均匀地擦抹在猪坯内腔及割花处，使调味料渗入肌肉，腌制 20～30min。

（3）装猪　将腌好的猪还用铁环倒挂在钢轨上，用圆木插入猪趾骨两边，把猪脚弯入体内，用小铁钩钩好猪前脚。

（4）燎毛　用汽油或煤油喷灯把未去掉的残毛烧去，然后用清水清洗，再用小刀刮去皮上的杂质、污物。

（5）上麦芽糖水　用浓度为 1% 麦芽糖水擦猪体外表，要擦均匀，渗入猪皮，晾干。麦芽糖水只擦 1 次，不可重复，否则会使猪皮色泽变暗，不够鲜明，或者烧得白一块红一块，影响质量。

（6）烧烤　先将腌好的猪坯挂入炉内（头向下），用慢火烤至皮熟（称为"够身"），时间约 30min，然后把猪取出，用特制刺针从皮刺入，刺遍全身。针刺处不要用力过大，但也不能太轻，以刺过皮层为度。对猪体受火力较多的部位，可以贴上湿草纸，以缓和火力，避免烧焦。针刺后把猪坯放回炉内，关上炉门，并将炉温升高，继续烧烤，烧到猪皮呈红色、起小泡和猪体流出的油水为白色时即熟。一般前后约烧烤 1.5h。

四十六、广东烤乳猪

1. 配方

猪坯 100kg，五香盐 2kg（五香粉 1kg、精盐 1kg 混合而成），调味酱 4kg，南味豆腐乳 1kg，芝麻酱 2kg，蒜蓉（去皮捣碎的蒜头）1kg，白糖 8kg，五香粉 20g，麦芽糖 2kg，味精 20g，八角粉 20g，汾酒 1.6kg。

2. 工艺流程

原料整理→腌制→固定→上糖浆→烧烤

3. 操作要点

（1）原料整理　选用皮薄、身肥丰满、活重在 5～6kg 的乳猪。乳猪屠宰、放血，去毛，开膛取出内脏，冲洗干净。将头和背脊骨从中间劈开（勿破猪皮），取出脑髓和脊髓。斩断第四肋骨，取出第五至第八肋骨和两边肩胛骨。后腿肌肉较厚部位用刀制花，使辅料易于渗透入味和快熟。

（2）腌制　将劈好洗净的乳猪放在平案板上，把五香盐均匀地擦在猪的胸腹腔内，腌制20～30min，用钩子把猪身挂起，使腌制水流出。取下放在案板上，再将白糖、调味酱、芝麻酱、蒜蓉、味精、汾酒、五香粉、八角粉等拌匀，涂在猪腔内腌制20～30min。

（3）固定　用乳猪铁叉把猪从后腿穿至嘴角。在上叉前要把猪撑好，方法是：用2条长为40～43cm和长为12～17cm的木条，长木条直撑，短木条横撑。然后用草绳或铁丝将乳猪的前后腿扎紧，以固定猪的体形，使烧烤后猪身平正，均衡对称，外形美观。

（4）上糖浆　上铁叉后用沸水浇淋猪全身，稍干后再浇麦芽糖溶液，或用排笔蘸糖浆均匀涂抹猪全身，然后挂在通风处晾干表皮待烤。

（5）烧烤　烤猪可用明炉烧烤法，也可用挂炉烧烤法。明炉烤乳猪是将炉内木炭烧红后，把腌制好的猪坯用长铁叉叉住，放在炉上烧烤。先用慢火烧烤约10min，以后逐渐加大火力。烧烤时不断转动猪身，使其受热均匀，并不时针刺猪皮和扫油，目的是使猪烤制后表皮酥脆。直至猪皮呈现红色为止。一般烧烤50～60min。

挂炉烤乳猪用一般烤鸭、烤鹅用炉。先用木炭火将炉温烧至200～220℃，或通电使炉温升高。然后把猪坯挂入炉内，关上炉门烧烤30min左右。在猪皮开始转色时取出、针刺，并在猪身泄油时，用棕扫帚将油扫匀。再放入炉内烤制20～30min即可烤熟。猪坯烤成熟猪，成品率为72%～75%。烤熟的乳猪一般以切片上席，同时配备有专门的蘸料，如海鲜酱等。

四十七、天津烤肉

1. 配方

五花肉100kg，精盐1.2kg，五香面50g，糖稀500g。

2. 工艺流程

备料→煮制→腌制→烤制→成品

3. 操作要点

（1）备料　将带皮五花肉洗净，切成1.5～2kg，方块，肋条肉切成菱形块。

（2）煮制　将肉块沸煮20min左右，肉皮已软，将肉块捞出，用8号铁丝对角串平使肉保持平面。

（3）腌制　将精盐、五香面拌匀，涂匀在瘦肉上，同时，用糖稀调成水涂匀在肉皮上（糖稀50g，水1kg），晾4～5min，即可烤制。

（4）烤制　用铁扦子串好围挂在烤炉两边后，在70～80℃烤炉内烤30min左右，将肉出炉，用1号钢针均匀地扎肉皮，促使起泡，然后再入炉，并使炉温逐渐上升至 100～150℃，烤制 1.5h 左右，即为成品。

四十八、天盛号烤肉

1. 配方

选用皮细肉嫩的猪五花肉 5kg，精盐、花椒面各适量。

2. 工艺流程

切块、入味→烤制→放气、整型→复烤→抹油→成品

3. 操作要点

(1) 切块、入味　把五花肉切成长 30～35cm、宽 8～12cm 的块状，把精盐和花椒面混合在一起，均匀地撒在肉上，使肉入味。

(2) 烤制　用枣木点着烤炉，在枣木燃烧至没有烟时，把肉挂在烤炉内，用枣木炭火进行烤制。

(3) 放气、整型　待肉皮烤到稍黄时把肉挑出，然后在肉皮上扎眼放气，并用细铁扦交叉把肉穿好，使肉挺直。

(4) 复烤　把肉重新挂在炉内继续烤，当肉皮呈金黄色，肉本身由于烤出油而"滋滋"作响时，稍把火烧旺些。

(5) 抹油　当肉皮烤至一定火候，加旺火，把肉皮上烤出小泡，即可出炉。出炉后，肉皮上抹油，放凉后把铁扦拔出，即可食用。

四十九、博山烤肉

1. 配方

猪肉 100kg，食盐 2kg，花椒皮 200g。

2. 工艺流程

原料处理→熏烤→成品

3. 操作要点

(1) 原料处理　将活猪（以 60kg 重为宜）宰杀，热水煺毛、劈半，带皮放在阴凉透风处晾干，然后进行剔骨，割掉四腿和肚底，扒掉板油，切成长 30cm、宽 5cm 的肉条，放入食盐、花椒皮，加水浸泡 40min 左右取出。

(2) 熏烤　用烤肉钩将每块肉挂起晾 4～5h 后进入烤炉，用无烟果木，如苹果木、柿子木、枣木、香椿木、花椒木等熏烤（严禁用烟木和有邪味的木头），熏烤时间为 3.5～4h，即为成品。

五十、哈尔滨烤火腿

1. 工艺流程

原料修整→腌制→洗涤→烘烤→晾干→成品

2. 操作要点

（1）原料修整　要将前后腿修整成琵琶形，先砍断肢骨，切断腰椎与荐椎，削平耻骨，脚部切断上曲，每只净重 3～4kg 为宜。修去碎肉、碎油。

（2）腌制

① 擦盐　每 50kg 原料用精盐 3.5～4kg 和少量硝酸钠混合擦在肉上，放在透孔容器内，置于 10℃左右的冷库内腌 24h。

② 注射盐水　用 14% 的盐水，0.5% 的硝酸钠（钾）、0.25% 的白糖三种混合溶解液，在每只猪腿的瘦肉上注射六七针，促进肉质尽快腌透。

③ 加压　注射盐水后，将猪腿放进木桶或大缸内，上面压上有孔透气木板，在板上再压一定重量的石块。

④ 翻动　在腌制过程中，每隔六七天要上下翻动一次，经半个多月，肉质变深红色时取出。

（3）洗涤　把腌好的火腿肉，用清水洗干净，再用木杆穿上挂起来，把水晾干。

（4）烘烤　把晾干的火腿，推进 40℃左右的烤炉内，连续烤 40h 取出。烘烤一般都用木柴，也可用焦炭、无烟煤。烤时每只火腿之间要有一定的距离，每隔一定时间要调换一下位置，避免烘烤不均匀。

（5）晾干　把烤好的火腿挂在 18～19℃的通风室内干燥一周左右，即为成品。

第三节　牛肉制品

一、烟熏牛肉

1. 配方

牛腿肉 1000kg，腌制液 485L（水 485.0L、食盐 115.0kg、蔗糖 26.0kg、硝酸钠 0.5kg、亚硝酸钠 0.15kg）。

2. 工艺流程

原料肉修整→腌制→浸泡→干燥、烟熏→切片、包装

3. 操作要点

（1）原料肉修整　剔骨，去脂肪，将牛腿内切分为内部、外部和关节三部分。

（2）腌制　腌制液和牛肉使用前应冷却到 3℃，腌制室温度不超过 4℃，此温度条件会稍微减缓肉的腌制速度，但却能减轻长期腌制过程中肉的腐败，因肉片重量、厚度各不相同，所以内部、外部和关节部分肉都应在单独的容器中腌制。每450g 肉腌制时间大约需 7 天。内部牛肉腌制时间需 7～8 天，外部和关节处肉腌制

时间需 6~7 天。

（3）浸泡　取出腌制液中的牛肉，在 0~4℃ 的腌制室中用自来水浸泡 24h，浸泡期间更换 3~4 次自来水，使其充分浸泡。

（4）干燥、熏制　取出浸泡液中的牛肉，挂于烟熏架。充分沥干，移至烟熏室烟熏，直到失水 35％。最终的干切牛肉平均失水 50％。

（5）切片、包装　用切片机将牛肉切成片状，装入真空袋，真空密封，无需灭菌。

二、速成烟熏牛肉

1. 配方

牛腿肉 45.4kg，食盐 1.4kg，亚硝酸钠 7.0g，硝酸钠 20.0g，异抗坏血酸钠 24.8g，玉米淀粉 0.5kg。

2. 工艺流程

原料肉修整→绞肉→混合→腌制→填充→蒸煮→熏制→冷却

3. 操作要点

（1）原料肉修整　除去牛腿肉中的软骨、结缔组织和脂肪。加工前需预冷至 0~4℃。

（2）绞肉　将 10％ 牛腿肉关节部分肉用筛孔直径为 6.35mm 的绞肉机绞碎，与 3％ 的碎冰混合，再用筛孔直径为 1.59mm 的绞肉机绞碎，剩余的肉用筛孔直径 38.1mm 的绞肉机绞碎。

（3）混合　将肉糜移至斩拌机，加入预先混合的其他配料，斩拌均匀，大约需 2min。

（4）腌制　将混合均匀的肉糜紧紧地压入盆中，防止空气进入，然后转移至 0~4℃ 的冷却间，保持此温度腌制 3~4 天，之后将肉糜移至真空搅拌机，真空搅拌 3min。

（5）填充　将肉糜填充到纤维肠衣里。

（6）蒸煮　填充好后移至煮锅，加入预热至 75℃ 的水。保持此温度，直到肉的中心温度达到 65℃。此过程需 3~3.5h。

（7）熏制　取出肠衣里的肉，装入织带。将其迅速转移至提前预热到 65℃ 的烟熏室，风门全开，保持此温度 4~5h。

（8）冷却　取出烟熏室的产品，室温下冷却 4~5h，使中心温度降至室温，再移至 0~4℃，湿度较低的冷却室。

三、北京熏牛肉

1. 配方

鲜牛肉 100kg，酱油 3kg，熟芝麻 600g，酒糟汁 1kg，花椒粉 200g，干辣椒

800g，葱白 4kg，生姜 200g，鸡汤 20kg，白糖 800g，食盐 3kg，香油 3kg，菜油 30kg（实耗 1.6kg）。

2. 工艺流程

原料选择及预处理→腌制→蒸制→炒制→熏制→成品

3. 操作要点

（1）原料选择及预处理　选用黄牛的脊背肉，去掉浮皮，保持无皮无筋、洁净（忌水洗），切成大小一致、厚薄均匀的肉片。

（2）腌制　把切好的牛肉放在盆内，加入花椒粉、干辣椒、生姜、葱白、食盐、酱油、酒糟汁、白糖，拌匀，腌制 40～60min。

（3）蒸制　原盆入笼，用旺火蒸约 30min。拣去葱白、生姜、干辣椒，捞出牛肉，盆内原汁待用。

（4）炒制　炒锅上火，倒油烧至四成热，牛肉下锅，用温火炸 15min 后铲起，倒出锅内余下的菜油，把鸡汤和原汁下锅烧开，再倒入牛肉，以温火收干水分，起锅晾凉。

（5）熏制　放在篾席上，点燃柏枝，烟熏 5min，取出置盆内，淋上香油，撒上熟芝麻拌匀即成。

四、牛肉培根

1. 配方

牛胸肉 1000.0kg，食盐 30.0kg，蔗糖 9.3kg，亚硝酸钠 0.15kg，硝酸钠 0.5kg。

2. 工艺流程

原料肉预处理→腌制→清洗→烟熏→烟熏后处理→成形切片

3. 操作要点

（1）原料肉预处理　修整原料肉，使其重量均匀，保持在 4.5～7.5kg。

（2）腌制　将混合后的腌制剂涂抹于整个原料肉表面。涂抹均匀后装入腌制容器，通常肉表面朝上，肉块重量差异不超过 1kg。为降低容器中存在的空隙，可在空隙中填充小块牛肉。装满后，用容器盖使劲往下压，一般重量为 4.5～5.5kg 的牛肉腌制 11 天，5.5～6.5kg 的牛肉腌制 13 天，6.5～7.5kg 的牛肉腌制 15 天。

（3）清洗　腌制的牛肉不能浸泡。取出容器中的牛肉，用热水喷淋洗涤，同时用软质的纤维刷刷洗，也可通过机械设备清洗。

（4）烟熏　预热烟熏室温度至 58℃。将牛胸肉挂在熏制框架上，移到烟熏室，风门完全敞开，维持烟熏室温度在 58℃，直到牛肉表面干燥。接着调整风门至原来 1/4，引入熏烟，保持 58℃直到获得预期肉色。获得预期肉色后，停止熏烟，关风门，升温至 68～72℃，保持该温度直到肉的中心温度达到 58℃。

（5）烟熏后处理　从烟熏室取出牛肉，室温下放置，使肉的中心温度降到37～40℃。将牛肉移到 1～2℃ 的冷却室进行切片和包装前的冷却。

（6）成形切片　采用培根成形机械将牛肉培根加工成形，然后切片包装，整个过程应在 0～4℃ 温度条件下进行。培根产品易腐败变质，储藏和流通过程都应冷藏。

五、烟熏牛肉方腿

1. 配方

（1）主料配方　牛后腿肉 1000.0kg，玉米淀粉 600.0kg。

（2）腌制液配方（以 1000.0kg 的牛肉计，腌制液注射量为 10%）　水 100.0kg，食盐 12.0kg，白糖 5.0kg，葡萄糖 5.0kg，味精 1.5kg，亚硝酸钠 100g，磷酸钠 2.0kg，卡拉胶 2.5kg。

（3）黏合剂配方　冷水 1000.0kg，魔芋精粉 20kg，卡拉胶 12.5kg，碳酸钠 2.5kg，氯化钙 1kg。

2. 工艺流程

腌制液配制

原料肉处理→注射→真空滚揉→切块、斩末→黏合剂制备添加→填充、装模→烟熏、蒸煮

3. 操作要点

（1）原料肉处理　将新鲜牛后腿肉清洗干净，修去脂肪、软骨、污血、污物等，沥干水分。

（2）腌制液配制　腌制液应在注射前 24h 配制。先将磷酸钠少量热水溶解，然后加水，再加入卡拉胶和食盐配成盐水，最后盐水中加白糖、葡萄糖和味精，充分搅拌均匀后，放在 7℃ 冷藏间存放。在使用前 1h 再加入亚硝酸钠，经过充分提拌，过滤后使用。

（3）注射　将配制好的腌制液注入盐水注射机内，通过盐水注射机将腌制液注射到牛肉体内，以加快盐水在肉块中的渗透扩散，起到发色均匀、缩短腌制时间、增加保水性和嫩化肉质的作用。

（4）真空滚揉　将已注射腌制液的原料肉一起倒入滚揉机中。在 0～4℃ 的低温下真空滚揉 10h（注意要顺时针转 20min，停止 10min，再逆时针转 20min，再停止 10min，如此反复循环至规定的时间）。

（5）切块、斩末　将滚揉后的牛肉一部分切成 1.5cm 左右的肉丁，另一部分斩拌成碎末颗粒。

（6）黏合剂制备添加　按黏合剂配方配制黏合剂溶液。将肉丁和肉末与黏合剂溶液、玉米淀粉以及适量的盐混合均匀。

（7）填充、装模　将准备好的混合物充填装入有一定孔隙的钢模中，尽力压紧模盖。

（8）烟熏、蒸煮　将装模后的牛肉放入烟熏炉进行烟熏处理，色泽变暗褐色时再进行蒸煮。待中心温度达到68℃后保持20～30min，然后进行冷却，待中心温度降为30℃，再进入2～4℃的冷库中继续冷却24h即可脱模包装。

六、庄园方腿

1. 配方

（1）牛腿肉1000.0kg。

（2）腌制液配方（以1000.0kg牛肉计，腌制液注射量为25.0%）　水1000.0kg，食盐130.0kg，白糖50.0kg，亚硝酸钠150g，异抗坏血酸钠450g，烟酰胺450g，三聚磷酸钠5.0kg，焦磷酸钠5.0kg，嫩肉粉1.0kg，香辛料粉3.0kg。

2. 工艺流程

腌制液配制

↓

原料肉选择→修整→注射→滚揉→烟熏→蒸煮→冷却→包装

3. 操作要点

（1）原料肉选择　选择经卫生检验合格的牛腿肉。

（2）修整　将选好的肉剔除筋腱、脂肪、淋巴等，切成250.0g左右的肉块。为了增大肉块的表面积，可在肉块表面上划几刀。

（3）腌制液配制　腌制液应在注射前24h配制。先将磷酸盐用少量的热水溶解，然后加水和食盐配成盐水，再在盐水中加白糖和香辛料粉，充分搅拌均匀后，放在7℃的冷藏间存放。在使用前1h再加入嫩肉粉、亚硝酸钠、异抗坏血酸钠和烟酰胺，经充分搅拌并过滤后使用。

（4）注射　按以上比例配制好的腌制液注入盐水注射机内，对肉进行注射和嫩化，以加快盐水在肉块中的渗透、扩散，起到发色均匀、缩短腌制时间、增加保水性的作用。盐水总用量为肉重的25.0%，其中注射量为10%～15%。

（5）滚揉　将剩余的盐水和已注射的原料肉一起放入滚揉机中，在4～8℃温度下真空滚揉10～14h（注意要顺时针转20min，再逆时针转20min，停止20min，如此反复循环至规定的时间）。牛肉滚揉后再在7℃的温度下腌制10h。

（6）烟熏　腌制好的肉直接进行修整，穿上细绳，吊挂在烟熏炉中，在50～60℃的条件下干燥1～2h，然后在60～70℃下，烟熏2～3h。

（7）蒸煮　在75～85℃条件下蒸煮1～2h。中心温度达68℃以上即可。

（8）冷却、包装　蒸煮结束后立即进行自然冷却，冷却后包装。

七、熏牛舌

1. 配方

牛舌 1000.0kg，腌制液 415.0L（水 415.0L、食盐 50.0kg、硝酸钠 0.5kg、亚硝酸钠 0.15kg）。

2. 工艺流程

原料肉修整→腌制→烟熏→冷藏

3. 操作要点

（1）原料肉修整　牛舌要充分清洗以除去牛舌上的黏液。将牛舌放入水槽中，引入冷水，除去牛舌上的黏液，直到冷水清澈透明时停止冲洗。

（2）腌制　向牛舌上的两个动脉注入上述腌制液，注入量占牛舌本身重量的5%，之后将牛舌装入桶中，用相同的腌制液水封，在 0～4℃ 的腌制间里腌制 5天。第 5 天时检查牛舌位置，确保使其水封，再腌制 2～3 天。

（3）熏制　取出腌制间的牛舌，彻底洗干净后装入织带，然后挂在烟熏架上，架子间保持一定距离以利于空气流通。室温下保持 5～6h；同时烟熏室预热至60℃，将牛舌转移至烟熏室里，风门开，使牛舌表面烘干（大约 1h 左右）。然后调整风门至原状引入熏烟，使烟熏室温度升高至 85℃，根据牛舌的大小，维持该温度 5～6h，当牛舌变硬后即可移出烟熏室。

（4）冷藏　牛舌置于室温下，使其中心温度降低至 40℃，后将牛舌转移到 0～4℃ 的冷却室里。在整个流通和销售过程中要保持 0～4℃ 的低温环境。

八、天津熏牛舌

1. 配方

牛舌 100kg，硝酸钠 24g，亚硝酸钠 12g，食盐 8.5kg，白糖 2.5kg，异抗坏血酸钠 87g，水 83kg。

2. 工艺流程

原料选择→预处理→盐水配制→腌制→烟熏→包装→成品

3. 操作要点

（1）原料选择　选择新鲜或冷冻无异味的牛舌。

（2）预处理　从牛舌根部将牛舌切下，去除附着的脂肪、骨头和肉片。再将牛舌整理成长切割和短切割两种形状。长切割包括咽喉部和气管的第二节；短切割则是将咽喉部全部切除。

（3）盐水配制　将食盐、白糖、硝酸钠、亚硝酸钠和异抗坏血酸钠溶于水中配成混合盐水。

（4）腌制　在牛舌根中心部的两条动脉处进行盐水动脉注射，注射量为牛舌重的 10%。注射盐水后的牛舌置于桶内，加入混合盐水使牛舌淹没，于 0～4℃的条件下腌制 7 天。

（5）烟熏　从腌制桶内取出牛舌，经冲洗 20min 后挂在熏烟架上，先在 21℃下干燥 5h，再送入烟熏室以 45℃温度烟熏 15h，至牛舌紧实后取出。

（6）冷却　从烟熏室取出的牛舌放在 21℃下冷却至牛舌中心温度 43℃，再转入 0～4℃下冷却，并储存在 2℃的冷库内。

九、济南熏牛舌

1. 配方

整条牛舌共 20 条，5kg。食盐 300g，香叶 20g，八角 20g，小茴香 30g，花椒 20g，硝酸钠 5g，桂皮 30g，丁香 10g。

2. 工艺流程

原料选择→清洗→整理、卤制→烟熏→成品

3. 操作要点

（1）原料选择　选择符合卫生检验要求的新鲜整齐完好的牛舌，作为加工的原料。

（2）清洗　选好的牛舌刮洗干净，修整，沥去水。

（3）整理、卤制　沥好水的牛舌用食盐搓擦表面。将剩余的辅料放入锅中，加水没过牛舌，加热烧开，晾凉，放入擦好盐的牛舌，腌制 10 天。捞出，用清水洗净，沥干。

（4）烟熏　沥干的牛舌放入熏炉中，温度要控制在 60～70℃，以松木屑为烟熏剂，点燃熏制，熏 7～8h，即为成品。

十、本溪熏牛百叶

1. 配方

牛百叶 100kg，精盐 7kg，鲜姜 2kg，大葱 2kg，香料 300g，红糖 1500g。

2. 工艺流程

原料选择→清洗→预煮→卤制→烟熏→成品

3. 操作要点

（1）原料选择　选用符合卫生要求的新鲜牛百叶，作为加工的原料。

（2）清洗　选好的牛百叶用清水洗去脏污，洗净。

（3）预煮　洗净的牛百叶放入开水锅中，进行烫洗，烫去黑褐色的膜层，揉搓，撕去外层里膜，再用清水冲洗干净。

（4）卤制　洗净的牛百叶放入煮锅里，再放入全部辅料，用大火煮沸，再用文火继续煮1h捞出，沥干。

（5）烟熏　沥干水分的牛百叶趁热放入熏锅，用红糖作熏料，待其表面熏至呈金黄色即好。熏的过程中要不断翻动牛百叶的上下层，使熏制均匀。

十一、天津熏牛羊杂碎

1. 配方

牛羊内脏100kg，白糖2kg，酱油2kg，八角400g，桂皮200g，花椒160g，丁香100g，味精100g，大葱4kg，生姜400g，食盐1.6kg，红糖800g（供熏制使用），香油适量。

2. 工艺流程

选料→卤煮→熏制→成品

3. 操作要点

（1）选料　选择经兽医卫生检验合格的牛羊杂碎为原料。

（2）卤煮　按酱制品的火候和投料程序下锅，煮至九成熟出锅，晾凉后应不带汤汁、不黏、干爽而富有弹性。

（3）熏制　熏锅大小均可，锅内放铁丝算子，把煮熟的原料单摆放在算子上，注意原料不可互相挨靠。码好后先用文火，待锅烧热（不能把锅烧红），撒上一层红糖，见有烟雾，立即把锅盖严，熏4～6min，掀锅，翻转原料，再按前法重熏一次。每次用糖量的多少，根据所熏原料按配糖的比例灵活掌握。经过两次熏制，出锅后立即在原料表面擦涂香油，即为成品。

十二、上海色拉米肠

1. 配方

牛肉65kg，猪瘦肉20kg，猪肥膘肉15kg。食盐3kg，白糖200g，冰屑4kg，白酒500g，胡椒面200g，胡椒粒100g（砸碎用），肉豆蔻面100g。

2. 工艺流程

原料选择→腌制→拌馅→灌制→烘烤→煮制→熏制→成品

3. 操作要点

（1）原料选择　选用经兽医卫生检验合格的牛肉、猪的2号肉、猪的4号肉及肥膘。

（2）腌制　把牛肉和猪瘦肉上的脂肪、筋膜修割干净，切成条状，混合在一起，撒上3%的食盐，装盘送入0℃左右的冷库，经12h冷却腌制。取出后用绞肉机绞成 3mm 颗粒的肉糜，装盘再送入冷库，继续冷却腌制 12h 以上。猪肥膘肉切或绞成 3mm 的方丁，用 3％的食盐揉搓拌和，盛盘，放入 0℃左右的冷库，冷却腌制 12h 以上。

（3）拌馅　把白酒、胡椒面、胡椒碎块、肉豆蔻面、白糖、冰屑混合均匀，与肥膘丁一起倒入腌好的肉糜里，用拌馅机搅拌 2～3min，充分搅拌成黏浆状，即为肠馅。

（4）灌制　选用牛直肠衣，放在温水里泡软、洗净，剪成 45cm 长的节段，用线绳系住一头，将肠馅灌入，再把另一头系住，留一绳套，以便穿竿吊挂。也可用套管肠衣或玻璃纸肠衣进行灌制。肠体内发现气泡，用针板打孔放气。

（5）烘烤　将灌好的肠送进烤炉烘烤，温度控制在 60～70℃，烘烤 2h。待肠体表面干燥，呈红润色时出炉。

（6）煮制　煮锅中水烧至 95℃时，将烤好的肠体放入，水温保持 85℃以上，煮制 0.5h，将肠体翻动一次。再煮 1h 左右，用酒精温度计插入肠体中心，温度达到 75℃以上即熟。

（7）熏制　将煮熟的肠子送进熏炉，用含树脂少的木柴熏烤，炉内温度在 70℃左右，熏烤 2h，将火熄灭，利用余热，继续烤 3～4h。待肠体呈红褐色，表面出现许多皱纹时，即熏烤完毕。出炉后，挂在阴凉通风处，风干 30 天即为成品。出品率 80％。

十三、天津牛肉肠

1. 配方

牛肉 100kg，淀粉 15kg，食盐 4kg，黄酒 500g，味精 150g，香油 2kg，大葱 2kg，鲜姜 500g，丁香面 400g，五香粉 500g，清水 30kg。

2. 工艺流程

原料选择→绞肉、腌制→拌馅→灌装→烤制→煮制→熏制→成品

3. 操作要点

（1）原料选择　选用经兽医卫生检验合格的鲜牛肉作为加工原料。

（2）绞肉、腌制　选好的牛肉剔去筋膜和脂肪，全部修割干净，切成条块，撒上 4％的食盐，再绞成 1cm 的方丁，放入 5～7℃的冷库或冰箱中腌制 24h，再绞成 0.2～0.3cm 的肉糜。

（3）拌馅　大葱、鲜姜分别切成末和其他辅料在一起混拌均匀，倒入肉糜里，搅拌均匀至有黏性，即成馅料。

（4）灌装　牛直肠剪成长 45cm 的段，用线绳扎牢一头。放入温水里，泡软，洗净，再灌入馅料，再将另一端扎牢，留一绳套，以便肠体悬挂在竹竿

上，每间隔 6cm 用线绳横着捆一道，防止热胀，撑破肠衣。如有气泡，用针刺排气。

（5）烤制　灌好的肠体穿在竹竿上，送入烤炉，炉温控制在 70℃ 左右，烘烤 1.5h，见肠体表皮已干，透出微红色，手感光滑，即可出炉。

（6）煮制　出炉的肠体原竿放入 90℃ 的热水锅里。上面压上竹箅子和重物，使肠体全部浸在水里。水温保持在 85℃ 以上，煮 30min 轻轻活动一次，然后，再煮 1h 左右，用温度计检测肠体中心温度，温度达 75℃ 左右即熟。

（7）熏制　煮好的肠体原竿挂进熏炉，用含树脂少的木柴熏烤，炉温控制在 70℃ 左右，熏烤 1h，再往火上加锯末，再熏烤 2～3h，待肠体干燥，表皮出现密密麻麻的皱纹即好。

（8）成品　熏好的肠体出炉，凉透，即为成品。

十四、香港樟茶熏牛柳

1. 配方

牛柳肉 480g，五香蚕豆面、樟木糠、樟树叶、茶叶各少许，食粉、生抽、生粉、白糖、精盐、黄酒、香油、生油各适量，冬菇 5 朵，大甘笋 3 个，上汤 6.4kg。上汤配方：瘦肉 1920g，老光鸡 640g，火腿 320g，清水 8320g，味精 40g，精盐 9g。

2. 制作方法

（1）将牛柳洗净，吸干水分，用食粉、生抽、生粉、精盐等腌过备用。

（2）在烤炉内，加入樟木糠、樟树叶、茶叶等，再放入牛柳肉熏至熟。

（3）取出牛柳肉，切片上盘，放在五香蚕豆面上，砌成水牛身。冬菇浸发后去蒂，用黄酒、白糖、上汤煨熟，放在牛身上装饰。甘笋雕成牛头肉、脚和尾，放在盘上砌形。

（4）上汤制法　将瘦肉、火腿切块，老光鸡开边，一起放入罐内，加入清水。先用大火烧沸，撇去泡沫，再用慢火熬至得汤约 6.4kg，滤去渣后，加入味精、精盐，拌匀即成。

十五、四川马癞子干牛肉

1. 配方

黄牛腿子肉 2.5kg，花椒 12.5g，白酒 50g，食盐、花椒油各 100g。

2. 工艺流程

切条、腌制→熏制→卤制→成品

3. 操作要点

（1）切条、腌制　将牛腿修去筋膜、浮皮，开成大酒杯粗、长 13～16cm 的条子，用白酒揉匀，拌上花椒、食盐，装入缸内，压上大卵石，夏季1～2天，冬季约7天取出。

（2）熏制　将牛肉条吊挂起来，用柏枝和锯末烟熏，直至皮呈黑色。

（3）卤制　将熏好的牛肉洗净，晾干水分，下锅卤制，熟后捞起晾冷变硬，刷上花椒油即成。

十六、腓力牛排

1. 配方

腓力牛排122g，洋葱丝5g，甘蓝芽10g，小番茄20g，酱油6g，黑醋4g，黑胡椒5g。

2. 工艺流程

原料肉修整→腌制→烤制

3. 操作要点

（1）原料肉修整　将原料肉修整到合适大小，尽量大小形状一致。

（2）腌制　将腓力牛排用洋葱丝及所有调味料腌制10min，连汁一起用铝箔纸盛装。

（3）烤制　烤箱先预热至250℃，将铝箔包放入烤箱烤到适宜的熟度即可。甘蓝芽及小番茄用滚水烫熟，置于盘边做配菜用。

十七、五香烤牛肉

1. 配方

牛肉（后腿）650g，丁香4g，白芷48，砂仁3g，桂皮3g，甘草2g，砂姜3g，草果3g，八角4g，花椒2g，大葱7g，姜4g，香油5g，白糖3g，酱油6g，食盐4g，花椒粉3g，芝麻油适量。

2. 工艺流程

原料肉修整→腌制入味→烤制→二次入味

3. 操作要点

（1）原料肉修整　牛肉切长方形大块，洗净泡30min，沥干水分。

（2）腌制入味　用食盐、姜末、葱节腌制1h，再用温水洗净沥干。

（3）烤制　将腌制好的牛肉放入烤箱中烤熟。

（4）二次入味　锅烧清水，加入白糖、酱油、香料袋，旺火烧开，打去浮沫，改微火熟至五香味浓郁，取出香料袋即成卤水。熟牛肉放入卤水中，用小火煮2h，捞出晾凉，刷上芝麻油、花椒粉即成。

十八、蜡石烤牛肉

1. 配方

牛臀尖 50g，辣酱 20g，芝麻面（焙好）5g，酱油 30g，大葱 10g，大蒜泥 2g，生姜 8g，白糖 10g，胡椒面 1g，清水 30g。

2. 工艺流程

原料肉修整→腌制入味→烤制

3. 操作要点

（1）原料肉修整　把生牛臀尖去筋膜，洗净，放入冰箱冷冻半小时，然后取出牛臀尖切成整齐的薄片。

（2）腌制入味　盆中放入酱油、清水、大葱末、大蒜泥、生姜、白糖、胡椒面和焙好的芝麻面，调好，拌匀，放入切好的薄牛肉片腌制 4h，捞出，控干，用盘子装好，备用。

（3）烤制　将光滑的蜡石（约长 15cm、宽 8cm、厚 5cm），放在电炉或炭火上烧，待石头烧到赤热时，放在铁盘里，用不锈钢筷子夹牛肉片在石头上翻烤。烤熟后，蘸辣酱吃。

十九、越式烤牛肉片

1. 配方

牛肉 400g，辣椒片 30g，小番茄 15g，洋葱片 7g，鱼露 5g，柠檬汁 7g，冷开水 20g，香菜末 5g，酱油 4g，胡椒粉 3g，料酒 5g，盐 3g。

2. 工艺流程

原料肉修整→腌制入味→烤制→二次入味

3. 操作要点

（1）原料肉修整　将牛肉切成 1cm 厚片备用。

（2）腌制入味　将切好的牛肉加入调味料腌制半小时。

（3）烤制　将牛肉片放在炭火上烤到个人喜欢的熟度。

（4）二次入味　将蘸酱材料中的辣椒片、小番茄、洋葱片以小火炒至稍焦后，与鱼露、柠檬汁、冷开水一起放入果汁机中搅打，倒入小碟子中，再放入香菜末略拌匀，即为蘸酱。烤好的牛肉片装入盘中，吃的时候，可以直接将蘸酱倒入，也可以蘸取方式食用。

二十、烤牛肉饼

1. 配方

净牛肉 500g，牛奶 250mL，鸡蛋 2 个，猪肥膘 150g，胡椒粉 3g，新鲜面包

50g，植物油 130g，土豆泥 500g，辣酱油 25g，番茄汁 50g，食盐 8g，黄酒 25g。

2. 工艺流程

原料肉处理→煎烤→调味

3. 操作要点

（1）原料肉处理　将净牛肉剔去筋膜，和猪肥膘一起剁烂成泥蓉或用绞肉机把两种肉绞两遍成碎泥蓉。鲜面包用牛奶浸泡一下，取出，挤干牛奶汁与鸡蛋液、食盐、胡椒粉混合后搅拌均匀，加入碎泥蓉制成牛肉饼。

（2）煎烤　煎锅内放植物油，烧热，放入牛肉饼，用微火慢慢将两面煎黄，待外部基本煎上色后，放入烤盘，浇上辣酱油、番茄汁、黄酒和清汤，放入烤炉内烤熟。

（3）调味　趁热装盘，浇上烤汁，旁边配熟土豆泥一同食用即可。

二十一、山葵烤牛排

1. 配方

牛腩 180g，鸡蛋 70g，面粉 47g，白面包 50g，豌豆 100g，奶油 150mL，芋头 20g，面包糠 50g，山葵 10g，食盐 3g，胡椒粉 1g，白糖 20g。

2. 工艺流程

原料肉处理→调味→烘烤

3. 操作要点

（1）原料肉处理　将炖好的牛腩肉挤成圆形，裹上少量的面粉、鸡蛋和面包糠。然后放入少量橄榄油中炸，直至面包糠变成金黄色。

（2）调味　将 100mL 奶油、白面包和山葵放入小锅中，慢火加热至煮沸状态；将 50mL 奶油和新鲜豌豆放入另一个锅煮沸；等豌豆煮好后，加入食盐和胡椒粉调味。将制好的调味汁涂在炸好的牛腩上。

（3）烘烤　将芋头放在烤盘上，刷上融化的牛油，再撒上糖，将烤箱温度调到 180℃，加热 12～15min，直至芋头变金褐色，同时将牛腩肉烤到合适的火候，摆放在盘中即可。

二十二、黑胡椒烤牛排

1. 配方

牛排 20g，洋葱 50g，番茄 50g，酱油 17mL，黑胡椒 17g，五香粉 5g，白糖 10g。

2. 工艺流程

原料肉修整→腌制→烤制

3. 操作要点

（1）原料肉修整　将牛排洗净后用刀背轻轻拍散。

（2）腌制　加入黑胡椒、五香粉、白糖、酱油，腌制 2h，最好能放置于冰箱过夜，这样味道更好，牛排在腌制时翻几次面，然后在入烤箱前加入洋葱片一起再腌制 1h 入味。

（3）烤制　烤盘上抹上一层薄油，底层铺上腌好的洋葱，放上牛排，然后再放入切块的番茄，放入烤箱用 200℃上下火烤 10min 即可。

二十三、梨汁烤牛肉

1. 配方

牛里脊 300g，食盐 5g，生抽 45mL，香油 10mL，大葱末 10g，大蒜末 6g，姜粉 6g，白糖 15g，蜂蜜 15mL，鲜梨汁 75mL。

2. 工艺流程

制酱汁→原料肉修整→腌制→烤制

3. 操作要点

（1）制酱汁　将梨去皮，榨汁备用。把生抽、白糖、蜂蜜、大葱末、姜粉、大蒜末、食盐和香油放入碗中，拌匀，最后加入鲜梨汁搅拌，这就是腌肉用的酱汁。

（2）原料肉修整　把牛里脊切成约 0.5cm 厚的肉片。

（3）腌制　把切好的牛里脊放入腌肉酱汁中，放冰箱冷藏 1h，使牛肉能更加入味。

（4）烤制　烤盘上铺上锡纸，然后将肉一片一片地均匀码放在烤盘上，然后倒入少许剩余酱汁，放入预热好的烤箱中，用 200℃的温度烤约 8min，中间拿出翻面一次。

二十四、烤菠萝牛扒

1. 配方

牛里脊肉 750g，牛夹板肉 125g，菠萝（罐头）150g，葱头 130g，青椒 50g，色拉油 50g，柠檬汁 20g，香菜 20g，蒜瓣 25g，丁香 20 粒，精盐 5g，胡椒粉 3g。

2. 工艺流程

原料肉修整→腌制→烤制

3. 操作要点

（1）原料肉修整　将牛肉洗净切块，用刀拍成约 1cm 厚的牛扒。牛夹板肉洗净切片。

（2）腌制　葱头、青椒、香菜、蒜瓣洗净切末，备用。将牛扒、精盐、胡椒粉、葱头末、蒜末、柠檬汁、色拉油、香菜末放在一起搅匀腌制约 1h。

（3）烤制　腌制好后码入烤盘内，一块牛扒放一片菠萝，再横、竖放上 2 片牛夹板肉成十字形，中间放入 4 粒丁香，浇上菠萝汁，放进 210℃的烤箱烤至熟香即可。

二十五、西式烤牛肉

1. 配方

牛肉 50kg，腌制液 5kg（其中含混合粉 6%、食盐 5%、卡拉胶 1%、淀粉 2%）。

涂料配方：花椒粉含量为 50%，辣椒粉含量为 30%，小茴香含量为 20%。

2. 工艺流程

原料肉整理→盐水注射→滚揉→涂料→烘烤→包装→成品

3. 操作要点

（1）原料肉整理　选择符合卫生要求的鲜牛肉为原料，剔除脂肪、筋腱、淋巴等，再分割成 2kg 的肉块，洗净，沥干水分。

（2）盐水注射　用多针头盐水注射机将腌制液按增加 10%质量的要求注射到牛肉中。

（3）滚揉　将注射过腌制液的牛肉放入真空滚揉机中，在 0～4℃的温度下，顺时针方向转 20min，停转 10min，再逆时针方向转 20min，再停转 10min，如此连续滚揉 6h。

（4）涂料　将滚揉好的肉块取出切成 8cm 长条，表面均匀涂上由花椒粉、辣椒粉和小茴香粉配成的麻辣风味涂料。

（5）烘烤　将涂料后的牛肉放入烤箱，先 90℃烤 30min，再升温至 120℃，继续烤 1h，使肉中心温度达到 73℃，肉色淡红，手按有弹性即可。

（6）包装　将烤好的牛肉晾凉后，按包装规格装入复合薄膜袋内，抽真空后密封包装。

二十六、澳式烤肉

1. 配方

精瘦牛肉 50kg，冰水 18.8kg，精盐 2.5kg，亚硝酸钠 10g，磷酸盐 75g，味精 150g，维生素 C 56.5g，葡萄糖 750g，白糖 900g，孜然粉 1250g，小茴香 1250g，辣椒粉 1250g。

2. 工艺流程

原料修整→盐水配制→注射盐水→滚揉→滚沾、穿钩上架→烘烤→烟熏→蒸熟、冷却

3. 操作要点

(1) 原料修整　修割掉牛肉上的骨头、脂肪、淤血、淋巴、污物、杂质后，切成 2kg 左右的精瘦牛肉块，放入腌制间控制肉温在 7℃ 以下。

(2) 盐水配制　对原料肉称重，确定盐水需要量，盐水的配制顺序是：磷酸盐—葡萄糖—香辛料水（煮水放凉）—精盐—亚硝酸钠。每种添加料都要待完全溶解后，再放另一种，不可同时放入水中溶解，盐水配制完毕（整个过程盐水的温度不能高于 7℃），放入腌制间。

(3) 注射盐水　将配制好的盐水放入注射机的储存罐内，并停滞约 10min 以防注射中产生气泡。注射前首先调整好注射压力和输送板的速度，注射时原料肉厚不可超过 10cm，连续输入注射，允许减少注射盐水量的 10%，不足部分可在滚揉中加入。

(4) 滚揉　滚揉机转数为 6r/min，连续滚揉 10h，保持室温 4～6℃。出机后的肉温 6～7℃，滚揉结束时肉块柔软，用手指按压肉块无弹性，具有可塑性，肉的表面被凝胶物质均匀包裹，表面很黏，具有光泽，切开断面呈玫瑰红色。

(5) 滚沾、穿钩上架　滚揉好的牛肉放在由孜然粉、小茴香粉、辣椒粉等混合均匀的料面上进行滚沾至全部肉块沾布均匀，并逐块地穿在钩子上，挂在炉架上，每块肉之间要保持一定的间距，便于蒸、熏、烤均匀。

(6) 烘烤　挂好架的牛肉，推进连续式烟熏炉内，炉温 75℃，烘烤约 40min，烘烤至肉块表面出现一层硬膜，手摸外表较硬，即烤好。

(7) 烟熏　烟熏时把红糖和木屑内放入 250g 水，拌好后放入熏烟筒内，炉温 75℃，熏 20min 即可。

(8) 蒸熟　炉温 84℃ 时间 50min，待牛肉的中心温度达 72℃ 时，保持 20min 即可出炉。出炉前打开排气阀约 5min，然后，再烤熏一次，约 5min 即可出炉。

(9) 冷却　出炉后的澳式牛肉，放在通风处，自然冷却至中心温度 10℃ 以下，然后卸钩装箱、过磅、入成品间。

二十七、烤鲜牛肉

1. 配方

鲜牛肉 45kg，食盐 0.55kg，食用油 7.5kg，水 20kg，黄酒 0.125kg，辣椒粉 1kg，花椒粉 0.2kg，白糖 3kg，味精 0.15kg，天然香料 0.125kg，生姜末（粉）1kg，芝麻 1kg。

2. 制作方法

(1) 精选鲜牛肉，剔除筋、皮、油后切成 12cm×12cm 大小的块。

(2) 将切好后的牛肉块按牛肉质量的 1% 加入食盐，无须其他配料，腌制 1～2h。腌制时需拌匀。

（3）将腌制好的牛肉块，放入蒸锅中蒸制。蒸制时间为蒸汽上汽后 40～60min，牛肉块必须蒸至熟透。

（4）蒸好后，自然冷却，将牛肉块切成 6～8mm 厚的片状，并进一步切成 4～6cm 长的小长条。

（5）切好后，置于烧热后的食用油中炸至金黄色出锅。

（6）取食用油倒入锅内烧热，加入生姜末（粉）1kg，炸干生姜水分后，加入花椒粉，略炸后，放入辣椒粉，并加入清水，烧开。将炸好的牛肉放入锅内，并加入黄酒、食盐、白糖，用大火煮透，改用中火熬煎，再用文火收汁，收汁时间为 1～2h，至水分全部收干。

（7）水分全部收干，仅剩油汁后，加入炒好的芝麻、味精、天然香料，拌匀后出锅。

（8）将出锅后的牛肉放入容器内，并进行消毒灭菌，趁热灌装。

（9）将消毒灭菌后的牛肉真空包装，即得成品烤鲜牛肉。

二十八、清香型烤牛肉

1. 配方

精选牛肉 100kg，辅料 5kg，大骨汤料 5kg，青花椒油 2.5kg，食盐 12kg，白糖 10kg，味精 1.2kg，胡椒 2.5kg，黄酒 2kg，白酒 5kg，香料液 5kg。

香料液配方：花椒 1kg，小茴香 4kg，山奈 3kg，桂皮 0.5kg，青蒿 0.5kg，丁香 1kg，干姜 10kg，石菖蒲 1kg，八角 2kg，草果 1kg，大风药 1kg。

大骨汤料配方：牛筒子骨 10kg，清水 50kg，葱头 1kg，生姜 1kg，食盐 2kg。

青花椒油配方：色拉油 20kg，青花椒粉 5kg。

2. 制作方法

（1）精选切片　精选黄牛后腿肉，剔去肉中的筋膜和膘油；顺着肉块的纹路切成厚度为 1～1.5cm 的肉条。

（2）预备腌制辅料　将香料液各组分分别粉碎、混匀，然后加 150kg 清水浸泡 30min，再用大火煮至沸腾，然后用小火煎煮 30min，过滤收取煎煮液。将滤渣重新加入 120kg 清水煎煮，沸腾后用小火煎煮 25min，过滤收取煎煮液；然后再将滤渣重新加入 90kg 清水煎煮，沸腾后用小火煎煮 20min，过滤收取煎煮液。合并 3 次的煎煮液，静置 12h，最后将煎煮液浓缩至 60kg，即得到香料液。按照配方取食盐、白糖、味精、胡椒、黄酒、白酒、香料液充分混合拌匀即得辅料。

（3）预备大骨汤料　取牛筒子骨，锤断后在大火上烧烤直到散发出香味，放入装有清水的大锅中用旺火烧沸，并除去泡沫，然后放入葱头、生姜、食盐，用微火熬煮 200～250min，过滤取液即得大骨汤料。

（4）腌制　按配方将辅料及大骨汤料在 10～20℃ 下混合拌匀，然后放入切好的肉条中，再放入真空滚揉机中滚揉 40min，滚揉均匀，然后放入腌制库腌制。腌制库温度控制在 0~8℃，腌制时间为 15~16h。

（5）烘烤　将腌制好的肉条均匀、无重叠地铺在网状不锈钢盘内，放入温度为 100~130℃ 的烘烤柜内，烘烤 1.5~2h，直至肉条表面变色无水分。

（6）取型　按照肉条的肌肉纹理取型，切成长 10cm、宽 4~5cm、厚 0.5~0.8cm 的肉片。取型后，将新切面进行二次烘烤，温度为 100~125℃，烤至肉条表面变色无水分。

（7）蒸煮　将蒸煮水煮沸后，将烤制取型后的肉片放入蒸盘里，用消毒干燥的白布将肉盖住，熏蒸 30min。

（8）调味　将蒸煮后的肉片按照重量比加入 2.5% 的青花椒油，搅拌均匀，得到清香型原味烤牛肉。所述的青花椒油是按配比将色拉油放入炒锅中烧至冒烟无气泡，静置冷却至 110~120℃，再放入青花椒粉，不断搅拌至花椒油达 100℃，静置冷却后过滤去渣即得。

（9）包装灭菌　将调味后的烤牛肉进行称量，装入灭菌后的食用包装袋，抽真空封口，再进行 121℃ 恒温恒压 25min 灭菌，然后冷却装箱入库，即做成清香型烤牛肉成品。

二十九、花香纳豆酱烤牛肉

1. 配方

牛腱子肉 1200g，食盐 10g，白糖 12g，酱油 20g，辣椒油 3g，黄酒 40g，甜面酱 60g，豆瓣酱 20g，烤纳豆粉 5g，鲜花酱 20g，花椒 5g，红辣椒 4g，生姜 12g，八角 4g，鸡精 5g，茴香 2g。

鲜花酱配方：丁香花 2g，云雾果 2g，鸡蛋花 1g，纳豆 3g，牛油果 2g，白萝卜 5g，白糖 10g，白葡萄酒 1g，蜂蜜 5g。

2. 制作方法

（1）鲜花酱的制备方法　取丁香花、云雾果、鸡蛋花、纳豆、牛油果、白萝卜混匀后，打浆，向所得浆料中加入白糖、白葡萄酒、蜂蜜，搅拌 4min，静置 4h 后，于 90℃ 下熬煮 4h，取出，冷却，即得。

（2）烤纳豆粉的制备方法　将碎纳豆用热水烫过，以去除黏性，然后将纳豆于红葡萄酒中浸泡 8h，取出洗净后，先晾干，放入烤箱中于 150℃ 下烤制 12min 后，磨粉，即得烤纳豆粉备用。

（3）将牛腱子肉洗净后放入水中煮 40min，撇去浮沫，将煮后的肉块捞出冷却备用，所述的水中还含有占水质量 6% 的食盐、2% 的维生素 E 片剂。再将预煮后的肉块按配比与其余原料混匀，加入适量水中熬煮 45min，熬煮完全后，取出沥干水分。将沥干水分的肉块经刷油、烘烤后，真空包装，即得成品。

三十、烤牛舌

1. 配方

牛舌 500g，粗盐适量，胡椒粉 5g，苹果醋 10g，橄榄油 10g，芥末酱 3g，胡椒少许，小红萝卜 3 个，柠檬 1 个，鸡蛋 1 个，迷迭香 4 枝，百里香 7 枝。

2. 制作方法

（1）将牛舌洗净，加入胡椒粉，用手涂匀。

（2）向容器中加入蛋白，用打蛋器打上泡，加入粗盐、2 枝迷迭香、5 枝百里香混合拌匀。

（3）在烤盘上铺上铝箔纸，再铺上一层粗盐，放上牛舌和 2 枝迷迭香、2 枝百里香，再铺一层粗盐，将牛舌包上，放进烤箱以 200℃的温度烤 50～60min。

（4）将小红萝卜切成装饰用，将柠檬切成小块。

（5）将烤好的牛舌放置 15min 后，切割开外层的盐包，取出牛舌，切成片状，装盘即可，食用时可挤少许柠檬汁。

第四节　其他制品

一、无为熏鸭

1. 工艺流程

选料→屠宰加工→腌制→烫皮→熏制→煮制→成品

2. 操作要点

（1）选料　选用肌肉发达、体肥肉嫩、体重约 2.5kg、健康无病的当年鸭。

（2）屠宰加工　宰杀，放血，浸烫，脱毛，腋下开膛。去内脏，洗干净。

（3）腌制　每只鸭用食盐 60g，硝酸钠 1g。将食盐和硝酸钠混合均匀，从鸭体右腋下切口放入体腔。使鸭体反复滚动翻转，同时配合摔打，以利硝盐在体内分布均匀。然后取适量食盐均匀擦于鸭体表面，并向口腔和刀口部位抹入少量食盐，将鸭叠放在缸中腌制约 4h，中间要翻倒一次。

（4）烫皮　鸭腌好后取出，肛门插一竹管，以便水出入体腔。然后将鸭放入沸水中浸烫，待全身皮肤绷紧、外观肥满时提出，约需 1min。晾干水分。若体表有浮沫要用湿布擦掉。

（5）熏制　用一只大铁锅，内放木料燃烧后的余火，上面撒入锯末，再放上铁丝网架，将鸭放在网上，加盖烟熏 5min 后，开盖，将鸭体翻身，加盖继续熏 5min 左右，待鸭体表呈黄色时取出。

（6）煮制　每 10 只鸭用酱油 1.25kg、白糖 150g、生姜 150g、葱 100g、八角 20g、花椒 20g、小茴香 5g、桂皮 15g、丁香 5g。锅中加水，同时把配料加入，香辛料须用纱布包好。旺火烧开，待煮出料香味时，约 20min，将鸭入锅，上面用算子压住，以避免鸭体上浮，焖煮 10min。然后将鸭提起，流出体腔内的水分，再入锅。微火烧煮 30min 即可。食用时，将鸭切块装盘，淋上小磨香油，佐以香醋。

二、江北熏鸭

1. 配方

鸭 10 只，酱油 1.25kg，白糖 150g，葱 100g，八角 20g，花椒 20g，小茴香 5g，桂皮 15g，丁香 5g，硝酸钠 5g。

2. 工艺流程

原料选择→屠宰加工→除内脏→腌制→烫皮→熏制→煮制→成品

3. 操作要点

（1）原料选择　选用无病健康、体重约 2.5kg 的当年鸭，要求肌肉发达、体肥肉嫩。

（2）屠宰加工　按常规方法采用颈部宰杀放血，刀口不宜过大、过深，放血要充分，否则影响皮肤的色泽。头部向下放血 14min 左右即可浸烫煺毛。浸烫水温应维持在 60～65℃，鸭体入水，后要随时上下翻动，经 1～2min 之后，当头部羽毛用手指一推即掉，翅膀上的长毛一提即脱时，立即将鸭从热水中捞出，烫的时间不能过长。捞出之后，煺净羽毛，用清水洗净。

（3）除内脏　开膛之前，切掉翅尖和小腿，然后在右腋下胸侧壁中部纵切 5～7cm 的直口，切开皮肤，打开体腔，取出内脏。然后将鸭子放在冷水中洗净，再将鸭子放在清水中浸泡 2h 左右，浸出肉中残留的血液，使皮肤洁白，随之将洗净的鸭子挂起沥干水分。

（4）腌制　将腌料混合均匀，从鸭体右翅膀下切口处放入体腔内，使鸭体反复滚动翻转，同时配合摔打，以利于硝酸钠在体内分布均匀。然后取适量食盐均匀擦于鸭体表面，并将口腔和刀口部位将鸭放在缸中腌制约 4h，中间要翻缸 1 次。

（5）烫皮　将腌好的鸭子取出，肛门插一段竹管，以便水出入体腔。然后放入开水中浸烫，待鸭全身皮肤绷紧、外观肥满时提出，约需 1min。晾干水分。如果鸭体表面有浮沫时，可用湿布擦掉。

（6）熏制　简便的方法是用大铁锅，内放木料燃烧后的余炭火并在其上撒入锯末，再放上铁丝网架。将鸭子放在网上，加盖烟熏 20min 后，开盖将鸭体翻身，再加盖继续烟熏 5min 左右，等鸭体表面呈黄色时取出。

（7）煮制　锅中放水，同时把配料和用纱布包好的香辛料加入，旺火烧开，待 20min 煮出香味时，将鸭子放入锅中，上面用珠帘压住，以免鸭体上浮。水烧开后，焖煮 10min。然后将鸭子提起，将体腔的水倒出，再放入锅中，小火烧煮 30min 即可。

三、尤溪卜鸭

1. 配方

按 100 只鸭计：水 100kg，食盐 6kg，酱油（原汁）3.5kg，桂皮 400g，鲜姜（切丝）500g，大葱（切段）250g，味精 50g，花椒 500g，八角 500g，大蒜（去皮）250g。

2. 工艺流程

原料选择→宰杀→煮制→熏制→成品

3. 操作要点

（1）原料选择　要选取较肥大的鸭（1.75kg 左右）。

（2）宰杀　宰杀后收拾干净，在肛门和胸前处各剪一小口，掏去内脏，洗净，将 75g 食盐装入腹腔内。

（3）煮制　入白水锅煮熟盛起，趁热在鸭身上抹上细盐，或刷上酱油待用。

（4）熏制　在干铁锅底铺上 100g 大米和一小撮茶叶，上架一铁丝网（铁丝网距锅底约 15cm 左右），将鸭放在铁丝网上，盖上锅盖，盖边缝隙用湿布围好，务使之密闭。灶下用小火，使锅底的米、茶叶缓烧成烟，熏透全鸭。待锅边冒出的烟气由白色转为黄色时即可出锅。

四、樟茶鸭

1. 配方

按 100 只鸭计，鸭坯净重 100kg。精盐 5kg，葱段、姜片少许。

香料配方：八角 750g，花椒 1kg，桂皮 500g，陈皮 250g，草果 250g，灵草 350g，排草 500g，干姜 500g，葱 500g。

2. 工艺流程

原料选择→宰杀→煮制→熏烤→蒸制→油炸→成品

3. 操作要点

（1）原料选择　选用膘肥肉嫩的当年健康活鸭为原料。

（2）宰杀　将鸭宰杀、放血、煺毛后，腹下全开膛，取出内脏，用水洗净，然后将光鸭在背尾部横开 6～7cm 长的口子。掏出内脏，割除肛门上的腺体，洗净。

（3）煮制　将香料（先用布袋装好，扎紧口）放入干锅肉，加足水（须淹没鸭子），放在火上煮出卤，端离炉火晾凉，撇净卤而上的浮沫杂质。然后将鸭子浸入卤内，使卤汁渗透鸭肉，以增加香、味和色泽。春、冬季节约浸 6h；夏、秋季约浸 4h，过久鸭皮可能变黑。浸好后取出晾干。

（4）熏烤　在另一干锅内铺上樟木屑、红茶叶、水果皮等熏料，熏料上架铁丝网，网上放鸭子，盖严，开大火，使熏料烧冒烟，熏约 15min，见鸭皮呈淡黄色停止。

（5）蒸制　取出鸭子上笼蒸到七成熟。

（6）油炸　下热油锅炸到鸭皮转金黄色时，斩下颈头；起下腿和翅膀；鸭身分两半，再斩成 3cm 长、1cm 左右宽的长条。放入盘内，摆成整鸭形状（脯肉在上，头对劈开）即成。

五、成都耗子洞张鸭子

1. 配方

白条鸭 100 只（净重约 100kg），花椒 200g，胡椒 25g，姜 250g，葱 250g，八角 100g，小茴香 100g，桂皮 15g，白酒 150g，白糖 250g，味精 15g，食盐 10kg。

2. 工艺流程

选料→宰剖→泡制→出坯→熏制→卤煮→成品

3. 操作要点

（1）选料　选用符合卫生检验要求的肥子鸭，作为加工的原料，每只重1000～1250g。

（2）宰剖　宰杀后去毛，清洗干净，腹下开膛，将喉管、食管、内脏全部去除，把鸭身内外漂洗干净。

（3）泡制　用清水 100kg、食盐 10kg、花椒 200g 制成盐水，盛入缸内，把鸭子放入浸泡。夏天浸泡 2～3h 即可取出缸，冬天可在第二天出缸。

（4）出坯　出缸后的鸭子放入沸水中浸烫一下，使鸭皮伸展，再将皮外油脂和水汽擦洗干净。

（5）熏制　将鸭子放入烟熏炉，用稻草烟熏，使鸭身熏成金黄色，即为半成品。

（6）卤煮　除食盐 10kg、花椒 200g 用于泡制鸭坯外，其余辅料全部用于熬制卤水，再将烟熏后的鸭坯放入熬制好的卤水中，卤制约 0.5h，即为成品。如用老鸭，要卤制 2h 左右。

六、重庆王鸭子

1. 配方

活鸭 10 只，食盐 300g，花椒 30g，酱油 400g，冰糖 90g，老酒 100g，五香粉 6g，山奈 10g，八角 20g，小茴香 15g，草果 10g，排草 10g，甘松 15g，丁香 6g，砂仁 8g，桂片 30g，胡椒 6g，老姜 100g，糖色 30g。

2. 工艺流程

选料→宰剖→整形→腌制→烫皮→熏制→卤煮→成品

3. 操作要点

（1）选料　选用符合卫生检验要求的肥子鸭，作为加工的原料，每只重1250～1500g。

（2）宰剖　选好的活鸭在颈部下刀，刀口要小，放净血，去净毛羽，冲洗干净，成白条鸭。

（3）整形　白条鸭斩去鸭足、鸭翅，从腹下剖开，取出内脏，洗净、沥干。

（4）腌制　食盐炒热，起锅时撒入花椒（25g），舀入盆中晾凉，加入五香粉，拌匀，遍抹鸭体，胸、腿肉厚处多抹，进行腌制。夏季腌1.5h，冬季需腌7～8h，冬至后腌1～2天。

（5）烫皮　锅内加水，烧开，放入腌好的鸭体，烫至"伸皮"，捞出，挂起，用净布擦干鸭体。

（6）熏制　熏炉放上糠壳、锯末、柏枝等熏料，点燃，发烟，无明火，放入干鸭体，进行熏制。熏制过程中，鸭体需翻2次，直至熏呈枇杷黄色，出炉。

（7）卤煮　香料用纱布包起来，放入锅内熬煮1h，撇去浮沫，再放入其余辅料，放入熏鸭，用木条盖上，并压以重物，卤煮20～25min，至腿肉离骨即起锅，挂起，即为成品。

七、塘栖熏鸭

1. 配方

活鸭10只（共计约20kg），食盐0.5kg，食用油适量。

2. 工艺流程

选料→宰杀→开膛、去内脏→腌制→整形→熏制→煮制、搽油→成品

3. 操作要点

（1）选料　选用饲养90天左右，每只重约2kg的健壮的活鸭，以肉嫩骨脆为加工的上乘原料。

（2）宰杀　活鸭宰杀，放尽血，煺净毛羽。

（3）开膛、去内脏　白光鸭在肛门上方，开一个不到3cm的口，从口取出鸭的内脏，口不能开大，否则将影响其外观。将取完内脏的鸭体洗净，放入水温在80℃的水中，浸泡1min，如水温为90℃可浸半分钟，以使鸭体皮肉松弛，便于熏烤。

（4）腌制　浸泡好的鸭体上挂沥干水分，擦盐，鸭腹加少量的盐，进行腌制。

（5）整形　腌好的鸭坯要进行整形，先用手掌按压鸭的胸、侧、背等部位，再

将两腿骨向两侧扳折。经过整形的鸭坯，体内用木条撑开，把翅膀、鸭头分别固定。

（6）熏制　熏制是制作熏鸭的关键。火候要适中，用见烟不见火的木屑烟熏烤。约熏30min，其间要经常翻动鸭身，直至鸭金身呈红亮色为宜。

（7）煮制、搓油　熏好鸭坯放入98℃的水中，烧煮30min。在烧煮过程中，鸭坯要不停地在水中拎上拎下，以便从里至外均匀地煮熟，用竹签戳鸭腿或鸭胸，以不见血水滴出为好。煮好的鸭坯，取出，散热，晾干，搓油，即为成品。

八、北京烤鸭

1. 配方

北京填鸭1只（约2kg），麦芽糖水适量。

2. 工艺流程

选料→制坯→上色→风干→烤制→切刀

3. 操作要点

（1）选料　选用经过填肥的表皮完整的北京填鸭，这种鸭皮薄，肌肉纤维间夹有白色脂肪，肉质细嫩丰腴，以55～65日龄重2.5kg以上的填鸭最为适宜。

（2）制坯　宰杀后，经过剥离食道周围的结缔组织，打开颈处的气门，从气管处打气，让气体充满在皮下脂肪和结缔组织之间，促使其皮肉分离，使它保持膨大壮实的外形。然后在翼下开膛，使鸭体丰满美观。

洗去胸腹腔内的污水，洗腔的清水保持4～8℃，将鸭体浸入水中，水由创口入鸭体腔，提起倒去腔内积水，再浸，再倒出。如此重复几次，直到洗净为止。

拿鸭钩在鸭胸脯上端4～5cm的颈椎骨右侧下钩，钩尖从颈椎骨左侧穿出，将坯牢固挂住，然后用100℃的沸水烫皮，第一勺沸水洗烫刀口处的侧面，使皮肤紧缩，防止跑皮，再次淋烧剩余部分。一般情况下，用三勺水即可把鸭坯烫好。烫制的目的是避免在烤制时油从毛孔中流出，烤鸭使表皮质凝固，以使皮层酥脆。

（3）上色　用1份麦芽糖和6份水的溶液在锅内煎成棕红色。和烫皮的方法一样，用勺盛满糖水，先淋两肩，再淋两侧，通常三勺糖水即可淋遍鸭身。挂糖的目的在于使烤制后的鸭体呈枣红色，使表皮酥脆，适口不腻。在实际操作中，往往将烫皮和浇挂糖色合二为一。

（4）风干　将烫皮、挂了糖色的鸭坯，放在阴凉、通风处进行晾皮，以蒸发肌肉和皮层中的水分，使鸭坯干燥，在烤制中更能增加皮层的脆性并保持胸脯不跑气、下陷（这道工序也叫晾皮），最后在进炉之前，还要"灌汤"和"打色"，即向体腔内灌入100℃的汤水70～100mL，使进炉后一遇高温便急剧汽化，"外炙内蒸"，双面夹攻，才能达到外脆内嫩的特色。打色就是在灌汤后再向鸭坯表皮淋浇2～3勺糖液，以弥补挂糖色不均，灌汤中冲刷掉的糖色。这样，进炉的制坯工艺才完成。

（5）烤制　烤鸭炉有挂炉、焖炉、转炉。最常用的是挂炉，挂炉烤鸭是利用反射热进行燎烤（即鸭不见明火），烤炉要有稳定的炉温，要掌握好火候。正常的温度应在230～250℃，温度过高会使鸭皮抽缩，两肩、上半部发黑并焦化；温度过低又会使鸭脯呈皱形甚至塌陷。所以，温度的过高或过低都会影响质量。

鸭坯进炉后，先挂在炉膛的前梁上。使右侧刀口向火，以利高温首先辐射进入腔内，促使汤水汽化蒸腔，待到鸭坯右侧呈金黄色时，再以左侧向火，直至出现同样色泽为止。然后背部向火，直至出现同样的颜色为止。再用烤鸭杆挑起并旋转鸭体，烘烤胸脯、下肢（但不直接烤腹部，以免出油太多）等部位。这样，左右旋转，反复烘烤，使鸭坯正背面、左右侧都呈现橘红色，便可送到烤炉的后梁，背向炉膛，继续烘烤，直至鸭的全身都出现枣红色，即可出炉。这时，鸭体从皮层里面向外渗透油脂，体重因水分蒸发显著减轻，一般失重1/3左右。体腔内的汤水清澈透明，呈白色，并带有凝固的黑色血块，这些都表明鸭已经烤熟了，因加工季节，鸭坯的质量不同，烤制时间长短不一，一般30～50min即可。时间过短，烤鸭不透，香味不浓；过长，出油太多，使皮形成空表皮层（皮薄如纸），失去了烤鸭脆嫩的独特风味。鸭坯肥硕或冬天，烤时相应长点，反之，短一些。母鸭烤时略长。

（6）切刀　鸭子离炉后稍挂几分钟即可开片。好的厨师，能在几分钟内（5min以内）把一只烤鸭片成100～200片，而且片片有皮、有肉。片削鸭肉，第一刀先把前胸脯取下，切成丁香叶大的肉片，随后再取右上、左上脯肉，各4～5刀，然后掀开锁骨，用刀尖顺着脯中线，靠胸骨右边剔一刀，使骨肉分离，便可从右侧的上半部顺序往下片削，直到腿肉和尾部。左侧的刀法和右侧相同。切削的要求是手要灵活，刀要斜坡，做到每片大小薄而均匀，皮肉不分离。

九、长沙烤鸭

1. 配方

樱桃谷鸭（肉鸭）数只，麦芽糖浆适量。

2. 工艺流程

选料→原料整理→烫皮→挂糖色→晾皮→灌汤、打色→挂炉烤制

3. 操作要点

（1）选料　制作长沙烤鸭的原料应选用经过填肥、活重2.5～3kg、饲养期为40～50天的肉鸭或樱桃谷鸭，或重2kg左右的鸭。

（2）原料整理　将活鸭倒挂宰杀放血，再用62～63℃的热水浸烫、褪毛。剥离食道周围的结缔组织，把脖颈抻直。将打气筒的气嘴从刀口插入鸭的皮肤与肌肉之间，向鸭体充气，让气体在皮下脂肪和结缔组织之间充满，使鸭子保持膨大的外形。然后在鸭右翼下开膛（刀口呈月牙形状），取出内脏，并用7cm长的秸秆由刀

口送入膛内支撑胸膛，使鸭体造型美观。清洗胸腹腔。将 4～8℃ 的清水从鸭的右翼下灌进胸腹腔，然后把鸭体倒立起来倒出胸腹腔内的水，如此反复数次，直至洗净为止。

（3）烫皮　用铁钩在鸭胸脯上端 4～5cm 的颈椎骨右侧下钩，钩尖从颈椎骨左侧穿出，使铁钩穿钩在鸭颈上，将鸭坯稳固挂住。然后用 100℃ 的沸水烫皮。先烫刀口处及其四周皮肤，使皮肤紧缩，防止从刀口处跑气。接着再浇烫其他部位。一般情况下，用 3 勺水即可把鸭坯烫好。烫皮的目的在于使鸭体表皮毛孔紧缩，烤制时减少从毛孔中流失脂肪；另外能使皮肤层蛋白质凝固，烤制后表皮酥脆。

（4）挂糖色　烫皮后便在鸭体上浇淋 10% 的麦芽糖水溶液。先淋两肩，后淋两侧。通常 3 勺糖水即可淋遍鸭的全身。上糖色的目的是使烤制后的鸭体呈枣红色，同时增加表皮的酥脆性，适口不腻。

（5）晾皮　将烫皮挂糖色后的鸭坯放在阴凉通风处晾皮。目的是蒸发肌肉和皮层中的一部分水分，使鸭坯干燥，烤制后增加表皮的酥脆性，保持胸脯不跑气下陷。

（6）灌汤、打色　制好的鸭坯在进入烤炉之前，先在鸭体腔内灌入 100℃ 的汤水 70～100mL，称为"灌汤"。目的是强烈地蒸煮腔内的肌肉脂肪，促进快熟，即所谓"外烤里蒸"，使烤鸭达到外脆里嫩的特色。灌好汤后，再向鸭坯表皮浇淋 2～3 勺糖液，称"打色"。目的是弥补挂糖色不均匀的部位。

（7）挂炉烤制　烤鸭能否烤好，很重要的一条是在于掌握炉温，即是掌握火候。炉温过高或过低，直接影响烤鸭的质量和外形。正常的炉温应在 210～230℃。烤制的方法如下：鸭坯进炉后，先挂在炉膛的前梁上，先烤右侧刀口的一边，使高温较快进入体腔内，促进腔膛内汤水汽化。当鸭坯右侧呈橘黄色时，再转烤左侧，直至两侧颜色相同为止。然后用烤鸭杆挑起，并转动鸭体，烧烤胸部和下肢等部位。这样左右转动，反复烤几次，使鸭坯全身呈橘红色，便可送到烤炉的后梁，鸭背向火，继续烘烤 10～15min 即可出炉。

烤制时间视鸭坯大小和肥度而定。一般重 1.5～2kg 的鸭坯，需在炉内烤 40～50min。烤制时间过短，鸭坯烤不透；烤制时间过长，火头过大，易造成皮下脂肪流失过多，使皮下形成空洞，皮薄如纸，从而失去烤鸭独特风味。鸭坯重、肥度高，烤制时间相对长些；母鸭肥度较公鸭高，烤制时间也比公鸭稍长。

十、快商烤鸭

1. 配方

（1）主原料　瘦肉型优质樱桃谷鸭 100kg。

（2）香辛料　八角 0.1kg，花椒 0.08kg，玉果 0.08kg，草果 0.08kg，荜拨 0.06kg，千里香 0.05kg，白芷 0.05kg，良姜 0.05kg。

（3）调味料：精盐 3kg，白糖 1kg，无色酱油 1kg，味精 0.5kg，乙基麦芽酚 0.15kg。

（4）上色涂料：饴糖 4kg，大红浙醋 2kg，冷开水 6kg。

2. 工艺流程

原辅料的验收→原辅料的贮存→原料解冻→清洗整理→配料、腌制→整形→烫皮、挂吹→烤制→检验→成品

3. 操作要点

（1）原辅料的验收　选择产品质量稳定的供应商，对新的供应商应进行安全评价，向供应商索取每批原料的检疫证明、有效的营业执照、生产许可证和检验合格证。对每批原料进行感官检查，对鲜（冻）鸭、精盐、白糖、白酒、味精、食品添加剂（乙基麦芽酚）、食用香辛料等原辅料进行验收，质量应符合国家规定的要求。

（2）原辅料的贮存　鲜（冻）鸭在−18℃贮存条件下贮存，贮存期不超过 6 个月，辅料在干燥、避光、常温条件下贮存。

（3）原料解冻　原料用流动水在常温条件下进行解冻，解冻后在 20℃条件下存放不超过 2h。

（4）清洗整理　修割尾脂腺，去除明显小绒毛和腹腔内残留的气管、食管、肺、肾脏等杂质，用流动水冲洗干净，逐只挂在流水线上，沥干水分。

（5）配料、腌制　按配方规定的要求用电子秤配制各种调味料、上色涂料及食品添加剂。沥干后的原料鸭进入到 0~4℃腌制间里预冷 1h 左右，待鸭胴体温度达 8℃以下备用。香辛料放入 5kg 清水中煮制 30min 后冷却备用。于不锈钢腌制桶放入原料鸭，放入辅料、香料水，混合均匀，反复搅拌，使辅料全部溶解，烧制 12h，中途翻动一次，出料或进入−18℃冷库中存放，烘烤时取出解冻。

（6）整形　用不锈钢挂钩勾住鸭翅下面骨头处，鸭头、鸭腔缠绕在不锈钢挂钩上面或穿在鸭肚子里面（这样鸭头颈部不易变焦黑色）。

（7）烫皮、挂吹　饴糖、大红浙醋、冷开水按比例调成上色涂料，将鸭体放入里面浸没均匀，取出挂在专用架车上风吹干燥 1~2h，待鸭体干爽为止。

（8）烤制　电烤箱温度上升到 100℃时，把吹干的烤鸭坯挂在里面，背部朝外，腹部朝里，上升温度到 180℃左右时改用小火保持温度，烤 20min 左右。换位翻转烤腹部，再继续烤 20min 左右，此时色泽基本均匀时，最后上升温度到 210℃保持 5min 左右，产品出油、红亮有光泽时即可出炉。

十一、啤酒烤鸭

1. 配方

（1）主原料　瘦肉型优质樱桃谷鸭 100kg。

（2）香辛料　八角 0.1kg，花椒 0.08kg，玉果 0.08kg，草果 0.08kg，荜拨 0.06kg，千里香 0.05kg，白芷 0.05kg，良姜 0.05kg。

（3）调味料　啤酒 5kg，精盐 3kg，白糖 1kg，生姜汁 1kg，味精 0.5kg，香菇 0.25kg，大葱 0.25kg，复合磷酸盐 0.3kg，乙基麦芽酚 0.015kg。

（4）上色涂料　饴糖 4kg，大红浙醋 2kg，冷开水 6kg。

2. 工艺流程

原料解冻→清洗→整理→配料、腌制→整形→烫皮、挂吹→烤制→成品

3. 操作要点

（1）原料解冻　选用 1～2kg 原料用流动水在常温条件下解冻，解冻后在 20℃ 条件下存放不超过 2h。

（2）清洗、整理　修割尾脂腺，去除明显小绒毛和腹腔内残留的气管、食管、肺、肾脏等杂质，用流动水冲洗干净，逐只挂在流水线上，沥干水分。

（3）配料、腌制　按配方规定的要求用电子秤配制各种调味料、上色涂料及食品添加剂。沥干后的原料鸭进入到 0～4℃ 腌制间里预冷 1h 左右，待鸭体温度达 8℃ 以下备用。香辛料放入 5kg 清水中煮制 30min 后冷却备用。于不锈钢腌制桶放入原料鸭、辅料、香料水，混合均匀、反复搅拌。使辅料全部溶解，腌制 12h，中途翻动一次，出料或进入 -18℃ 冷库中存放，烘烤时取出解冻。

（4）整形　用不锈钢挂钩勾住鸭翅下面骨头处，鸭头、鸭脖绕在不锈钢挂钩上面或穿在鸭肚子里面。

（5）烫皮、挂吹　饴糖、大红浙醋、冷开水按比例调成上色涂料，将鸭体放入里面浸均匀，取出挂在专用架车上风吹干燥 1～2h，待鸭体干爽为止。

（6）烤制　电烤箱温度上升到 100℃ 时，把吹干的烤鸭坯挂在里面，背部朝外，腹部朝里，上升温度到 180℃ 左右时改用小火保持温度，烤 20min 左右。换位翻转烤腹部，再继续烤 20min 左右，色泽基本均匀一致时，最后上升温度到 210℃ 保持 5min 左右，产品出油、红亮有光泽时，即可出炉。

十二、烧烤肉串

1. 配方

去皮鸭脯 100kg，白糖 3kg，精盐 2kg，味精 0.5kg，白酒 0.5kg，辣椒粉 0.25kg，胡椒粉 0.05kg，五香粉 0.05kg，乙基麦芽酚 0.05kg，亚硝酸钠 0.015kg。

2. 工艺流程

原料选择→解冻→清洗切丁→配料、腌制→整理→烤制→称重、包装→杀菌→冷却→检验→产品包装→成品入库

3. 操作要点

（1）原料选择　选用经兽医宰前检疫、宰后检验合格的原料。

（2）解冻　用流动自来水或在常温下自然解冻。

（3）清洗切丁　用自来水冲洗干净，把鸭脯切成 2cm×2cm 小方块。

（4）配料、腌制　按配方规定的要求用电子秤配制各种调味料和食品添加剂，辅料混合均匀，把鸭肉丁倒入不锈钢腌制盘中，放入铺料反复搅拌均匀，搁置 30min 后再搅拌一次，腌制 1h 左右可以出料。

（5）整理　用 30cm 竹竿，把鸭肉粒均匀串在上面，每串约 10 块左右，每块净重 50g，排列在周转盘中待用。

（6）烤制　把鸭肉串均匀排列在烤制盘中，送到 180℃左右的烤箱中，进行 15min 左右烤制。烤至成熟，取出冷却。

（7）称重、包装　包装按规格要求称重，排列整齐，用真空包装袋包装。

（8）杀菌　杀菌式：10min—20min—10min（升温—恒温—降温）/121℃，反压冷却。

（9）冷却　用流动自来水冷却 1h，取出，上架，沥干水分。

（10）产品包装　根据包装的规格，装入彩袋中，用封口机封口，同时打印生产日期。

十三、熏鹅

1. 配方

鹅 100 只，水 200kg，食盐 12kg，酱油（原汁）8kg，味精 100g，花椒 1kg，八角 1kg，桂皮 1kg，姜（切丝）1kg，葱（切段）500g，蒜（去皮）500g。

2. 工艺流程

原料选择→宰杀→煮制→熏制→成品

3. 操作要点

（1）原料选择　要选取较肥大的鹅（在 2kg 左右）。

（2）宰杀　在鹅的左侧或右侧下颌骨半厘米处，拔去细毛，割一小口，然后紧握鹅的鼻孔和嘴，不让其呼吸，几分钟后即血尽而亡。宰杀后，必须在 5min 内用 60～65℃的水烫毛。去掉粗毛后，将鹅放入冷水中浸洗，拔净细毛。

（3）煮制　切开净鹅胸腔，除去内脏，切成 6～8 片。放在锅内，加适量食盐与水，放入各种配料，加盖煮至鹅肉基本熟烂，取出沥去水分。

（4）熏制　将锅里的汁水倒出，擦洗干净，在锅内放一张白纸，纸上放茶叶 30g、白糖或红糖 50g。上置一铝制蒸格，将鹅肉均匀地放在蒸格上，盖上锅盖烧火。火势以慢火、小火为好。约 15min，打开锅盖检查一下，看鹅是否已经全部熏黄。如有熏不到的地方，可翻一下继续熏，一直到鹅表面全部熏黄，即可取出食用或上市出售。

十四、广东烧鹅

1. 配方

鹅坯 100kg，麦芽糖 1.2kg，食盐 4.5kg，白糖 900g，蒜头 500g，花生油 500g，五香粉 400g。

2. 工艺流程

选鹅和配料→制坯→烤制→成品

3. 操作要点

(1) 选鹅和配料　选用经过育肥的清远黑鬃鹅（又名乌棕鹅）为好，因为这种鹅体肥肉嫩，骨细而柔。配料按每 100kg 鹅坯计算。五香粉盐的配制：五香粉 400g、精盐 4kg，将两者混合调匀。麦芽糖溶液的配制：每 1kg 凉开水中加入 200g 麦芽糖充分搅匀。

(2) 制坯　活鹅宰杀、放血、去毛后，在鹅体的尾部，开直口，取出内脏，并在关节处除去爪和翅膀，清洗干净，擦干水制成鹅坯，然后在每只鹅腹内放进五香粉盐 1 汤匙，并使之在体腔内均匀分布，用特制不锈倒针将刀口缝好，以 70℃ 的热水烫洗鹅坯，再把麦芽糖溶液均匀涂抹到鹅体外皮，晾干。

(3) 烤制　把已经晾干的鹅坯送进烤炉，鹅背先用微火烤 20min，将鹅身烤干，然后将炉温升高至 200℃，转动鹅体，使胸部向火口烤 25min 左右，就可出炉。在烤熟的鹅身上涂抹一层花生油，即为成品。

十五、广东烧鹅脚扎

1. 配方

鹅脚 100 只，白糖 3.2kg，生抽 2kg，猪肥肉 1.5kg，食盐 1kg，鹅肠 1kg，鹅肝 750g，猪油 700g，姜汁 200g，麦芽糖 100g，南腐乳 5 块。

2. 工艺流程

备料→制作腌料→腌制→烤制→成品

3. 操作要点

(1) 备料　烧鹅脚扎以鹅脚、猪肥肉、鹅肝、鹅肠为原料。将鹅的脚、肠及肥猪肉先用水煮熟，脚最好去骨，肝则利用烧制的卤汁卤熟。每 100 只鹅脚掌用肥肉 1.5kg、鹅肝 750g，均切成长方形的片，肉每片约 10g，肝每片为 5g。

(2) 制作腌料　以上原料按配方用白糖、食盐、生抽、猪油、南腐乳、姜汁搅匀备用。

(3) 腌制　按每只鹅脚掌一片肥猪肉、一片肥肝搭配，用鹅肠扎好，放进已搅匀的腌料中。腌制约 30min。

（4）烤制　腌制后用排环穿上，在炉中烤 15min（炉温掌握在 250℃ 左右）后，取出后淋上麦芽糖溶液（按每 1kg 凉开水均匀加入麦芽糖 200g 配比，用量根据实际需要），即为成品。

十六、烤鹅

1. 配方

鹅坯 100kg，精盐 4kg，酱料 2kg（由豆瓣酱、蒜头、油、食盐、白糖等调制而成），麦芽糖 400g，五香粉 400g，葱 200g，八角、姜、葱适量。

2. 工艺流程

选鹅→宰杀、制坯→烤前处理→挂糖色、晾皮→烤制→成品

3. 操作要点

（1）选鹅　选用经肥育的当年龄子鹅为原料，以 2 月龄、活体质量 2.3～3.0kg 的肉用子鹅为佳，最好是体肥肉嫩、适用于烧烤的品种。

（2）宰杀、制坯　按常规方法宰杀、放血、烫毛、煺毛，右翅下开弯月口净腔，去翅尖、小腿，用清水浸泡洗净，沥干水分。也可以将鹅宰杀放血、煺毛后，沿鹅体的肛门直肠部旋开口，取出全部内脏，用水洗净鹅体，并在关节处切除脚和翅膀，制成鹅坯。

（3）烤前处理　在每只鹅坯腹腔内放五香粉和食盐混合物 1 汤匙，或放进酱料 2 汤匙，并使其在体腔内分布均匀，再用针将刀口缝合好。用 100℃ 的沸水浇淋，使皮肤和肌肉绷紧，可以减少烤制时脂肪流失，也可使烤鹅皮层酥脆。

（4）挂糖色、晾皮　挂糖色以 1 份麦芽糖加 6 份水的比例，在锅内烧成棕红色。用此糖色均匀浇淋鹅体全身，这样不仅使烤鹅呈枣红色，而且增加皮层酥脆性。挂好糖色的鹅坯要充分晾干。

（5）烤制　将晾干的鹅坯挂入炉内，炉温保持在 230～250℃，先把刀口侧向火，以利高温使体腔内汤水汽化。当呈黄色时，再把另一侧转向火，烤至鹅体全身枣红色。一般活体质量 2.5kg 的鹅体需烤 1h 左右，当体腔内的汤水清亮透明、呈白色，并出现有黑色凝血块，说明已熟透。产品出品率 70% 左右。产品以出炉稍凉后即食用最佳。放置时间过长，其色、香、味、形均有变化，产品口感质量有所下降。

十七、新疆特色熏马肉

1. 配方

马肉 100kg，食盐 3kg，白糖 1kg，硝酸钠 40g。

2. 工艺流程

原料肉的选择与预处理→配料、腌制→烟熏→蒸煮→包装→杀菌、冷却→成品

3. 操作要点

（1）原料肉的选择与预处理　选用新鲜优质马腰肉、马大腿肉或冻马肉，剔除可能残留的淋巴、腺体、表面浮脂及污物；切成250～500g大小的肉块，在冷水中浸泡1h左右，将肌肉的余血浸出，洗净后沥干水分。冻马肉需要解冻处理，如果用水作解冻介质，最好水温保持在5～12℃。

（2）配料、腌制　传统腌制法为干腌法，即将食盐、白糖、硝酸钠拌和均匀后，揉擦于肉块表面，将肉块放入腌制容器填满压紧，在2～4℃条件下腌制3～5天。为防止空气进入，可用盖或塑料薄膜覆盖腌制容器。腌制完成后，取出肉块，用清水将表面冲洗干净并沥干水分。或者采用注射腌制法，增重量为原料肉的20%～30%，这样将大大缩短腌制时间。

（3）烟熏　在腌制后的肉块中穿入铁丝，排列挂于烟熏箱内（注意留有适当的距离），点火燃烧锯末进行烟熏。熏烟温度在60℃左右，时间5～6h。或采用烟熏室进行低温烟熏。开始烟熏时，一定要将腌肉表面的污物洗净。如果有被刀割过的肉片还连在制品上，或脂肪收拾得不干净，这些部分将不会有熏烟成分附着，而产生烟熏斑驳。这不仅影响外观，还会从此部位开始出现腐败现象，使制品的保存性明显下降。

（4）蒸煮　烟熏后，将熏肉块置于蒸煮锅的箅子上，利用水蒸气蒸煮，使肉块温度保持在90～100℃，1～2h后出锅。

（5）包装　蒸煮后的成品，按一定规格（250～500g），用聚偏二氯乙烯复合膜进行真空包装。或用铝箔真空包装，其密封性能更佳。

（6）杀菌、冷却　将经抽真空封口的内包装置于高压蒸汽锅内，在115℃下杀菌30min，再冷却至室温，晾干包装表面的水分，即为成品。出品率为60%～70%。

十八、熏马肠

1. 配方

瘦肉75kg，肥肉25kg，食盐2.5kg，白糖2.0kg，硝酸钠50g，调味料50g（包括胡椒、花椒、八角、姜等）。

2. 工艺流程

选料与整理→腌制→切丁→灌制→烟熏→蒸煮、冷却→定量包装→高温杀菌→吹干、外包装→保温检验→成品

3. 操作要点

（1）选料与整理　选用新鲜的马胴体，去骨、筋膜、肌膜后切成适当的小块，并将各种辅料按原料肉的质量配比准备。

（2）腌制　将食盐、白糖、硝酸钠拌和均匀后，揉擦于肉坯两面，放入腌制缸中压以重物，转入温度为2～3℃的腌制室内腌制12～24h。然后将肉坯取出，拍去

盐粒，再切成小块。

（3）切丁　采用切丁机将小肉块切成 1cm 的肉丁，然后加入调料混匀作为肉馅。

（4）灌制　将拌好的肉馅用灌肠机充填于合适的动物肠衣内，每灌到 18～20cm 时即可用麻绳结扎，待肠衣全灌满后，用细针（百支针）打孔排气。将灌好结扎后的湿肠，用清水漂洗 1～2 遍。

（5）烟熏　将灌制后的马肠沥干水分，并排列挂于烟熏室内（注意留有适当的距离），燃烧苹果木进行烟熏。烟熏温度为 50～60℃，时间 6～10h。

（6）蒸煮、冷却　将熏马肠平摆于蒸煮锅的箅子上，在 90～95℃ 的温度下蒸煮 1～2h 后即可出锅、冷却。

（7）定量包装　蒸煮后的熏马肠，按其规格 200g±5g 或 300g±8g 用透明 PVD 膜（用物理气相沉积技术生产的包装材料）进行真空包装。

（8）高温杀菌　内包装后置于杀菌锅内，在 121℃ 下杀菌 25～40min，再用冷水冷却至 20℃ 以下，然后沥干水分。

（9）吹干、外包装　冷却吹干后再用真空封口机进行外包装。

（10）保温检验　将产品取样后，放入恒温箱中，在 37℃±2℃ 下进行 7 天保温检验，检验合格后即为成品。

十九、带骨马肠

1. 配方

带骨马肉 100kg，精盐 3.5kg，孜然粉 400g，硝酸钠 50g，马肠衣适量。

2. 工艺流程

原料选择→切肉→腌制、拌馅→灌装→烤制→煮制→熏制→成品

3. 操作要点

（1）原料选择　选用经兽医卫生检验合格的肥嫩肋条部带有肋骨的马肉作为加工原料。

（2）切肉　将马肋肉沿着肋骨，保持肋骨的完整，切成 1kg 左右的带肋骨的长条形肉条。

（3）腌制、拌馅　切好的肉条加精盐和硝酸钠腌 3～4h，再加孜然粉，调拌均匀。

（4）灌装　每条带骨肋条肉灌一只马肠衣，空隙部分用腌制过的碎马肉充填。

（5）烤制　灌好的马肠挂进 70℃ 的烤房进行烘烤，烘烤 2～3h。

（6）煮制　烤好的马肠放入 90℃ 的水中煮 2～3h，取出沥干水分。

（7）熏制　煮好的马肠再挂进烘房烟熏 2h，即为成品。

（8）成品　熏好的肠体出炉，凉透，即为成品。

二十、河北驴肉肠

1. 配方

驴肉 100kg，精盐 8kg，淀粉 68kg，香油 7.5kg，鲜姜末 6kg，大葱末 4kg，五香粉 300g，花椒面 100g，煮驴肉的原汤 20kg，清水 60kg，亚硝酸钠 6g。

2. 工艺流程

原料选择→绞肉、腌制→拌馅→灌装→煮制→熏制→成品

3. 操作要点

（1）原料选择　选用经兽医卫生检验合格的鲜驴肉作为加工原料。

（2）绞肉、腌制　选好的驴肉剔去筋膜，清洗干净，再用绞肉机绞成 0.5cm 的肉丁。

（3）拌馅　精盐、香油、淀粉、五香粉、花椒面、鲜姜末、大葱末、花椒面、煮驴肉的原汤、清水、亚硝酸钠，混合在一起，搅匀，再倒入驴肉丁里，搅拌均匀，即为馅料。

（4）灌装　新鲜的驴小肠清洗干净，沥去水，再灌入馅料，每 60cm 剪断，两端合并起来，系牢成环状。

（5）煮制　灌好的肠体放入 100℃的沸水锅里，轻轻翻动，如有气泡则针刺排气，水温保持在 90℃以上，煮制 1h 即好。

（6）熏制　煮好的肠体出锅，沥去水分，再放入熏炉里，用红糖为烟熏剂熏制 10min 即好。

（7）成品　熏好的肠体出炉，凉透，即为成品。

二十一、天津驴肉肠

1. 配方

驴肉 100kg，淀粉 80kg，煮驴肉的老汤 120kg，驴油 30kg，食盐 5kg，香油 10kg，大葱 40kg，肉豆蔻 400g，花椒 300g，亚硝酸钠 6g。

2. 工艺流程

原料选择→绞肉→拌馅→灌装→煮制→熏制→成品

3. 操作要点

（1）原料选择　选用符合卫生检验要求的鲜驴肉，作为加工的原料。

（2）绞肉　选好的驴肉绞成 0.5cm 的方丁；大葱剁成碎末。

（3）拌馅　驴肉块加大葱末和全部辅料混合均匀，即为馅料。

（4）灌装　新鲜的驴小肠，清洗干净，再灌进馅料，每间隔 60cm 截断为 1 根，每根要灌八分满，防止撑破肠衣，把肠的两头合并系牢。

（5）煮制　灌好的肠体投入 100℃ 的热水锅里，水温保持 95℃ 以上，煮 1～1.5h，用温度计测量肠体的中心温度达 78℃ 左右即好。

（6）熏制　煮熟的肠体趁热送入烤炉，用糖或木屑作烟熏剂，熏制 20min，出炉，晾凉，即为成品。

二十二、黄羊肉粉肠

1. 配方

黄羊肉 80kg，猪肥膘肉 20kg，淀粉 55kg，食盐 3kg，酱油 10kg，香油 5kg，大葱 5kg，鲜姜 1kg，五香粉 300g，红曲米粉 1kg，清水 100kg。

2. 工艺流程

原料选择→绞肉→拌馅→灌装→煮制→熏制→成品

3. 操作要点

（1）原料选择　选用符合卫生检验要求的鲜猪肥膘肉和黄羊肉，作为加工的原料。

（2）绞肉　选好的猪肥膘肉切成 1cm 的方丁。黄羊肉绞成 1cm 的方丁。大葱和鲜姜分别剁成碎末。

（3）拌馅　两种肉丁放在一起，葱姜末和全部辅料放在一起倒入肉丁里，搅拌均匀，即为馅料。

（4）灌装　猪肠衣用温水泡软，洗净，灌入馅料。每间隔 40cm 截断为 1 根，两头各留 4cm 空隙，合并，用原肠衣系牢，整个肠体呈环状。

（5）煮制　灌好的肠体立刻投入 100℃ 的热水锅里，水温保持 90℃ 以上，煮 25～30min 即熟。煮制过程中，用木棍轻轻上下翻动，肠体上浮至水面时，见有气泡，则针刺排气。

（6）熏制　煮好的肠体趁热送入熏炉里，用糖或锯末作烟熏剂，烟熏 7min，出锅凉透，即为成品。

二十三、鲜辣烤羊肉

1. 配方

（1）腌制液配比（以 50kg 原料羊肉块计）：食盐 1250g，草果 150g，焦磷酸钠 60g，砂仁 100g，三聚磷酸钠 60g，八角 50g，六偏磷酸钠 30g，花椒 100g，亚硝酸钠 5g，香菇 50g，硝酸钾 7.5g，烟熏液 100g，味精 25g，抗坏血酸钠 20g，白酒 500g，葡萄糖 25g，白糖 45g，葱 250g，生姜 250g，水 10kg。

（2）粘料配方：鲜辣粉 200kg，孜然粉 200kg，小茴香粉 100kg，味精 100kg。

2. 工艺流程

原料选择与处理→腌制液配制→盐水注射→真空滚揉→粘料→烧烤→真空包装、杀菌→成品

3. 操作要点

（1）原料选择与处理　选择合格的羊后腿肉为原料，严格控制原料肉卫生质量，以经充分排酸的鲜羊肉为佳，冻羊肉贮存期不超过 3 个月，并采用较低温度下自然解冻法解冻。修去表面筋膜，清水漂洗除尽血水，捞出沥干水分。切成 1.5kg 左右的大块。

（2）腌制液配制　腌制液需提前 1h 配好，配制时要严格按照配制顺序进行。顺序是：磷酸盐—葡萄糖—香辛料水（煮沸 10min 冷凉）—精盐—亚硝酸钠、硝酸钾、抗坏血酸钠—烟熏液等。每种添加料都要待完全溶解后再放另一种，待所有添加料全部加入搅拌溶解后，放入 4～5℃ 的冷库内备用。

（3）盐水注射　将整理好的肉块，用盐水注射机注射。注射针应在肉层中适当地上下移动，使盐水能正常地注入肉块组织中。操作时尽可能注射均匀，盐水量控制在肉重量的 4％～5％。

（4）真空滚揉　通过滚揉，能促进腌制液的渗透，疏松肌肉组织结构，有利于肌球蛋白溶出，并且由于添加剂对原料肉离子强度的增强作用和蛋白等电点的调整作用，从而提高制品的出品率，改善制品的嫩度和口感。将滚揉机放在 0～3℃ 的冷库中进行，防止肉温超过 10℃，一般采用间歇式滚揉，即滚揉 10min，停止 20min，滚揉总时间 10h。

（5）粘料　将所配制的粘料均匀地撒在每块肉上。

（6）烧烤　将粘好料的肉块分别穿在钩架上，挂入远红外线烤炉进行烤制，温度 130～140℃ 最佳，时间约 50min。注意烧烤温度不能低于 125℃，烧烤时间根据原料而定，至表面色泽黄红，香味四溢，外酥里嫩即可。

（7）真空包装、杀菌　冷却后的烤羊肉用蒸煮袋进行真空小包装（200g/袋）。真空封口后低温二次杀菌，即 85～90℃ 煮制 30min，急速冷却 30min，再次在 85～90℃ 杀菌 30min。

二十四、烤羊肉串

1. 配方

羊肉 100kg，精盐 2.5kg，孜然粉 2.5kg，辣椒粉 1.5kg，洋葱 7.5kg，味精 400g。

2. 工艺流程

选料→腌制→烧烤→成品

3. 操作要点

（1）选料　选用新鲜细嫩的羊肉，切成 1cm 宽、0.4cm 厚的肉条。洋葱切成碎屑。

（2）腌制　将碎洋葱、精盐、味精与羊肉条一起拌和均匀，腌制约 30min。

（3）烧烤　腌好的羊肉片分别穿成串，放在烧好无烟煤或木炭的烤槽上面，肉串上撒上辣椒粉、孜然粉，用炭火烧烤 5min，翻个再撒一遍辣椒粉和孜然粉，继续烤制数分钟即成。

二十五、新疆烤全羊

1. 配方

羯羊一只（阉割了的公羊，胴体 10～15kg），鸡蛋 2.5kg，姜黄 25g，富强粉 150g，精盐 0.5kg，胡椒粉和孜然粉各适量。

2. 工艺流程

涂料配制→原料处理→配料→烧炭→加盘→焖烤→成品

3. 操作要点

（1）涂料配制　将鸡蛋打破，取其蛋黄，搅匀，加盐水、姜黄、孜然粉、胡椒粉和富强粉调成糊状的涂料，备用。

（2）原料处理　经检验无病的羯羊，宰后剥皮，去头、蹄和内脏。取内脏时，腹部开口要小些，用一根粗约 3cm、长 50～60cm 的木棍（一端钉有大铁钉），从胸腔穿进，经胸腹、骨盆、由肛门露出，使带铁钉的一端恰好卡在颈部胸腔进口处。

（3）烧炭　把搭好的烤羊馕坑烧热后，堵住通风孔，将火拨开，取出还在燃烧的木炭，保留余火。

（4）加盘　用直径 30～40cm 的铁盘一个，盛半盘水，平放坑内。此盘可以收取烤羊时滴下的油滴，盘中的水还能受热蒸发，增加湿度，加速熟透。

（5）焖烤　羊身上涂上调料，头部朝下挂在馕坑中。将坑盖好、盖严，并用湿布密封坑盖。焖烤 1.5h 左右，当木棍附近的羊肉呈现白色，肉表面呈现金黄色时，即已烤熟。

二十六、烤羊棒骨

1. 配方

羊棒骨 300g，八角、桂皮、小茴香、甘草各 5g，罗汉果 1 个，老姜 5g，蒜 5g，精盐 5g，味精 2g，白糖 5g，香油 10g，五香粉 20g，干辣椒适量。

2. 制作方法

（1）炒锅上火加入清水烧开，放入干辣椒、八角、桂皮、小茴香、甘草、罗汉果、老姜、蒜，用小火熬至半小时后，再加入精盐、味精、白糖、香油以及五香粉调好味后制成卤汁待用。

（2）将羊棒骨用开水余汤，清洗干净后放入熬出的卤汁里浸泡两三个小时，待腌制入味后捞出待用。

（3）将羊棒骨放在炭火上烤至骨头上的肉熟透即可。

二十七、烤羊排

1. 配方

羊排 500g，食盐 10g，孜然粉 10g，辣椒粉 15g，芝麻 10g，酱油、黄酒、胡椒粉各适量。

2. 制作方法

（1）将羊排切成块，洗净，用刀背拍扁，备用。

（2）羊排中加食盐、酱油、黄酒、胡椒粉、孜然粉、辣椒粉、芝麻拌匀，腌制 2h。

（3）将腌好的羊排在炭火上翻烤，边烤边刷油，至羊肉熟透即可。烧烤过程中油的使用很重要，刚烤上的肉类食物先不要急着刷油，待食物烤熟收紧后再刷油。油不要刷多，以刷完后不滴油为标准，烤的过程中要尽量避免油滴落入烧烤炉中。

二十八、烤制山羊肉软罐头

1. 配方

（1）腌制配方（以 100kg 羊肉计）　精盐 1.5～3kg，白糖 0.8～1.2kg，鸡精 40～60g，多聚磷酸钠 40～50g，焦磷酸钠 15～25g，乙基麦芽酚 4～7g，柠檬酸铁 2～5g，香料水 3～4.5kg。

（2）香料水配方　花椒 40～55g，肉桂 40～55g，白芷 45～55g，八角 45～60g，陈皮 45～55g，砂仁 20～30g，生姜 100～120g，小茴香 20～30g。

2. 工艺流程

原料选择→解冻→晾挂→腌制→热烫→上色、涂油→焙烤→包装→杀菌→保温检验

3. 操作要点

（1）原料选择　选用健康的一年龄山羊，放血，煺毛，去头，去脚爪，去气管，去内脏，去淋巴，用水洗净宰体，先经预冷再在−18℃下冷冻保藏。

（2）解冻　悬挂于室温下自然解冻，温度稍低为好。

（3）晾挂　与解冻过程同时进行，以手摸羊肉不湿为度，以便于腌制液的渗透。

（4）腌制　将香料加清水在不锈钢锅中用微火煮沸，熬制 30～40min，用 160 目的滤布过滤，得香料水 3～4.5kg，用于腌制。准确称取腌制配方中的配料，混合均匀后倒入盛羊肉的容器中，用力充分揉擦，拌和均匀，腌制温度为 4～10℃，腌制时间为 72h。腌制过程中每隔 12h 上下翻动一次，以使羊肉腌制均匀，腌制至羊肉的肉块硬实呈玫瑰红色即可，否则可适当延长腌制时间。

（5）热烫　用沸水将带皮羊肉进行淋皮冲洗 2～3 次，将羊肉清洗干净，便于上色。

（6）上色、涂油　将热烫后的羊肉擦干水，趁热用毛刷均匀涂抹上色液，待风吹干后，再均匀涂淋一次，一般上色 2～3 次即可。用毛刷将香油均匀涂抹在羊肉块表面，使羊肉烤后外观金黄油润。

（7）焙烤　用远红外旋转烤炉，转速为 2r/min，分段焙烤。第一阶段：温度100℃，时间 20min。第二阶段：温度 190℃，时间 18min。第三阶段：温度160℃，时间 12min。焙烤过程中在肉表面撒少量孜然粉。

（8）包装　采用聚酯/铝箔/聚丙烯复合蒸煮袋。把羊肉切成宽 2～3cm、长 5～8cm 的块状，装入袋内，装袋后用干布擦净袋口，以防液汁、碎肉粘在袋口上影响密封性。热封温度为 170～200℃，热封时间 2～3s。

（9）杀菌　采用杀菌公式为：15min—15min—20min/121℃，反压 157kPa 冷水冷却。

（10）保温检验　将杀菌后的软罐头置于（35±2）℃的温度下保温两周，观察有无胀袋及霉变现象。

二十九、邳州熏烧兔

1. 配方

家兔 1 只（约重 1.25kg），鲜侧柏叶适量，老卤汤、丁香、桂皮、八角、香油、食盐、料酒、姜片、葱段、小茴香、胡椒、糖色、红糖各适量。

2. 工艺流程

原料整理→卤制→晾干→熏制→成品

3. 操作要点

（1）原料整理　将活兔宰杀，放血，剥皮，开腹，除去内脏，剁去脚爪，清洗干净，放入清水内浸泡 12h，漂净血水，捞出，控净水；葱段、姜片拍松。

（2）卤制　将丁香、桂皮、八角、小茴香、胡椒用纱布袋装好，扎住口。汤锅坐火上，放入老汤、净兔、香料袋、精盐、料酒、姜片、葱段在旺火上烧开，撇净浮沫，改用小火将兔煮至九成熟。

（3）晾干　捞出，晾干，抹匀糖色，挂阴凉处风干，放在熏盘上。

（4）熏制　熏锅坐火上，放入红糖、八角、小茴香、鲜侧柏叶，当烟雾升起时，迅速将兔肉熏盘坐入锅内，盖严锅盖，熏制 3min，取出，抹匀香油即成。

三十、五香熏兔

1. 配方（以 100kg 兔肉计）

（1）腌制配料　食盐 1.0kg，白糖 1.0kg，亚硝酸钠 15g。

（2）煮制配料　生姜 300g，青葱 200g，肉桂 160g，良姜 80g，砂仁 120g，八角 80g，白芷 50g，陈皮 40g，酱油（生抽王）2kg，黄酒 1.0kg，食盐 2kg。

2. 工艺流程

选兔→宰杀漂洗→腌制→煮制→晾制→烟熏→出炉→成品

3. 操作要点

（1）选兔　选用健康无病活兔（以肉用兔为好），以 3～12 月龄的青壮兔为最佳。老龄兔肌肉组织老，品质和口感差些。

（2）宰杀漂洗　先将兔子用木棒击晕，后将兔体倒挂于架上，用刀切开颈动脉，充分放血，放血时间不少于 2min。放血后，在腕关节稍上方截断前肢，在跗关节截断后肢，截肢要整齐。在后肢跗关节处，股内侧用尖刀平行挑开，剥到尾根，在第一尾椎处去掉尾巴，再用双手握紧兔皮的腹背处，向头部方向翻转拉下，最后抽出前肢，剪断眼、唇周围的结缔组织和软骨。剥皮后，从腹线正中开腹，除掉内脏，除掉兔体各部位结缔组织、耻骨，用清水将兔胴体内外漂洗干净，特别是将口腔内的脏物冲洗干净。

（3）腌制　将腌制配料称好并充分混合搅拌后，用手均匀涂抹在兔肉表面，特别是对兔肉胸腔内也要擦抹到位。擦完后，把兔肉堆叠于不锈钢盆盘中，上面用干净塑料薄膜盖好。将盆盘放入 4～8℃ 的低温库中腌制 48h。在此期间，要将兔肉上下翻动 3～4 次，腌制好的肉，肉块硬实，颜色呈玫瑰红色。

（4）煮制　将煮制香料用纱布包好，放入夹层锅中，倒入清水，以能全部浸没兔肉为宜。打开蒸汽阀门，将水烧开 20min 左右，放入腌制好的兔肉，加入食盐、黄酒、酱油，待水沸腾后，用勺撇去水面上的浮沫，关小蒸汽阀门，小火保持汤面呈微沸状，焖煮 1.5h 即可。

（5）晾制　兔肉煮熟后，用漏勺轻轻捞出，注意保持兔体完整，然后，放在不锈钢算子上，控干汤汁，稍晾至干燥，使兔体上无明显水珠。

（6）烟熏　用麻绳捆住兔体上肢，穿挂在烟熏杆上。注意挂兔体时，每两只兔体之间要保留 5cm 左右的间距，以便于烟气的流通和兔体受烟均匀。穿好杆后，将杆挂入烟熏炉中，在铁糟盘中放入锯末和白糖混合物（锯末：白砂糖＝3：1），再将盘放在炉底部的电热丝上。关好炉门，并通电源加热。加热时，第一步，先使炉温上升至 40℃ 左右，并保持温度 10min。同时打开炉内循环扇和排气孔，使兔体稍干燥。第二步，提高炉内温度至 50℃，关闭排气孔，并保持 30min。

（7）出炉　将烟熏好的兔子取出，进行挂凉即为成品。

三十一、烤獭兔

1. 原料与配方

獭兔 4～5 只，麦芽糖浆适量，香油适量。

2. 工艺流程

原料处理→腌制→漂洗→定型→烧烤→着色、上光→成品

3. 操作要点

（1）原料处理、腌制、漂洗　将符合烤制标准的獭兔进行屠宰，并清洗胴体，再按各地风味进行腌制，一般腌制 40～120min。用流动的清水将腌好的胴体漂洗几秒，然后定型。

（2）定型　为了防止烧烤过程中兔肌肉的收缩、变形以及烧烤不均，烧烤前必须对漂洗晾干后的兔体进行定型。定型体尾朝后仰卧于工作台上，左手稳住兔体，先将兔右手持刀沿胴体胸椎两侧肋骨与胸椎连接处划一刀，扒平胸肋。翻转兔体，用力压平并将前肢反于背后，后肢内曲。再翻转兔体，使其仰卧，用 4～5 根竹竿将兔体从胸至后肢撑开，以防烧烤时兔体肌肉收缩变形，影响成品形态。然后用挂钩悬挂于晾架上。

（3）烧烤　烧烤是烤全兔的关键工艺。烤制时可用炭火，亦可用远红外炉烤制。此处采用远红外炉烧烤。烤制时，先将炉温升至 200℃左右，把兔体头朝下，臀部朝上，背靠炉壁倒挂于烤炉吊环上。每次可烤 4～5 只（依炉的大小而定）。待兔体表层流油干枯即可出炉。

（4）着色、上光　烤全兔后应趁热在兔体外表及内侧刷上一层糖色。糖色切忌刷得过厚，否则会使烤兔呈现暗褐色，影响美观。待糖色干后再在烤全兔表面涂上一层香油，即为成品。

三十二、洛阳烤全兔

1. 配方

白条野兔100kg，精盐2kg，八角100g，白芷100g，花椒150g，丁香50g，蜂蜜适量。

2. 工艺流程

选料→腌制→烧烤→成品

3. 操作要点

（1）选料　选用肥及健壮的活野兔，如无野兔，选用活家兔亦可。经宰杀、剥皮、去内脏，清洗干净，控去水分，晾干。

（2）腌制　将八角、白芷、花椒、丁香、精盐放入老汤锅中煮沸，直至煮出料味，冷却至凉，再把兔体浸入卤汁中，腌制24h以上，使料味浸透兔肉。捞出，沥干水分，整形。

（3）烧烤　整好形的兔体表面涂匀蜂蜜水，然后再放入烤箱中，进行烤制。待烤至兔体黄中透红时，兔肉熟烂，即为成品。

三十三、熏煮兔肉早餐肠

1. 配方

兔肉 75kg，奶脯或白膘 25kg，淀粉 5kg，胡椒粉 0.19kg，玉果粉 0.13kg，食盐 3.5kg，口径为 18～20mm 的羊小肠衣（早餐肠）或猪肠衣（烤肠），硝水适量。

2. 工艺流程

原料整理→腌制→斩拌→灌制→烘烤→煮制→烟熏、冷却（或者不烟熏）

3. 操作要点

（1）原料整理 将原料肉剔除碎骨、筋、血块，切成长方条。

（2）腌制 将条形肉块加食盐、硝水混合，在 1～2℃下腌制 12～24h。

（3）斩拌 腌制肉放入斩拌机绞切斩拌，为了防止肉温升高，适量添加冰屑，勿使肉温超过 7℃。

（4）灌制 灌肠节长 12cm，直径 1.8～2cm。

（5）烘烤 接着进行烘烤，温度 65～80℃，时间 10min 左右。

（6）煮制 蒸煮熟化温度 75℃以上 20～30min 即可。如果烘后再烟熏和蒸煮，烟熏时间为 20～40min，70℃煮制时间为 20～40min。

（7）烟熏、冷却 蒸煮后冷水喷淋至肉温 30℃以下，待晾干后送入冷库（−1～3℃）贮存；12h 后取出分发。

三十四、兔肉熏烤火腿肠

1. 配方

新鲜兔肉 50kg，香料混合粉 1kg，精盐 1.25kg，淀粉 1.25kg，碳氧血红蛋白 150mL，水 7.5～10kg。除淀粉在滚揉时加入，其他均配制成溶液备用，注射液的用量一般控制在原料量的 20%～25%。

2. 工艺流程

原料准备→腌制→滚揉→灌装→熏烤→烧煮→冷却、保藏

3. 操作要点

（1）腌制 盐水温度应控制在 8～10℃，注射后可能剩少量盐水，可将这些盐水用于浸渍肉块，经注射后的肉块应及时存入 2～4℃的冷库内腌制 16～20h。

（2）滚揉 每小时滚揉 5min，停机 55min，总开机时间 1.5～2h，工作间温度以 8～10℃为宜。滚揉时逐渐加入淀粉和香料混合粉，有时还须添加 15%左右的肉糜。这些肉糜颗粒较粗，并经 36～40h 腌制。腌制用的盐水与注射时用的相同。在肉表面裹满糊状蛋白质时滚揉完成。

（3）灌装　将滚揉好的肉块装入特制肠衣内，用夹子将肠衣口封住。

（4）熏烤　灌制后，要用温水将肠衣表面略加洗涤，再穿棒搁在特制的架子车上。采用煤气熏烤炉，点火生炉，用含树脂较少的木柴及锯木屑生火燃烧，使烟熏室内产生大量烟雾，并使温度上升至 70℃左右。把产品置于烟熏室内熏烤，时间一般为 2h 左右。熏烤温度用煤气火调节，控制在（70±2)℃。

（5）烧煮　将烧煮锅内的水预热到 85℃左右，再投入经烟熏的半成品。水量以淹没半成品为宜，半成品投入时，水温会从 85℃下降到 78～80℃，保持这个温度烧煮 2～2.5h。测其中心温度，达到 68℃，可排水出锅。

（6）冷却、保藏　产品出锅后可进行排风冷却。然后置于 2～4℃的冷库进一步冷却。

参 考 文 献

[1] 王林云. 现代中国养猪 [M]. 北京：金盾出版社，2007.

[2] 黄琼. 食品加工技术 [M]. 厦门：厦门大学出版社，2012.

[3] 王存堂. 肉与肉制品加工技术 [M]. 哈尔滨：哈尔滨工程大学出版社，2017.

[4] 冯胜文. 烹饪原料学 [M]. 上海：复旦大学出版社，2011.

[5] 刘慧燕. 特色肉制品加工实用技术 [M]. 天津：南开大学出版社，2018.

[6] 刘玉田. 肉类食品新工艺与新配方 [M]. 济南：山东科学技术出版社，2002.

[7] 乔晓玲. 肉类制品精深加工实用技术与质量管理 [M]. 北京：中国纺织出版社，2009.

[8] 于新，李小华. 肉制品加工技术与配方 [M]. 北京：中国纺织出版社，2011.

[9] 崔富春. 禽产品加工技术 [M]. 北京：中国社会出版社，2005.

[10] 蔡正时. 农家腌腊熏食品技术 [M]. 南昌：江西科学技术出版社，2006.

[11] 崔伏香. 肉食品加工技术大全——禽肉食品加工 [M]. 郑州：中原农民出版社，2010.

[12] 黄现青. 肉制品加工增值技术 [M]. 郑州：河南科学技术出版社，2009.

[13] 陈有亮. 牛产品加工新技术 [M]. 北京：中国农业出版社出版，2002.

[14] 彭增起. 牛肉食品加工 [M]. 北京：化学工业出版社，2011.

[15] 张海涛，郝生宏. 灌肠肉制品加工技术 [M]. 北京：化学工业出版社，2014.

[16] 岳晓禹，马丽卿. 熏腊肉制品配方与工艺 [M]. 北京：化学工业出版社，2009.

[17] 岳晓禹，李自刚. 酱卤腌腊肉加工技术 [M]. 北京：化学工业出版社，2010.

[18] 涂勇刚，饶玉林，王建永. 禽肉加工新技术 [M]. 北京：中国农业出版社，2013.

[19] 赵改名. 酱卤肉制品加工 [M]. 北京：化学工业出版社，2008.

[20] 于新，赵春苏，刘丽. 酱腌腊肉制品加工技术 [M]. 北京：化学工业出版社，2012.

[21] 王卫. 兔肉制品加工及保鲜贮运关键技术 [M]. 北京：科学出版社，2011.

[22] 翟怀凤. 精选肉制品配方 338 例 [M]. 北京：中国纺织出版社，2015.

[23] 李慧文. 猪肉制品 589 例 [M]. 北京：科学技术文献出版社，2003.

[24] 马美湖. 熏烤肉制品加工 [M]. 北京：金盾出版社，2005.

[25] 刘宝家. 食品加工技术、工艺和配方大全 [M]. 北京：科学技术文献出版社，1997.